今日から
モノ知り
シリーズ

トコトンやさしい

放電加工の本

放電加工はカミナリと似たような放電現象を利用し、電気が通る材料であればどんなに硬い材料でも精度よく複雑形状に加工します。そのため、切削加工が難しい高精度な金型製作などで活躍しています。

武沢英樹

B&Tブックス
日刊工業新聞社

はじめに

切削加工や研削加工は目にしたことがあり、どのような加工方法なのかおおよそは理解できるけど、「放電加工」なんて初めて聞くという方が大部分なのではないでしょうか。特殊加工の中でもレーザ加工ほど広く知られてなく、工学関連以外の方におかれましては、イメージすらわかない加工方法かもしれません。

ただし、この放電加工、これまでの日本の製造業の発展において必要不可欠な加工方法であったことはたしかです。昭和40年代の高度成長期、自動車産業や電機産業が拡大した理由の1つが、高精度な製品を安く大量に製造することができたためです。それには、高精度な金型を利用することが必須でありました。この高精度な金型を製作するうえで、必要となった加工法が「放電加工」です。

金型の寿命を延ばすため焼き入れ処理をして硬くしますが、その後の形状仕上げには放電加工が用いられました。それは、文字どおり刃が立たないほど硬い材料は切削加工が難しかったためです。その後、40年以上経ちますが、最近では金型加工のみならず、小さな穴あけなど微細加工においてその特長を発揮しています。ただし、いずれの場合も縁の下の力もちではありませんが、広く一般の皆様に知りわたることは少なく、「よくわからない加工法」という立ち位置になっているようです。

そこで、本書「トコトンやさしい 放電加工の本」の出番になります。放電加工がよくわからないもう1つの理由として、解説本や教科書的な本がほとんどないことがあげられます。過去30年間をみても10冊あるかないかという程度です。ましてやその多くは、放電加工の研究者、技術者向けの内容となっており、やや専門的すぎるものが多かったようです。比較的読みやすいバイブル的な教科書もありましたが、30年ほど前の本であり、今ではなかなか入手困難な状況です。

そのような状況のなか、日刊工業新聞社から本書の執筆のお話をいただきましたので、やさしい読み物的な内容として、それでも内容を読み進めれば、放電加工がトコトン理解できる本とすることを念頭に執筆作業を進めてきました。機械系でなくても、工学系でなくても放電加工とはどのような加工法であり、その特長は何なのか、わかりやすく記述しました。

一方では、最新の加工技術や計測技術、加工メカニズムの詳細など高度な知識もありますので、放電加工をかじったことのある皆様にも満足いただける内容をめざしました。さらに、実際の大型の高価な加工機がないと体験できないとお考えの皆様には、自作の小型放電加工機の製作についても詳細を記述しましたので、どうぞご自身で体験いただき、放電加工の実際を目にしていただければと思っています。

製品の調達がグローバルになりつつある近年、製造業における独自性、優位性を保つために製造の基盤技術である各種加工法の進化はとても重要であり、日本の発展において核となる技術だと考えています。その一翼を担う放電加工について、本書を通して少なからず知識を得ていただければ幸いです。

本書の執筆においては、多くの諸学会の論文、メーカカタログなどを参考にさせていただきました。また、放電加工機および関連メーカの皆様からは、貴重なサンプル写真などの資料を提供いただきました。ここに厚くお礼申し上げます。さらに、放電加工関連の研究者の皆様からも、研究内容についての各種資料、写真の提供および公開をご了承いただきました。厚くお礼申し上げます。

　そして本書の執筆機会を与えていただきました日刊工業新聞社出版局長の奥村功様、文章の手直し、企画、校正に際し多大なるご援助をいただきましたエム編集事務所の飯嶋光雄様、イラストの作成、レイアウトでお世話になりました志岐デザイン事務所の大山陽子様に心よりお礼申し上げます。

　最後になりますが、私が今日まで放電加工に関する研究を続けてくることができましたのは、齋藤長男豊田工業大学名誉教授ならびに毛利尚武東京大学名誉教授（現　大学評価・学位授与機構教授）にご指導いただいたお蔭であります。心より深く感謝申し上げます。

　多くの皆様のお力添えがなければ本書が完成することはありませんでした。大変ありがとうございました。

２０１４年10月

武沢英樹

目次
CONTENTS

第1章 放電加工とは

第2章 放電加工の基礎

第3章 放電加工機のしくみ

第4章 放電加工の勘どころ

第5章 用途広がる微細放電加工

第6章 その他特殊な放電加工（気中放電、絶縁性材料の放電加工、放電表面処理など）

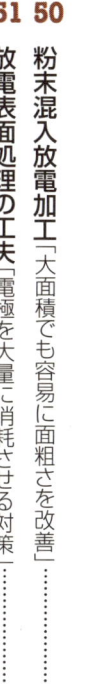

第7章 「小型放電加工機」を作ってみよう！

【コラム】

第1章

放電加工とは

1 なにはともあれ放電加工

案外身近な加工法

この本を手にとっていただいた読者の方は、「放電加工ってなに?」とか、「放電加工なんか知らない」という方から、仕事などで多少なりとも聞いたことがある方まで、さまざまだと思います。

そこで、まずは放電加工を体験していただき、大型で高価な加工機でなくても身近に取り扱うことができる「加工法」であることを知っていただければと思います。その上で本書を読んでいただければ放電加工についてトコトン理解することができるのではないかと考えています。もちろん、ひと通り読んでからここで紹介する簡単な放電加工の体験装置を準備していただき、あらためて放電加工の理解を深めてもらってもかまいません。中学、高校あるいは大学の理科や物理の実験でも十分行うことが可能なので、学生の皆さんに体験していただき、放電加工の認知度が上がれば何よりです。

準備していただくものは、ＡＣ１００Ｖを直流の24V（ボルト）あるいは48Vに変換するスイッチング電源が1つ、こちらは３０００円前後から購入可能です。それと数～十μ（マイクロ）F程度のフィルムコンデンサ1つ、10～50Ω（オーム）程度のできればホーロ抵抗1つ、電極を上下駆動できるような左頁の装置と加工槽、そのほかに配線です。加工装置は工夫すれば、市販部品を組み付けるだけで可能かもしれません。費用的には1万円もかからないのではないでしょうか。

配線図を左頁に示します。加工液はまずは水道水でかまいません。可能なら純水を用いてください。電極と工作物を離した状態でスイッチング電源をＯＮにします。その後、電極を工作物に少しずつ近づけていくと、ある距離になると放電がバリバリと発生します。しばらくすると音がしなくなるのでまた少しだけ電極を下げます、あるいは多少電極を上下してください。すると放電がバリバリと発生します。この現象が液中放電加工そのものです。

要点BOX

- ●加工液はまずは水道水
- ●放電がバリバリと発生
- ●液中放電現象を起こしてみよう

スイッチング電源

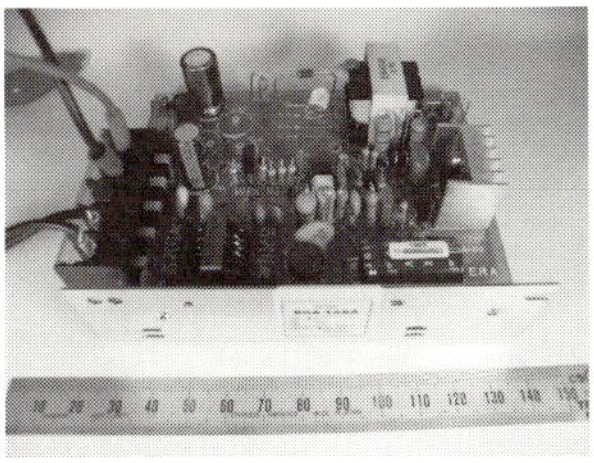

フィルムコンデンサ

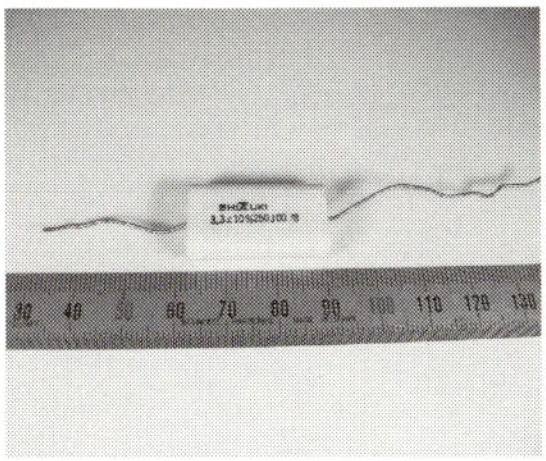

加工装置

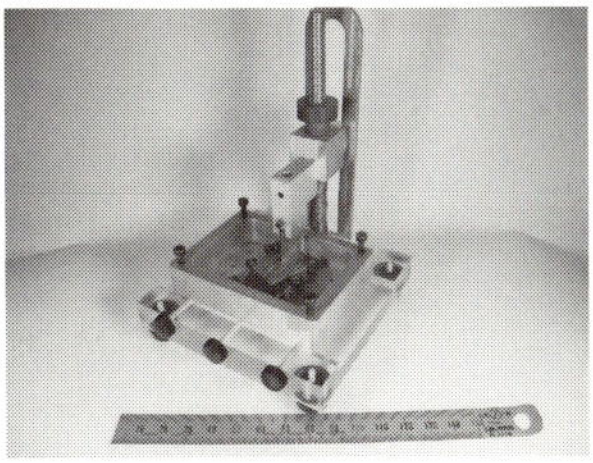

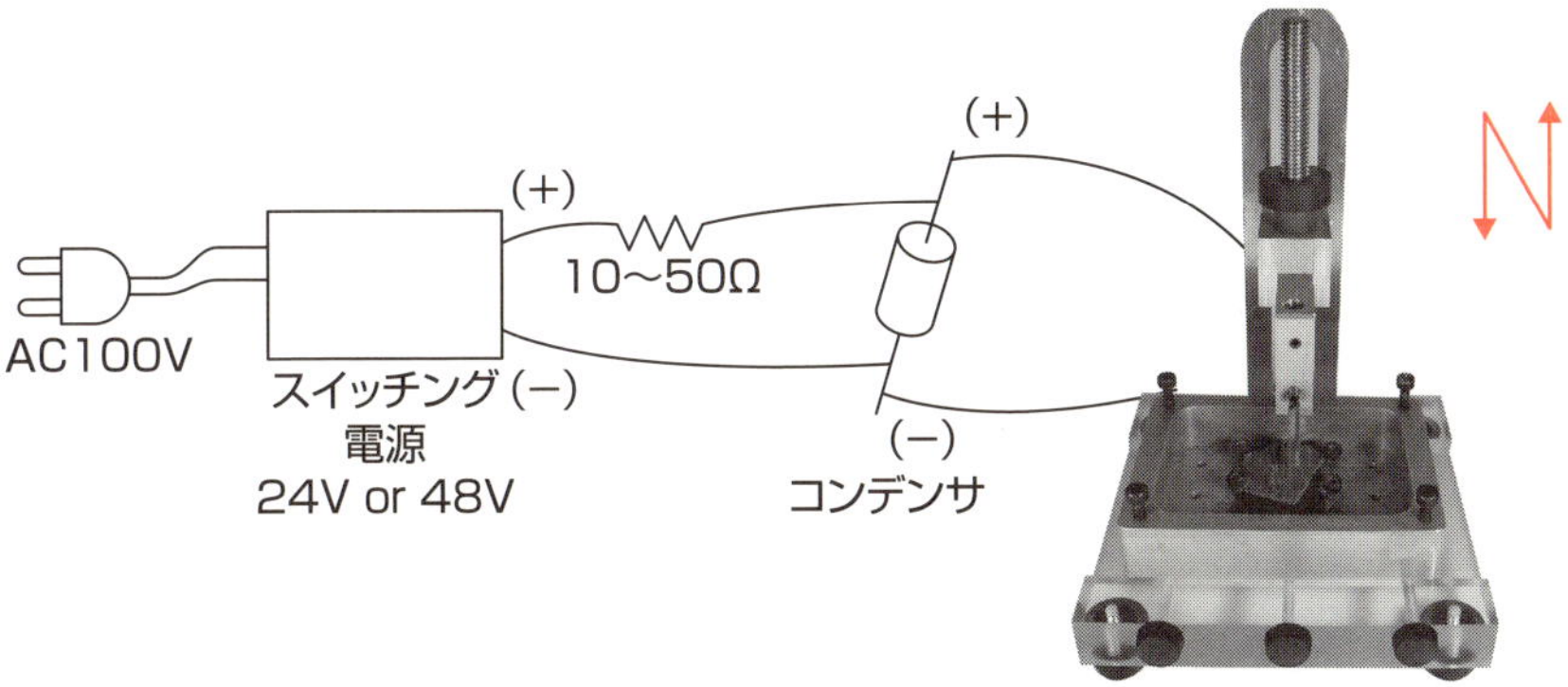

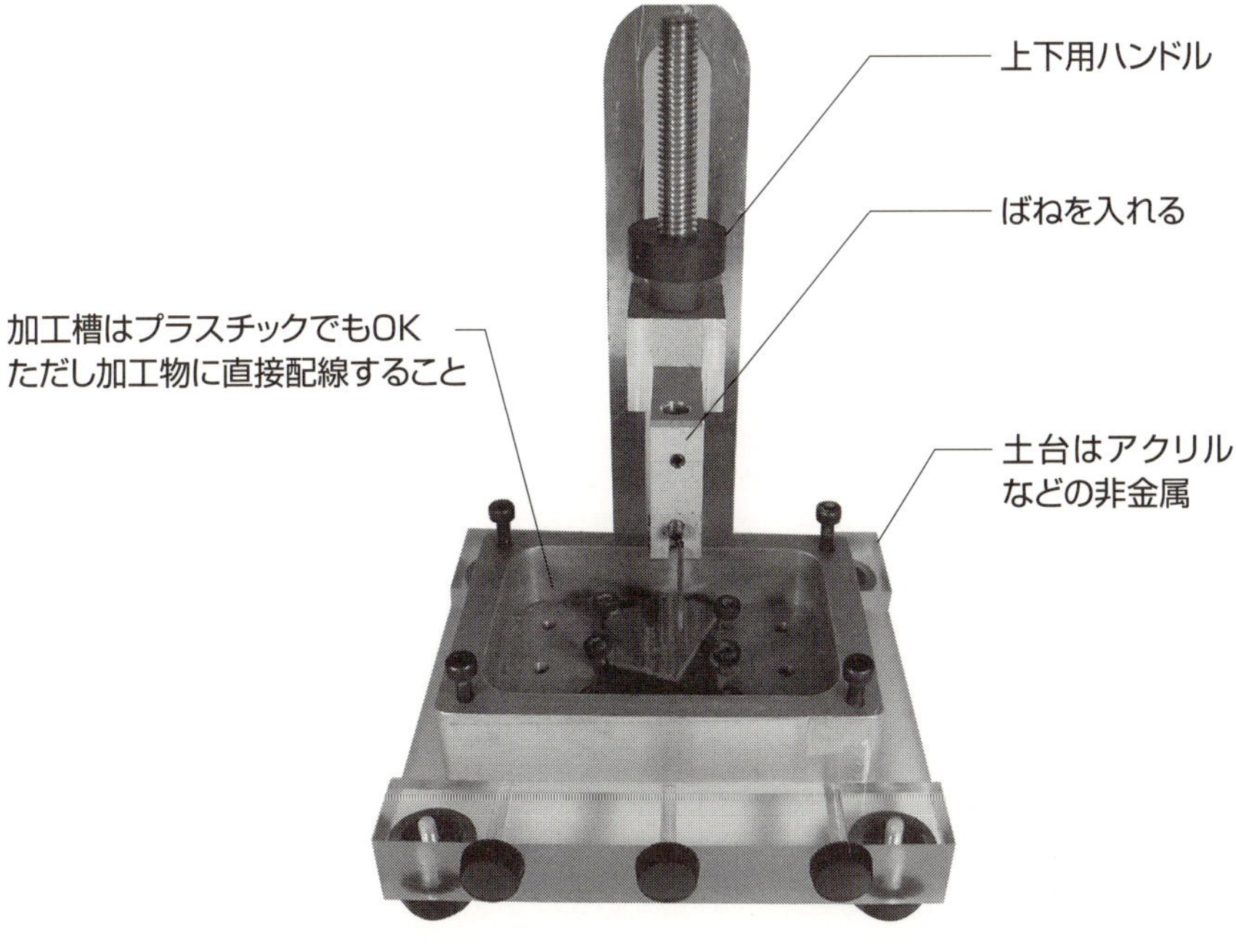

2 「放電」ってカミナリと同じ？

ぴかっと光るものの正体は？

夏の季節、夕方になると夕立が降り始める前にゴロゴロとカミナリが響き渡ることがあります。これは上空に浮かぶ雲の中で帯電した電気が、地上に向かって放出された時に起こる現象です。近くにカミナリが落ちた時などは、けっこう大きな音がして一瞬ひやっとした経験がある方も多いのではないかと思います。

あるいは、セータを着た冬の乾燥した日に、ドアノブに触れるとき、手にビリッと衝撃がきた経験はありませんか。これも、衣類などの体にたまった静電気がドアノブに向かって放出されるときに発生する「小さなカミナリの衝撃」です。

これらの例は大気中で発生する放電であり、「気中放電」といわれています。カミナリ（放電）が発生すると蓄えられていた電荷が放出されるので、何かしらの仕事がなされると考えることができます。カミナリと似たような放電現象を利用して、硬い金属を複雑な形状に加工する方法が「放電加工」です。

放電加工は、大気中で発生するカミナリと異なり、絶縁性の加工液の中で電極と呼ばれる工具と、加工される工作物との間に微小なカミナリ（放電）を繰り返し発生させて加工が進行します。基本的に、電気が通る材料であれば、どんなに硬い材料でも精度よく複雑形状を加工することができるため、各種金型の製作工程において、材料を焼き入れした後の最終仕上げでよく使われてきました。

機械加工といわれる切削加工や研削加工と異なり、特殊加工と呼ばれる放電加工は、あまり目にしたことがなく、なじみの少ない加工法ですが、現在の製造業では無くてはならない加工法の1つですから、この本を通してその特徴や精密加工のためのノウハウを紹介していきたいと思います。また、放電加工技術も日々進歩しているので、特殊材料の加工や、数十μメートル程度の微細な穴加工を行う「微細放電加工の特徴」についても紹介します。

要点BOX

- 大気中で発生する気中放電
- 放電加工は大気中で発生するカミナリと異なる
- 特殊加工と呼ばれる放電加工

カミナリ=放電

微小なカミナリ（放電）を利用した放電加工

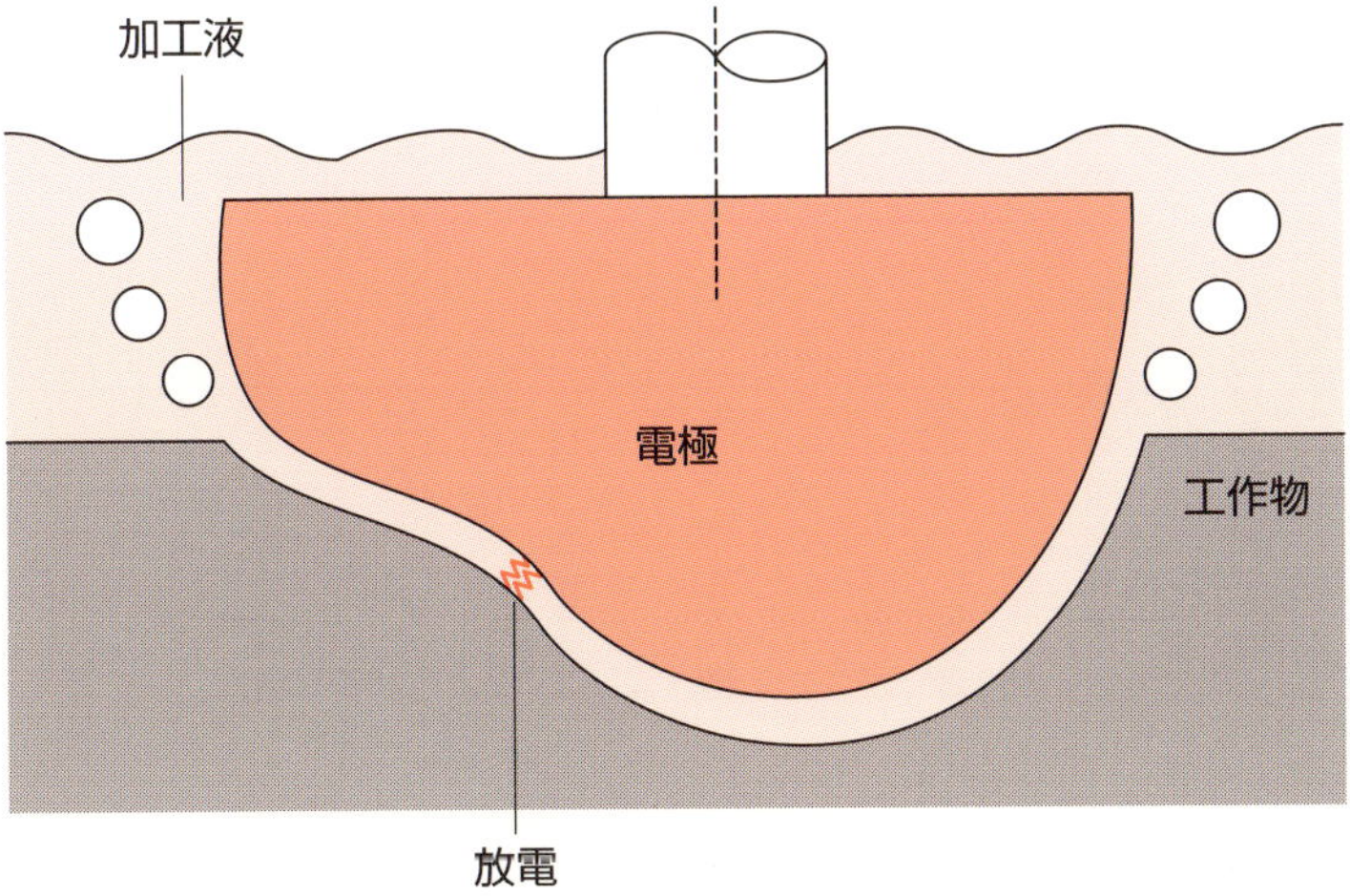

絶縁液中で微小な放電が発生することが重要だよ!

3 放電加工のはじまり

放電加工の生みの親

放電加工の誕生は今から70年近く前のことになり、旧ソ連のラザレンコ博士（ラザレンコ夫妻）が開発したといわれています。ラザレンコ博士は、変圧器（トランス）内の電気接点が異常摩耗する現象を研究しているうちに、絶縁液中で放電が発生していることに気づき、この現象を利用して逆に材料を形づくる除去加工に利用することを思いついたといわれています。時代背景からしても、航空機や車など精密加工を必要とする要求が強かったのかもしれません。

当初の実験の手法は定かではありませんが、絶縁油中で微小な放電を繰り返すための工夫と、加工対象（工作物）だけを除去する工夫が探られたのだと想像されます。大気中で発生する雷のように、数万〜数十万Vもの電圧がかかっているのであれば、数百メータ上空からでも放電は発生しますが、商用電源である100Vや200V程度の電圧では、電極と工作物の距離が非常に接近しないと放電は発生しません。そのため、電極と工作物の距離（間隔）を放電が発生する程度に適度に保つ必要があります。人の手で両者の間隔を保とうとすると、電極と工作物がさわってしまったり、逆に離れすぎてしまったりして、いっこうに連続した放電は発生しません。当時も同じような状況であったろうと考えられます。

ところが、ラザレンコ夫妻は現在でも放電を連続的に発生させるための手法を考案して、連続放電が安定的に発生する機構を開発しました。そのために、「放電加工の祖」といわれています。日本にも、戦後ソ連の科学技術を紹介する映像に放電加工の様子が映っており、興味をもった研究者、技術者が見よう見まねで実験を開始したのが始まりです。

その後、工作機メーカや電機メーカが放電加工機の試作を進め、1960年代には市販されるようになっています。それから約50年以上、今では日本メーカによる放電加工機が世界中で利用されています。

要点BOX

- ●今から70年近く前に開発される
- ●ラザレンコ夫妻は「放電加工の祖」
- ●絶縁液中の放電発生がヒントに

放電加工の発見

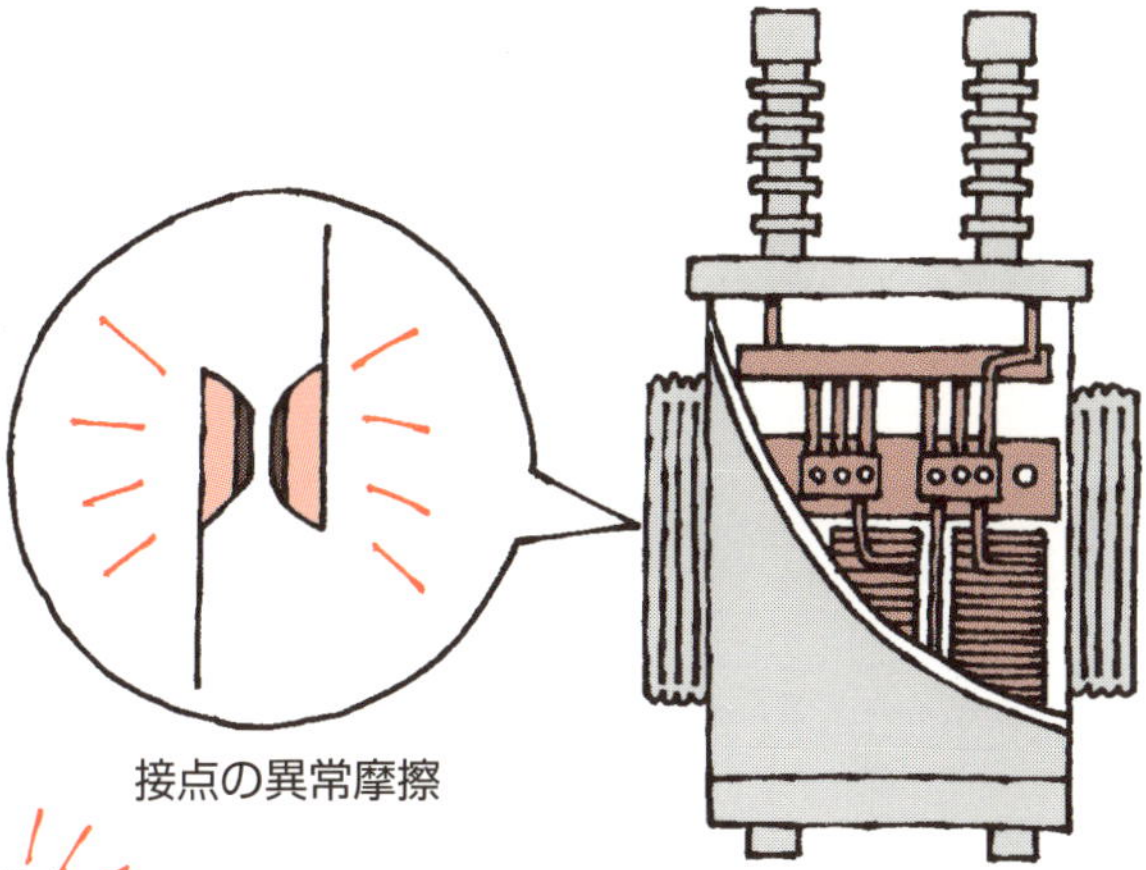

油入変圧器

ラザレンコさん

そうだ!!加工に使えるのでは?

初期の形彫り放電加工機

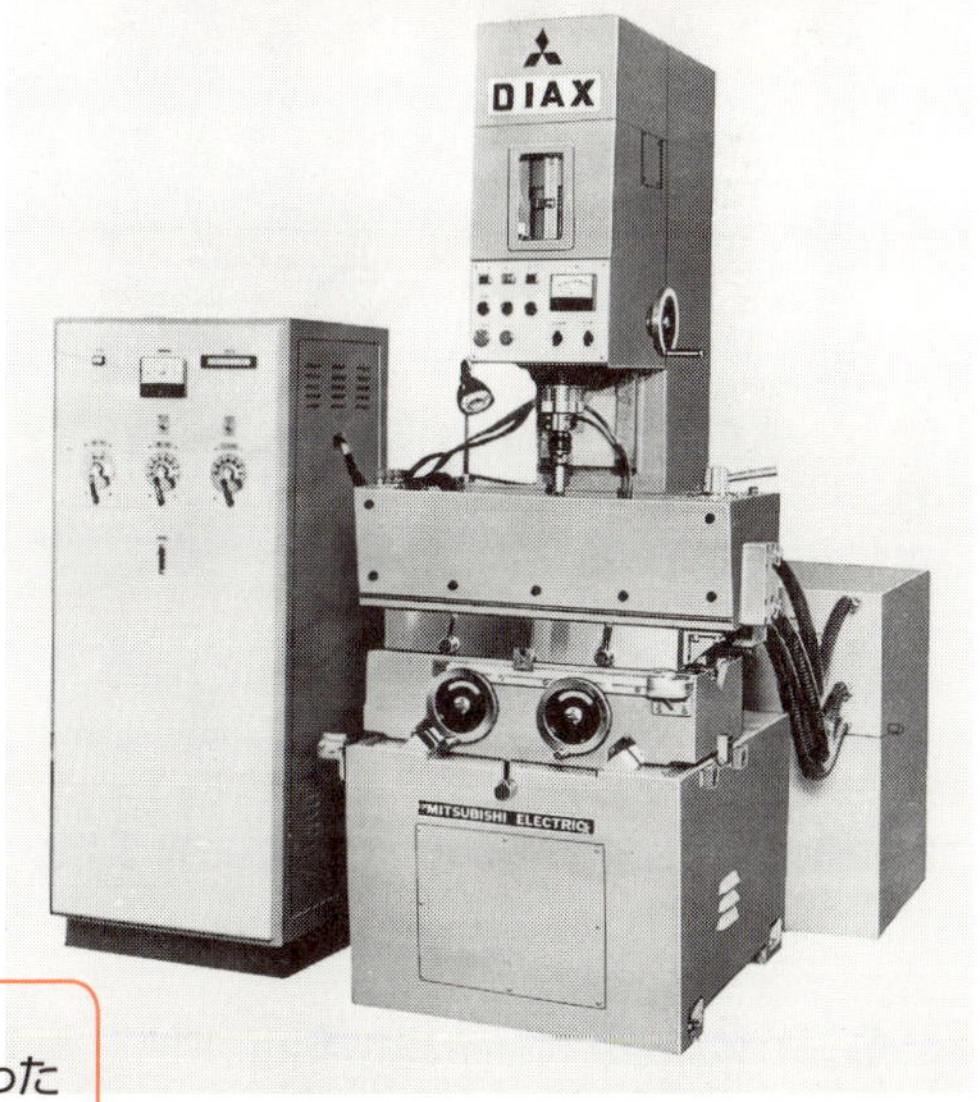

X-Y軸は手動操作だった

(写真提供:三菱電機(株))

4 放電加工の原理

「形彫り放電加工」と「ワイヤ放電加工」

放電加工の原理についてごく簡単に説明しておきます。放電加工は大きく、「形彫《かたぼ》り放電加工」と「ワイヤ放電加工」に分かれますが、ここでは形彫り放電加工を例に加工原理を説明します。

放電加工は、銅やグラファイトで作製された電極と鋼材などの工作物を、油などの絶縁液中で対向させ、100～200V程度のパルス状の電圧を印可して、微小な放電を繰り返し発生させて加工が進行します。このとき、加工液中で放電が発生するため、必ず気泡が発生することになります。油などの絶縁液中で放電が発生して火災などは起こらないのだろうかと思うでしょうが、加工液の中では、まわりに酸素がないので爆発するようなことにはなりません。

微小な放電のエネルギにより電極と工作物の一部は材料が蒸発あるいは溶け出し、発生する気泡の爆発力で溶け出した材料が飛散することで、小さなクレータが形成されます。このような微小な材料の除去が繰り返し行われることで、ゆくゆくは電極形状が反転された3次元形状に工作物が加工されます。材料の熱的な特性の違いにより、電極材料よりも鋼材のような工作物材料のほうがより大きなクレータが形成されるため、工作物側の材料除去が進行します。

このとき形成されるクレータの大きさは、加工時の電気条件にもよりますが、直径数μ（ミクロン）程度から数百μ程度までであり、深さは数μから数十μ程度の浅いお皿形状となることが知られています。このような微小なクレータの重ね合わせで工作物の除去が進行するため、加工条件を適切に設定して加工を行えば精密な形状加工が可能となります。

ワイヤ放電加工は、電極を黄銅製などのワイヤ線として順次繰り出して使用しています。ワイヤ電極と板状の工作物間で微小な放電を発生させ、糸鋸《いとのこ》状に材料を切り出す加工になります。形彫り放電加工とは異なり主として2次元形状加工となります。

要点BOX
- ●微小な放電を繰り返し発生させて加工が進行
- ●なぜ火災などが起こらない？
- ●加工液の中には酸素がない

形彫り放電加工

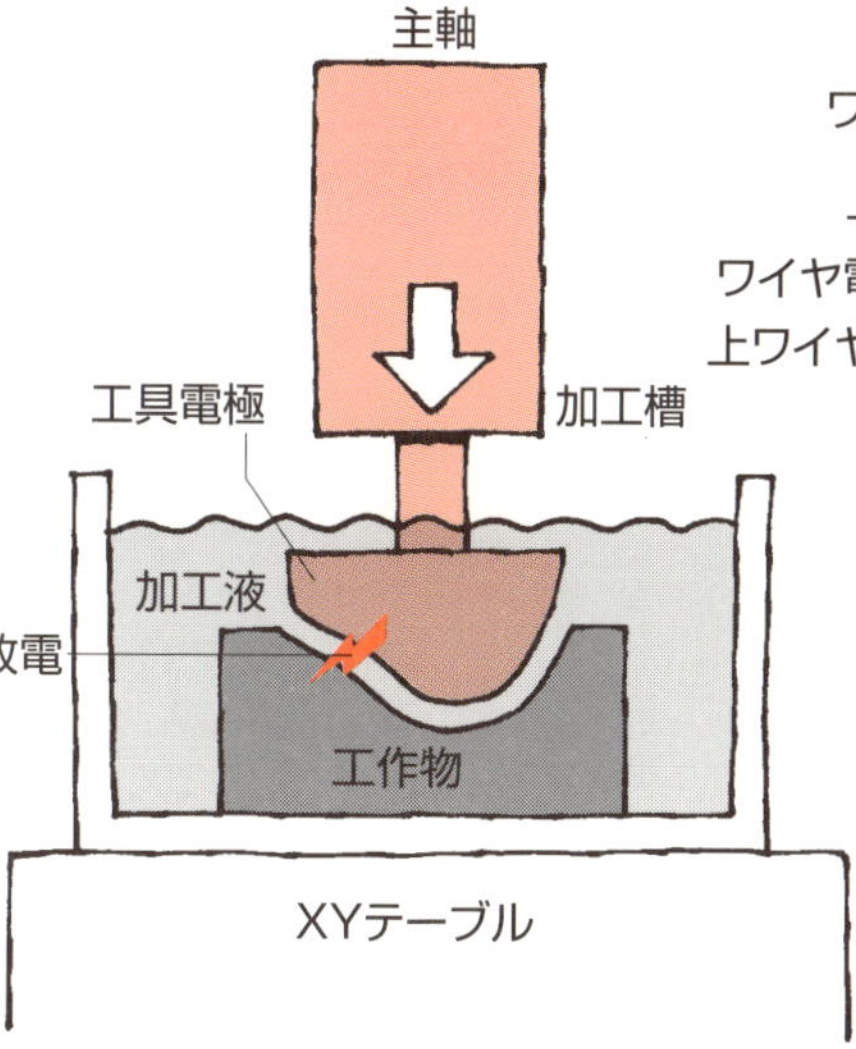

ワイヤ放電加工

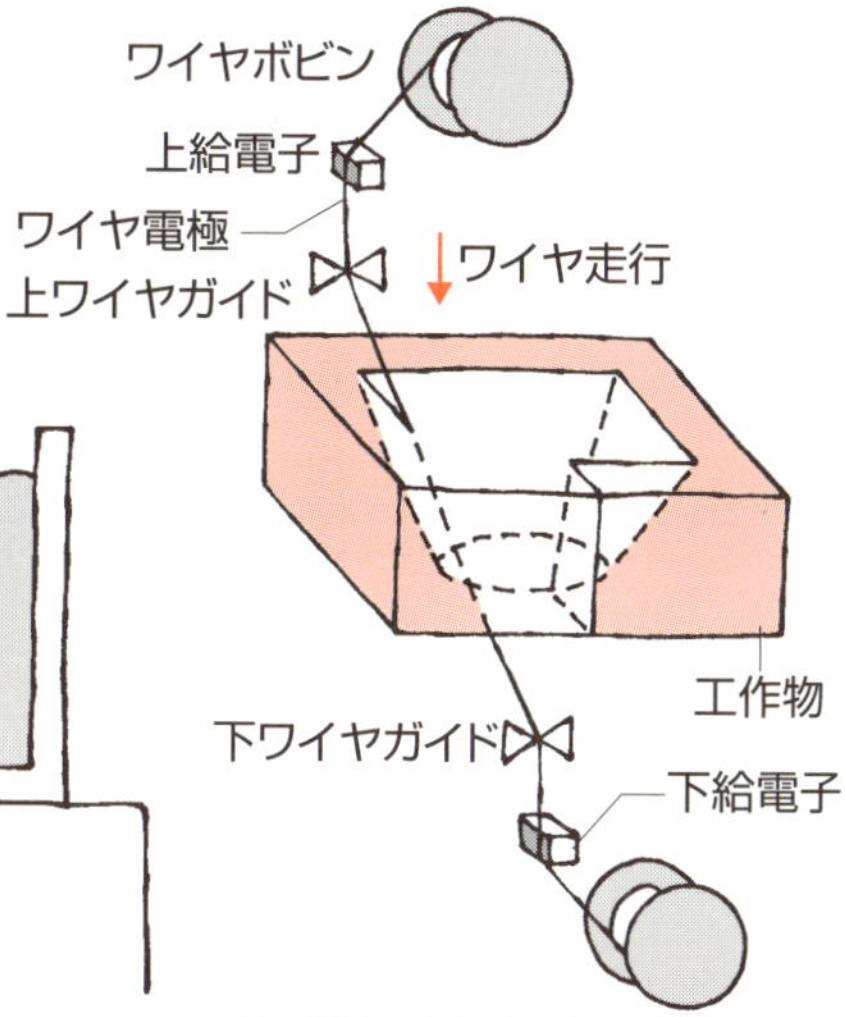

2.5次元加工も可

単発放電痕の一例

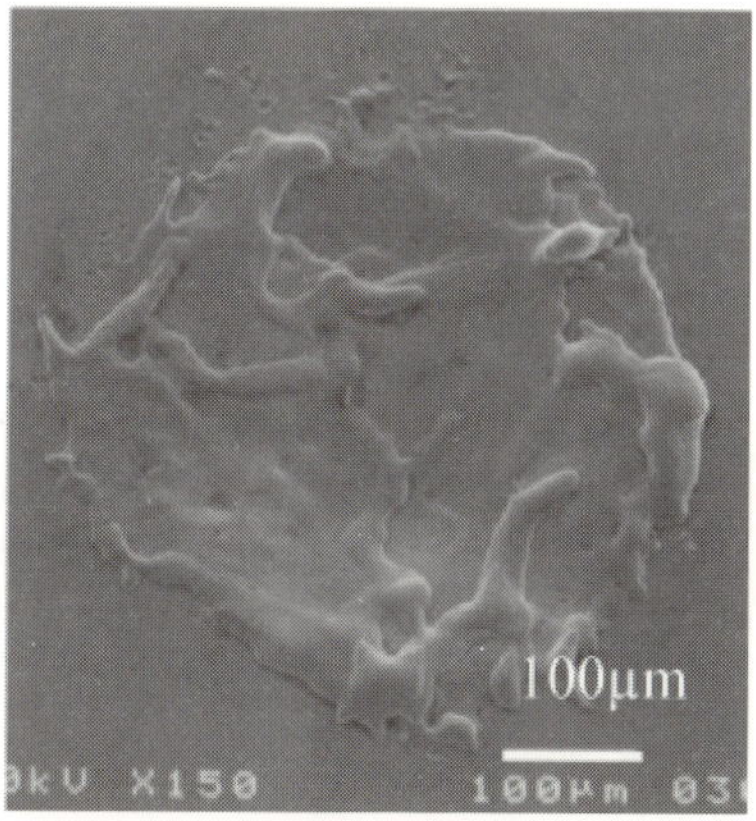

炭素鋼（一極性側）
（電流値:50A、パルス幅:64μs）

浅いお皿形状をした
単発放電痕の例

放電加工面の一例

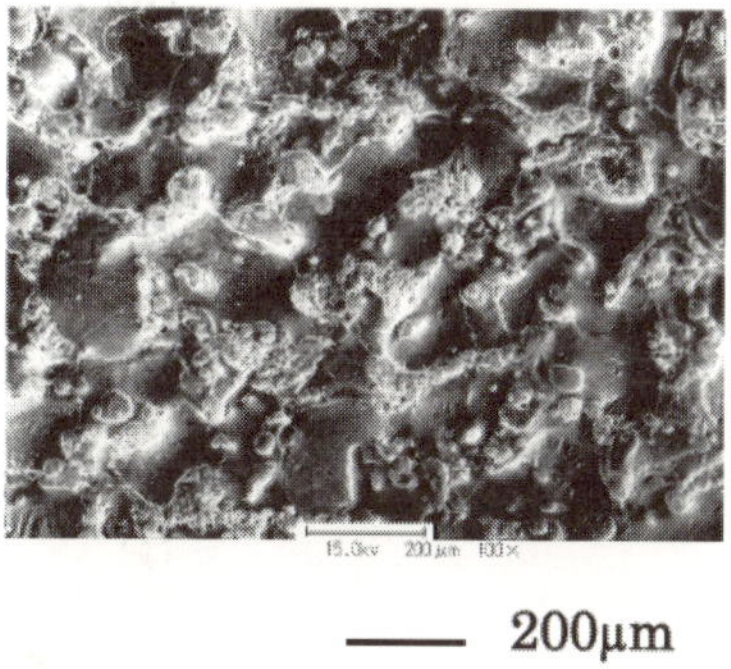

磁性材料（一極性側）
（電流値:20A、パルス幅:128μs）

放電痕が重なった
面性状をなす連続加工面

5 放電加工の利用分野

切削加工の苦手な部分を補完していたが…

当初の放電加工の利用対象は、精度もよくなかったこともあり、折れたタップの除去に利用される程度だったと聞いたことがあります。放電加工がないころは、硬いタップが折れてしまうと、折れた断面にマイナス形状の溝をヤスリなどで削り、マイナスドライバで少しずつ回転させて除去していたようです。最悪の場合は、別な場所に穴加工を行い、再度タップを用いてねじを切ったこともあったかもしれません。硬いタップの断面に溝をつけることなど、根気のいる作業でしょうし、別な箇所にねじを切る場合は、それなりに問題が生じることもあると思われます。

それに対して、放電加工であればタップ直径よりも少し小さめの円柱電極で中心部を除去すれば、あとは溝部分に残った残骸をかき出せば、折れたタップは跡形もなく除去できます。その後、再びタップ加工を行えば無事ねじ切りを完了することができます。

その後、加工精度がよくなり高度な要求に沿った形状加工が可能となるに従い、焼き入れした金型の最終仕上げ加工に用いられるようになりました。焼き入れ処理を行っているため、文字どおり「刃が立たない」状態のため切削加工は難しい材料となります。放電が用いられる前は、研削や研磨など人手で仕上げ加工が行われ、多くの時間がかかったようです。

一方、放電加工は、基本的に導電性のある材料であれば、材料の硬さや靭性《じんせい》に関係なく加工が可能なため、金型の仕上げ工程には無くてはならない加工法となりました。ところが21世紀を過ぎた現在では、焼き入れした材料であっても専用の加工機を用いれば切削加工で加工が可能となり、高硬度材料の形状加工が可能な加工法だけではその優位性が薄まってきています。そのため、最近の放電加工では、金型の仕上げ加工だけでなく、他の加工分野にも用いることが進められています。その1つの分野が微小な穴加工に代表される微細加工の分野です。

要点BOX

- ●導電性のある材料であれば加工可能
- ●高硬度材料加工での優位性が薄まっている
- ●期待される微細加工の分野での応用

金型の最終形状仕上げに利用

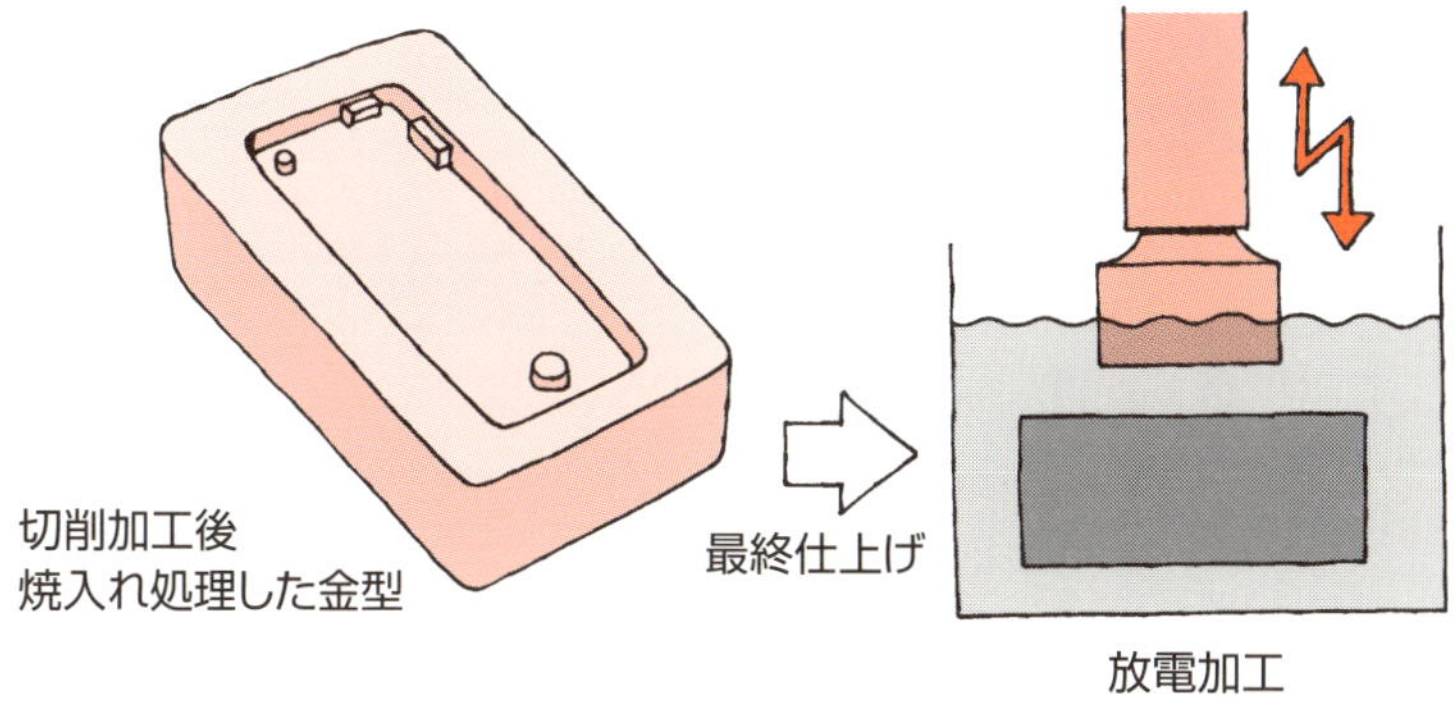

放電加工の特徴=硬い金属の加工

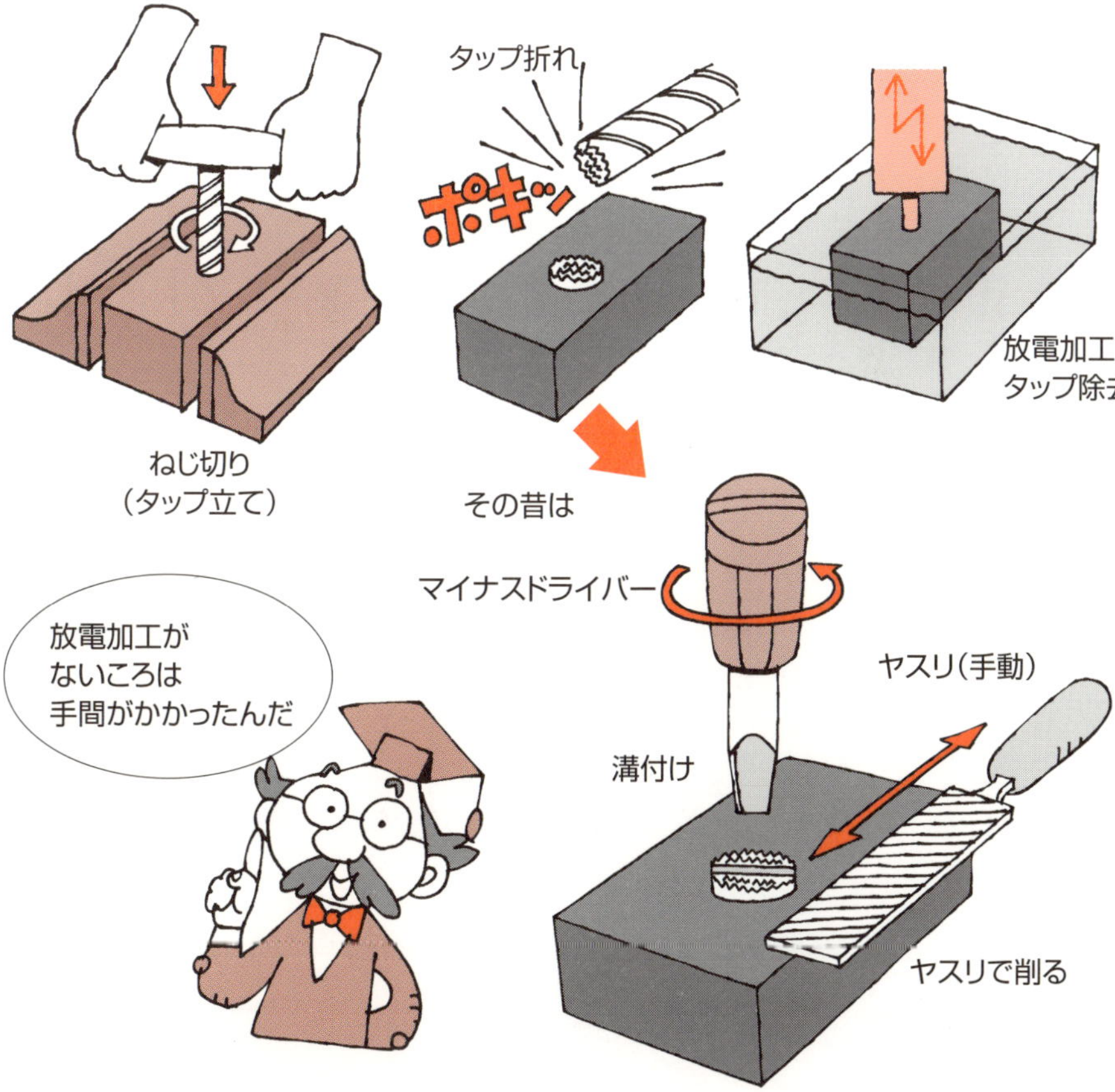

6 形彫り放電加工とワイヤ放電加工の違い

現在ではワイヤ放電加工機が多い

放電加工は大きく分けて、形彫り放電加工とワイヤ放電加工に分かれます。ラザレンコ夫妻が開発したのは形彫り放電加工であり、ワイヤ放電加工はNC装置が発達した1970年代に開発されています。現在では、ワイヤ放電加工機の方が製造台数としては多くなっています。

形彫り放電加工は、これまで説明したように必要な形状に形づくられた電極が必要となります。このときの電極の形状は、工作物に形づくられる形状を反転させた形状です。その電極と工作物の間で放電を連続して発生させて、電極形状が反転した凹形状を加工するのが形彫り放電加工となります。このとき、加工液は多くの場合、灯油系の油加工液が用いられる場合が一般的です。そのため、火災の心配があり、無人運転を行うことは禁じられています。

形彫り放電加工を行う前には電極を仕上げる必要があり、ひと手間を要することになります。また、電極に角部がある場合は加工中に消耗してしまう場合があり、工作物の仕上げ形状が崩れてしまうことがあります。そのため必要に応じて、電極を2個準備し、加工途中で電極を新品に取り替えて仕上げ加工を行うこともあります。このように、形彫り放電加工では、加工形状を精度よく仕上げるために多少の工夫が必要となります。

一方、ワイヤ放電加工は直径0・2㎜程度のワイヤ線を電極として、板状の工作物との間に放電を発生させて加工を行います。ワイヤ線は常に送り出されており、常に新しいワイヤが加工部位には供給されることになります。このとき、板状の工作物はX－Y方向に移動して、必要な形状が糸鋸状に切り出されます。ワイヤ電極は使い捨てのため、形彫り放電加工のような電極の消耗が原因の形状の崩れは心配することがなく、比較的容易に精度のよい形状加工が可能となっています。

要点BOX

- ラザレンコ夫妻が開発したのは形彫り放電加工
- 火災の心配がないワイヤ放電加工機
- 形彫り放電加工の方がひと手間多い

形彫り放電加工

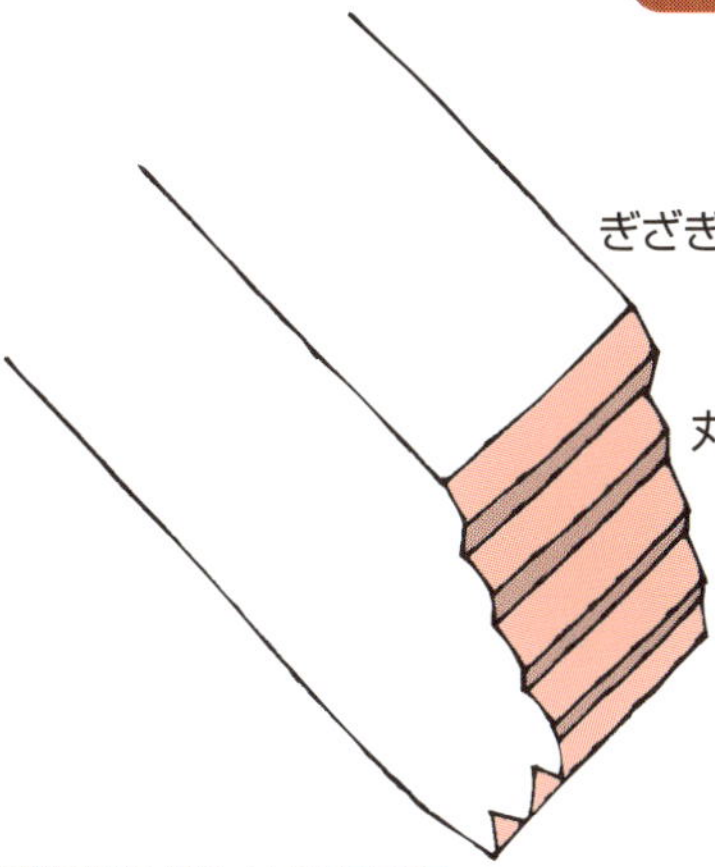

電極側も少しは消耗する。
より精密加工が必要なら仕上げ用にもう1つ電極が必要

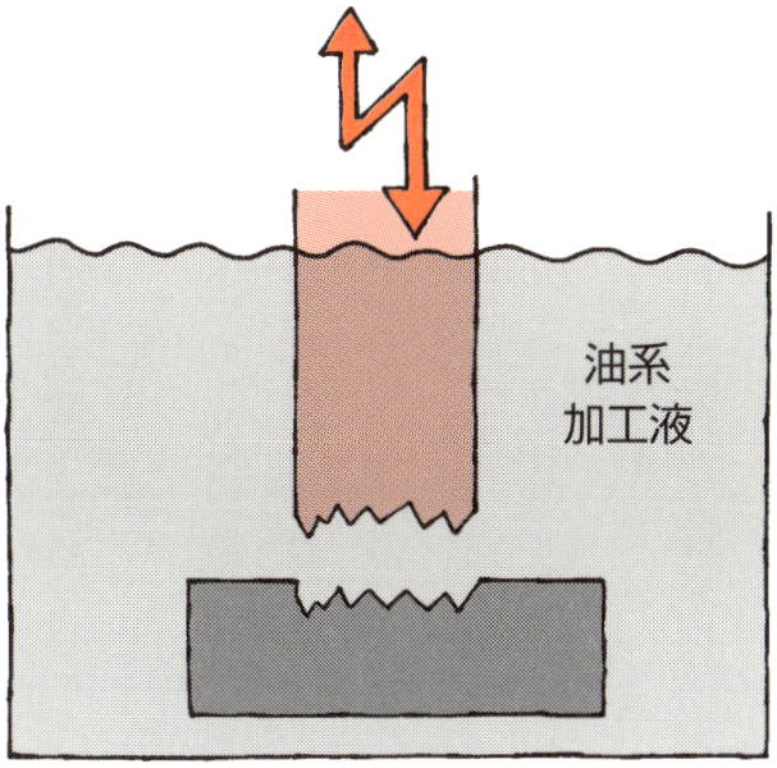

形彫り放電加工
（無人運転は不可）

ワイヤ放電加工

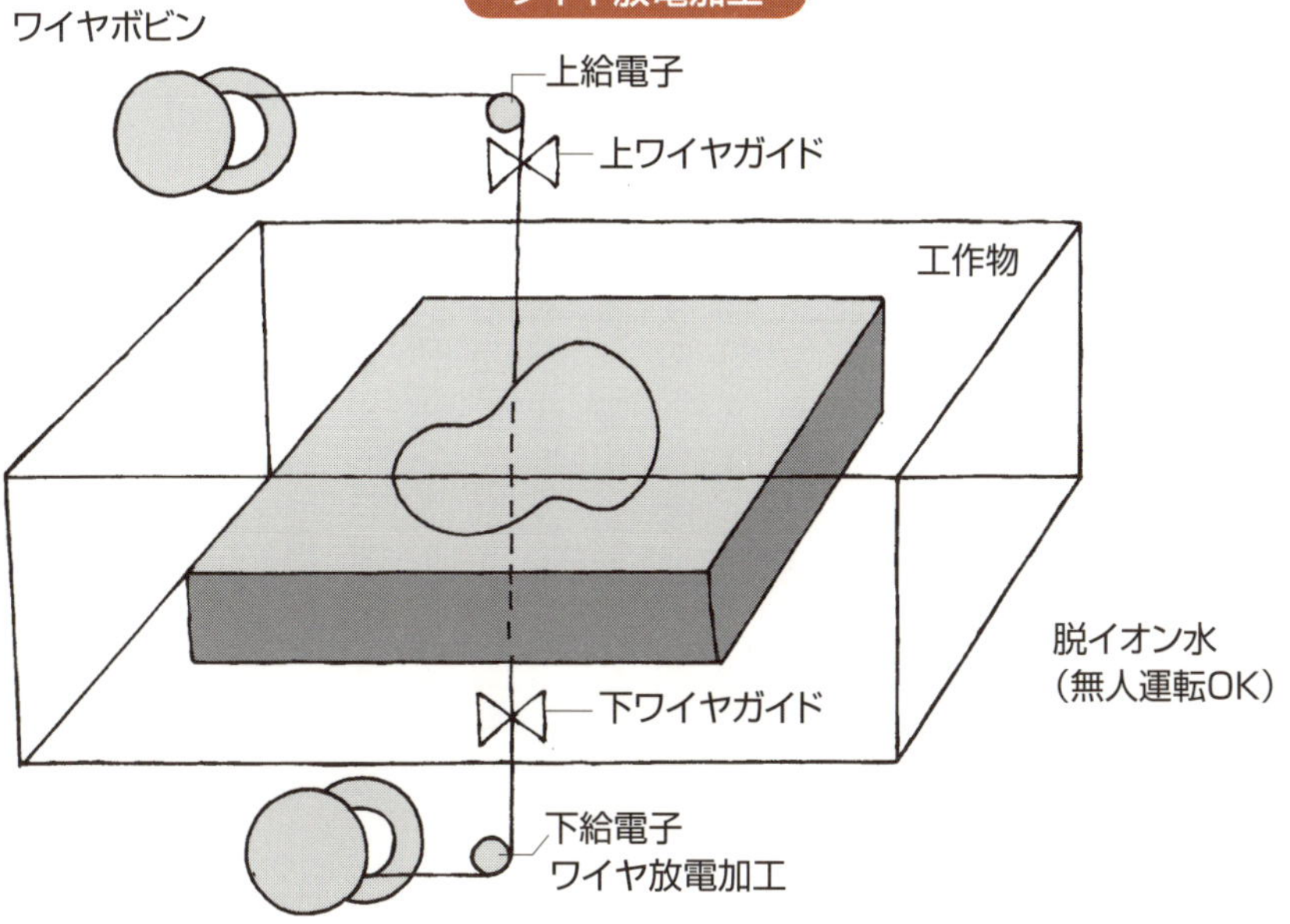

ワイヤ放電加工では形彫り放電加工と異なり、加工液にはイオンを除去した脱イオン水を用いる場合が多く、火災の心配がないため、24時間の無人運転が可能となっている。

7 放電の発生でなぜ火災や爆発が起きない？

加工液中で放電を発生させる理由

放電加工は、加工液中で放電が発生して加工が進行します。特に、形彫り放電加工では灯油系の油加工液が用いられていますが、よく若い技術者からは「油の中で火花が出る放電を発生させるのに、火災や爆発が起きないの？」という質問を受けます。ワイヤ放電加工は水系の加工液を用いるので火災の心配がないのはわかりますが、「油の中で火花が出ると危険なのでは」と思うのは普通の感覚ですね。

ただし、ご安心ください。通常の使用法であれば油中で放電が発生する形彫り放電加工でも、火災が発生することはありません。それは、油の中であれば周囲に酸素が存在しないので火災や爆発にいたらないためです。逆にいうと、酸素が周囲にある状態で放電が発生し、さらに油が存在すると火災や爆発にいたってしまいます。

実は、古くは形彫り放電加工機で火災事故が発生したことは少なからずあったようです。これは、加工液の油面が低下し、その付近で放電が発生すると、大気中の酸素と反応して火災になります。そのため、形彫り放電加工では、加工部位よりも油面を十分に高く設定することが安全上も必要であり、最新の機械では各種センサと自動消化装置が設置されています。

ところで、そもそも加工液中で放電を発生させることの理由はどこにあるのでしょうか。先に紹介したように、放電加工を開発するきっかけが、油で絶縁された変圧器中の接点の異常摩耗であるためとも考えられます。パルス放電の繰り返しで放電加工が進行するため、それぞれの放電が終了するといったん絶縁状態が回復する必要がありますが、その役割を加工液が担っています。ただし、それ以外にも理由はあります。1つは、放電が発生した材料表面では、金属材料が溶融するほど高温になります。溶融部が飛散して微小なクレータが生じますが、加工液がその表面を冷却する働きを担います。

要点BOX

- ●油の中で火花が出ると危険？
- ●古くは火災事故があった
- ●最新機種では自動消化装置を設置

なぜ火災が起きない!?

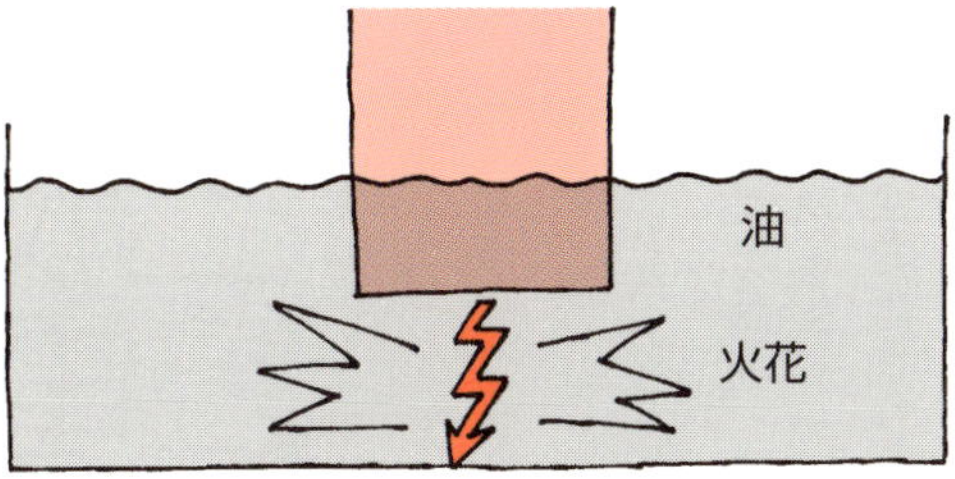

油の中で火花が発生=放電

火災は?

危なくない?

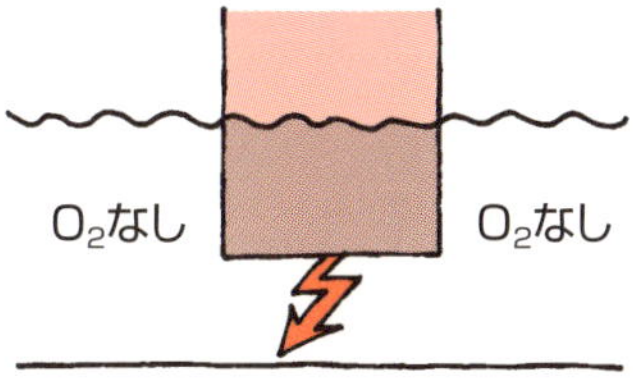

加工液の役割

❶

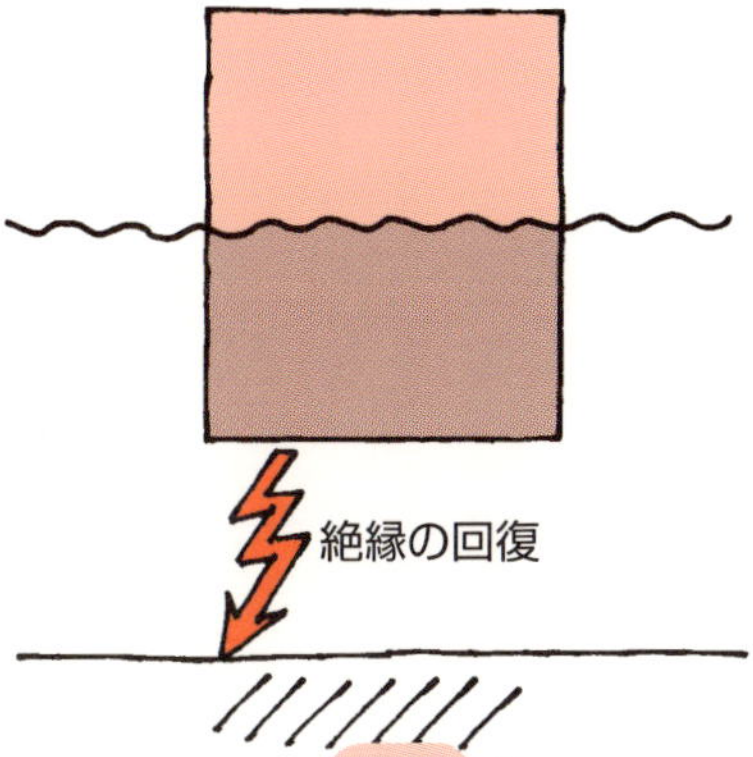

冷却 も

❷

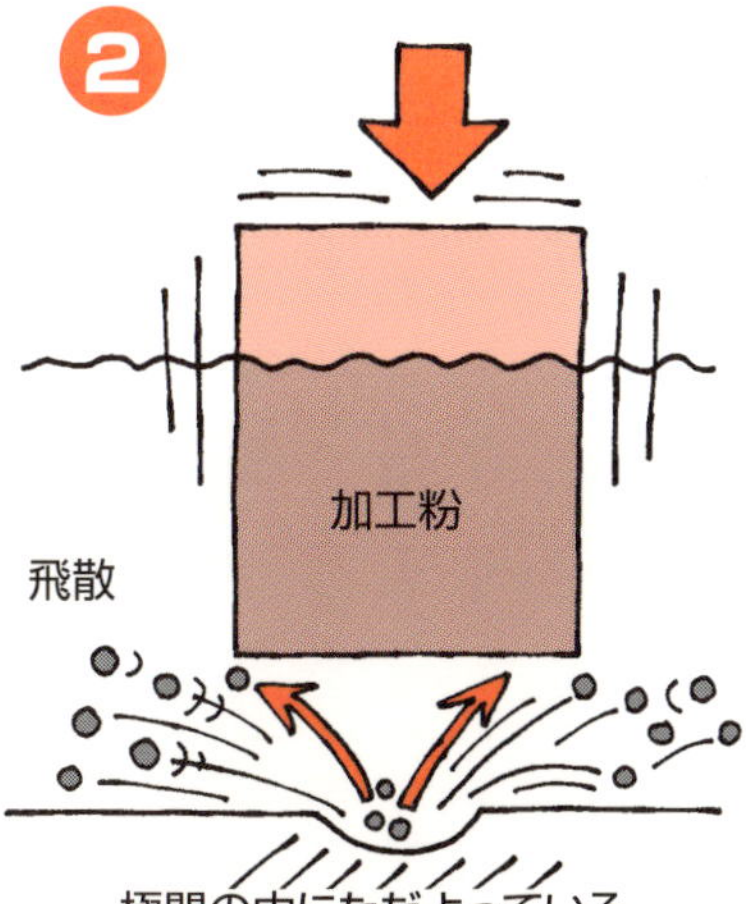

加工粉の除去

溶融部が飛散して加工液と混じり合うことで、溶融した材料は球状の加工粉となり、また周りの加工液に混じり合うことで、加工部位から効率よく除去される作用もある。

8 放電加工の得意な点と苦手な点

切削加工が困難な場合に登場！

放電加工の特徴、とくに形状加工において優位な点、あるいは少し苦手な点などをまとめておきましょう。

自動車や航空機、電化製品の製造においては金型を用いて大量生産することで比較的安価に品物を作ることが可能になっています。ただし、金型で成形しただけの状態でそのまま部品に利用できることは少なく、その後追加工が施されることが多いです。

多くの金属部品の場合、切削加工が用いられることが多く、これは短い加工時間で、必要な形状精度に仕上げることが可能なためです。ところが、材料が硬い、脆いなど切削加工が困難な場合は、その他の加工法が用いられることになります。たとえば、砥石で材料を削りとる研削加工や、各種レーザ光を用いたレーザ加工などがあります。そのような加工法の1つに放電加工があります。電気が通りさえすれば、硬い材料でも加工が可能なことが特徴です。ところが、一般的に切削加工に比較して加工速度が遅いため、多くの量を加工する部品加工に用いられることは少ないのが現状です。これが一番のデメリットですが、それでも放電加工が利用される理由があります。

①放電加工は電極と工作物が接触せずに加工が進行するので、工作物あるいは電極に発生する力が切削や研削加工に比較して小さくて済む。そのため、深い穴加工や、深い溝加工を得意としている。

②微細加工が得意分野の1つになってきている。直径50μ程度以下の小さな穴を加工したい、特に深さが深い場合は放電加工が有利である。

微細ドリルを用いた切削加工では、ドリルが折れる心配があり、また、高速で回転させる装置が必要になります。レーザ加工でも、穴深さが深い場合は対応が難しく、また加工品質が問題になることもあります。その点、放電加工では加工穴のエッジ部分は鋭利であり、穴性状がよく、自動車エンジンの燃料噴射ポンプの微細穴加工にも利用されています。

要点BOX

- ●電気が通れば硬い材料でも加工可能
- ●ドリルが折れる心配がない
- ●切削加工より加工速度が遅い

切削と放電の比較

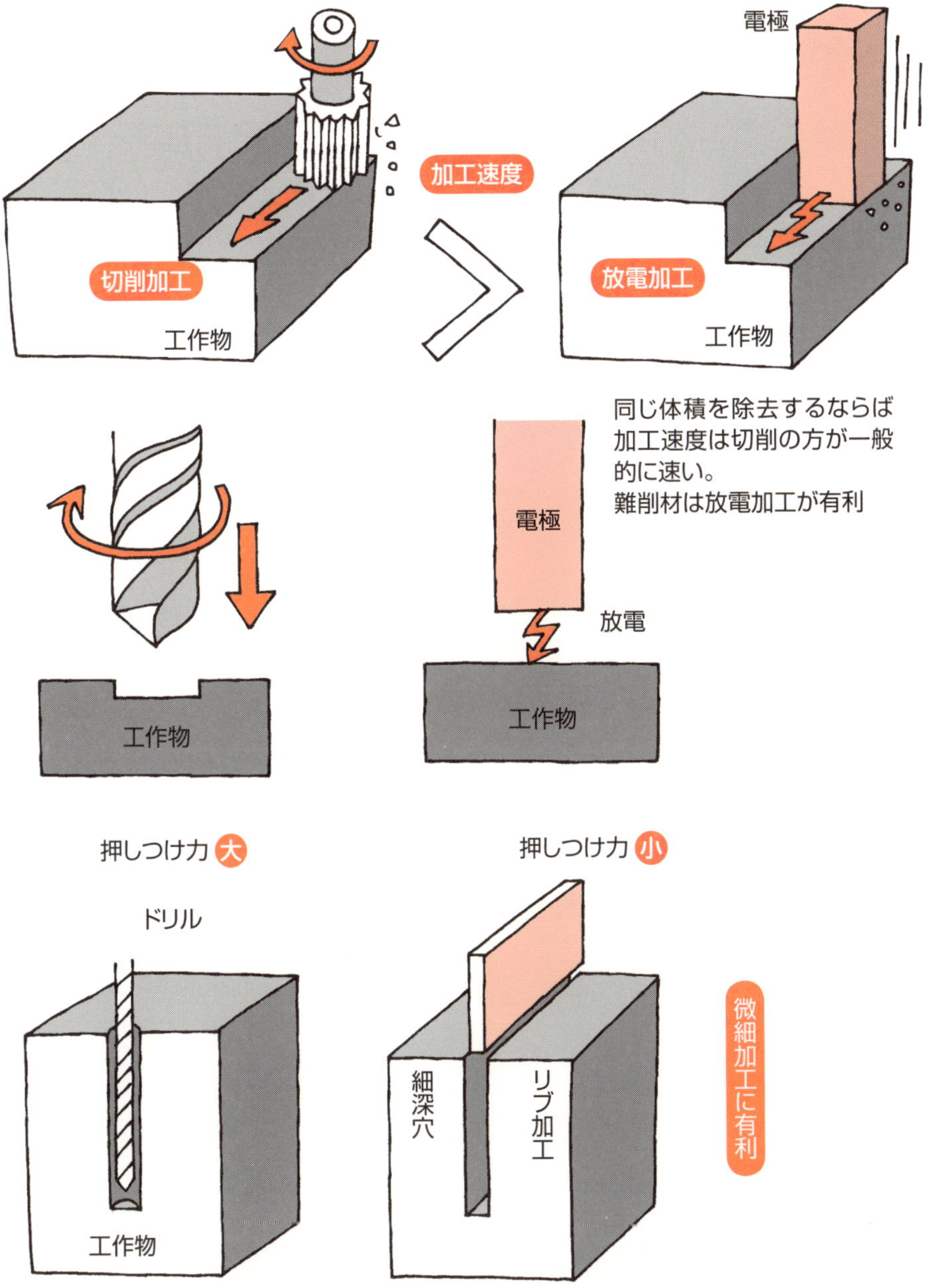
電極
切削加工
加工速度
放電加工
工作物
工作物
同じ体積を除去するならば
加工速度は切削の方が一般
的に速い。
難削材は放電加工が有利
電極
放電
工作物
工作物
押しつけ力 大
押しつけ力 小
ドリル
工作物
細深穴
リブ加工
微細加工に有利

Column

物理現象としての各種放電

放電加工は、パルス状のアーク放電（火花放電）現象を利用した熱エネルギ加工に分類されます。

ところで、放電現象にはいくつか種類があることをご存じでしょうか。物理が専門の方でしたら詳しいと思いますが、身近なところでは蛍光灯はグロー放電現象を利用しています。こちらは、減圧雰囲気で発生する放電現象であり、電流値はごくごく小さなものです。

それに対して、放電加工は1アンペア程度以上の電流が流れるアーク放電に分類され、大気圧中でも発生します。

放電加工を勉強し始めた学生のころには、まじめに物理の教科書を開き、放電現象の分類などを勉強したものですが、こちらはこちらで奥が深く、当時は十分理解することは難しかった思い出があります。そのため、多少尻込みして実際の加工実験に精を出したほろ苦い記憶があります。

今現在は、大学において加工を専門に扱う身においては知識として必要だと考えますが、放電加工を取り扱う実務の皆様においては、放電現象を理解していないと放電加工を使いこなせないわけではありませんので安心ください。

ただ、日々放電加工を行っていると、ワイヤ加工で観察される青白い放電や、形彫り放電加工で見られる赤っぽい放電を目にすることと思います。そんなときは、放電現象も加工液や加工材料で変化して見えるのだなと思い出していただければおもしろいかもしれません。

どうぞ、臆することなく放電の物理現象にも興味をもっていただければと思います。

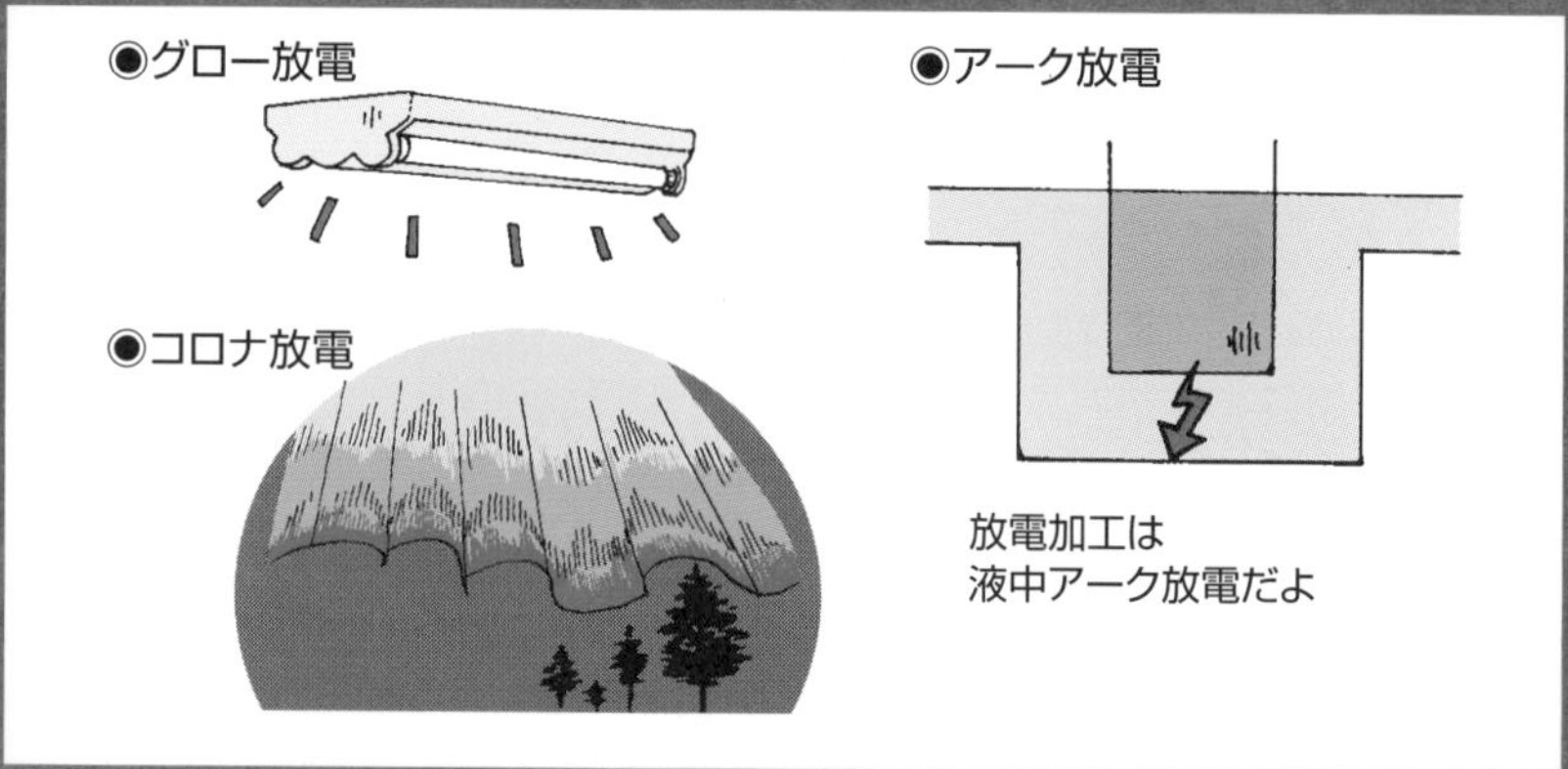

第2章

放電加工の基礎

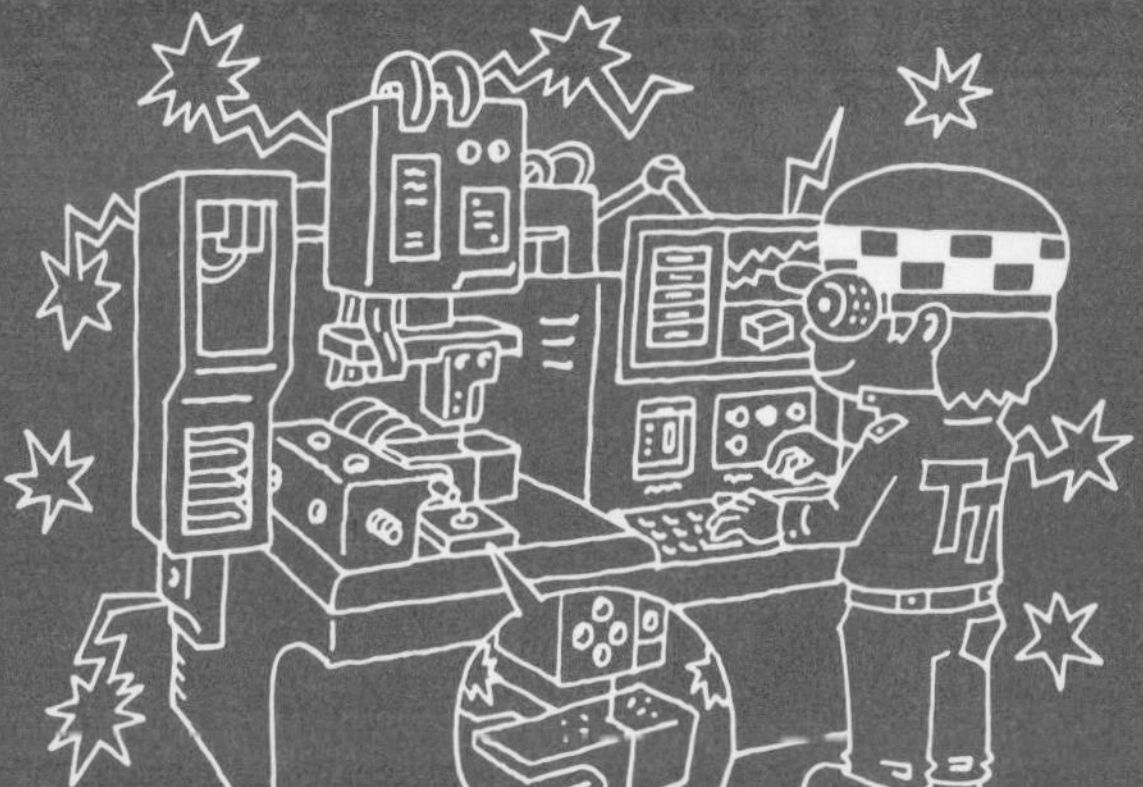

9 「単発放電現象」がもつ意味

放電加工は単発放電の繰り返しで加工が進む

放電加工はパルス状の微小放電を繰り返すことで加工が進行します。このとき、各放電パルスの持続時間は、おおむね数μsec（マイクロセック）から数百μsec程度の時間になります。これら個々の放電により、微小なクレータ（放電痕）が形成され、その累積により工作物が除去されます。

各種加工法で精密加工を実現するためには、基本となる除去単位が微小である必要があります。イメージとしては、庭や畑の手入れをする際には、大きなスコップで土を掘り起こしますが、花壇の手入れをする場合は「移植ごて」と呼ばれる小型のシャベルを用いないと細かな作業ができません。放電加工で精密な形状加工が可能な理由の1つに、除去単位である単発放電の除去量が微小であることがあげられます。

単発放電で形成される放電痕の大きさ（除去量）は、放電条件である電流値とパルス幅によっておおむね決定されます。当然、電流値が大きく、パルス幅が長い条件では除去量は大きく、逆に電流値が小さく、パルス幅も短い条件では除去量は小さくなります。

単発放電現象を理解することは加工特性を把握するうえで大事なことですが、仮に、各パルス放電の放電条件（電流値とパルス幅）が一定で、形成される放電痕除去量が予測でき、さらに単位時間当たりの放電発生回数が把握できれば、放電加工における加工速度を推察することは容易なこととなります。基本的には、放電痕除去量に放電回数を掛け合わせた値が、工作物の除去体積となります。

ところが、通常の放電加工では個々のパルス放電の条件はほぼ一定にすることは可能ですが、放電の発生する極間距離が異なれば、形成される放電痕も影響を受け、除去量が変化することがあります。また、放電の発生回数（発生頻度）も加工時間に対して変化しており、すべての場合において加工速度を正確に予測することは難しいのが現実です。

要点BOX

- 除去量は電流値とパルス幅によって決定される
- 電流値が大きく、パルス幅が長いと除去量は大きくなる

放電加工の基本は「単発放電」

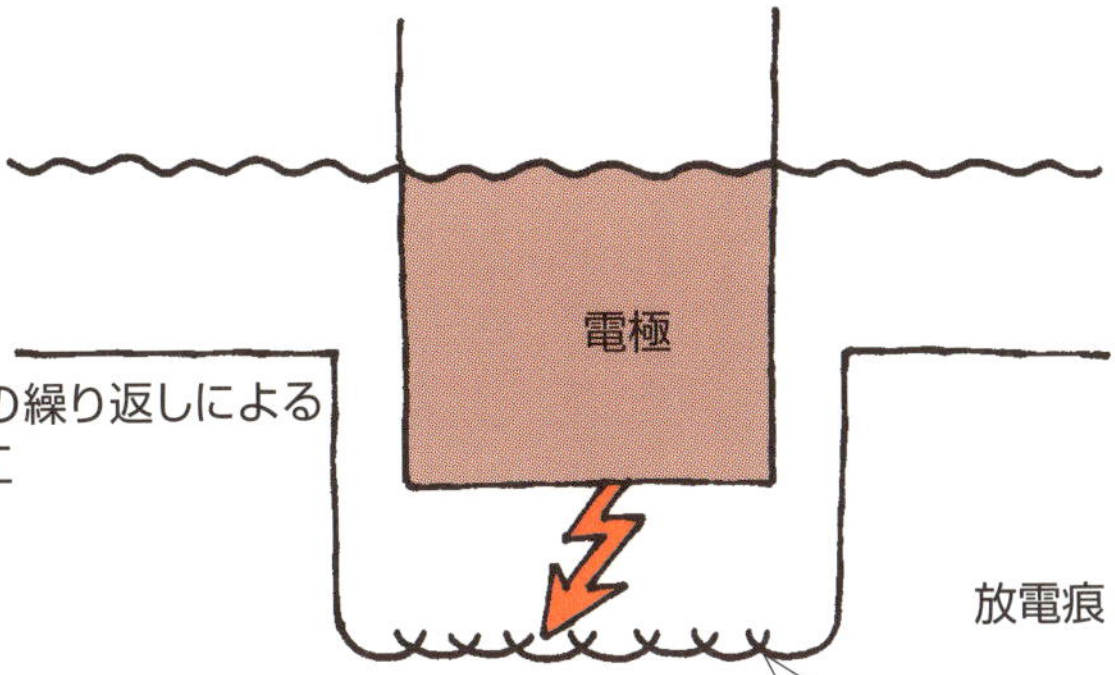

放電痕の繰り返しによる
形状加工

放電痕

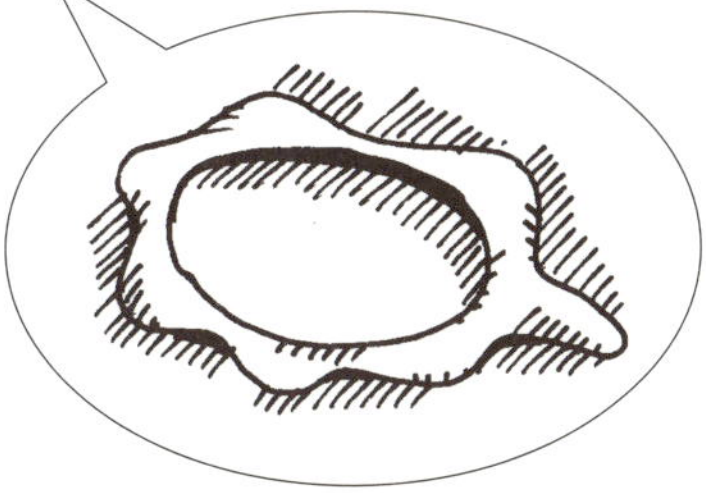

加工量の予想は

「放電痕除去量」×放電回数

（1秒間に数千～1万回程度）

精密加工のためには最小除去単位が
小さいことが必要

細かな作業には小さな道具を使わないと

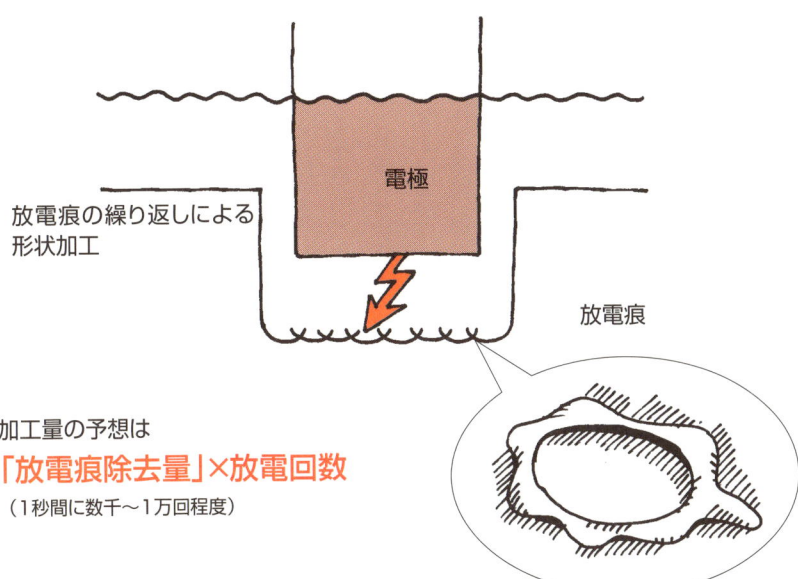

10 工作物側のみが除去されるメカニズム

放電加工の対象となることが多い鉄鋼材料

電極と工作物間でパルス放電を発生させる放電加工ですが、なぜ電極側はあまり消耗（除去）しないで工作物側だけが除去されるのでしょうか。ここでは、主として工作物側のみが除去されるメカニズムおよび電極材料に求められる特性について説明します。

放電の発生では、極性マイナス側とプラス側で現象が異なることが知られていますが、ここでは説明を簡単にするために極性の違いは無視して考えてみます。極間で絶縁破壊が発生し、放電が生じると電極と工作物表面はエネルギーが入力され材料の温度上昇が発生します。ところが、同じエネルギーが入力されても材料の温度上昇の仕方は異なります。これは、「比熱」と呼ばれる材料特性で、1g（グラム）の物質の温度を1℃上昇させるのに必要な熱量を表します。皆さんがよく知っている水の比熱は、4.2J/g・Kです。

放電加工の対象となることが多い鉄鋼材料では、約0.46J/g・Kです。一方、電極材料としてよく使われる銅の比熱は0.39J/g・Kです。この比熱の違いだけを見ると、銅の方が温度上昇しやすいことがわかります。また、材料の融点も関係します。鉄は1536℃程度であるのに対して、銅は1495℃と、融点も銅の方が低く溶融しやすいことがわかります。

ところが、もう1つの特性である熱伝導率を比較してみると、鉄は78.2W/m・Kであるのに対して、銅は397W/m・Kと5倍以上大きな値です。熱伝導率とは熱の伝えやすさを表す指標で、この値が大きいと入熱された熱を早く材料内部に伝える（逃がす）ことができます。つまり、鉄と銅を比較すると比熱や融点だけでは銅の方が早く溶けると考えられますが、表面が温度上昇してもすぐに材料内部に温度を逃がしてしまい、実際に溶融する量は鉄よりもはるかに小さくなります。このような材料特性の違いにより電極材料には銅が用いられ、工作物側である鉄鋼材料が主として除去されることとなります。

要点BOX

- 「比熱」と呼ばれる材料特性
- 熱伝導率は熱の伝えやすさを表す指標
- 銅が溶融する量は鉄よりもはるかに小さい

工作物が除去されるメカニズム

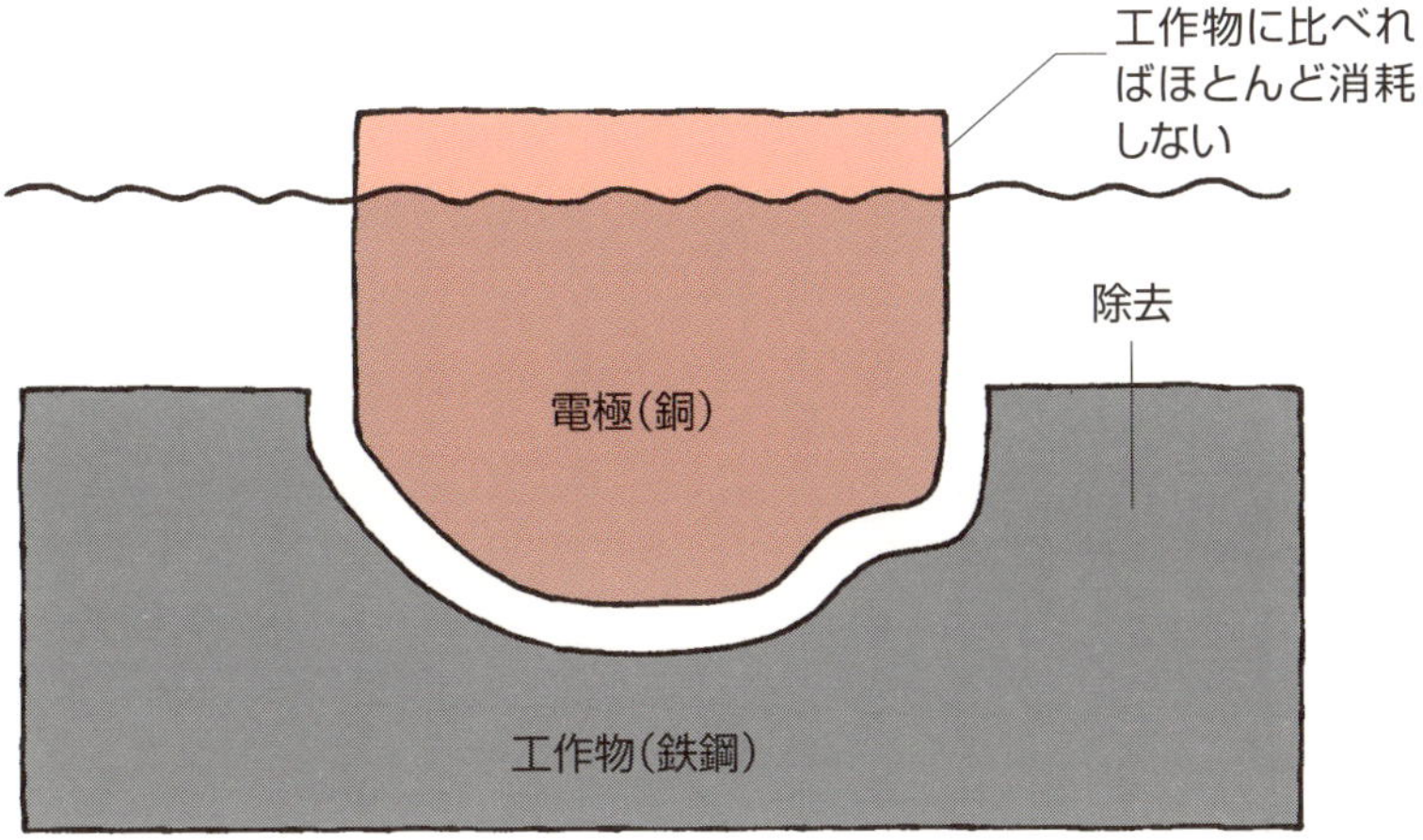

①比熱(1g(グラム)の物質の温度を
1℃上昇させるのに必要な熱量)

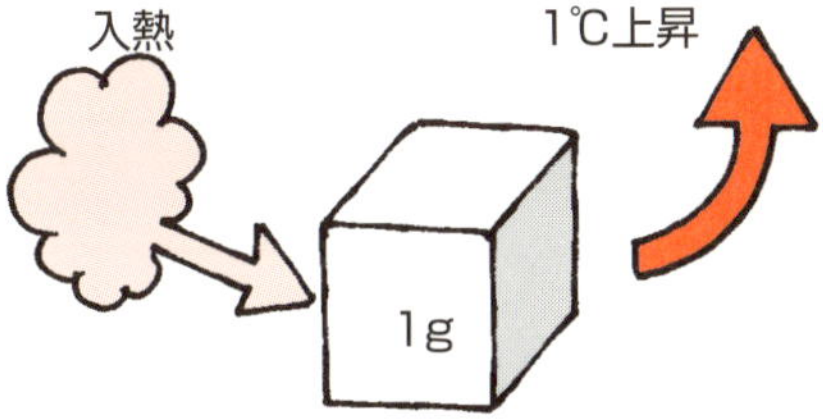
どれだけのエネルギーが必要

②融点

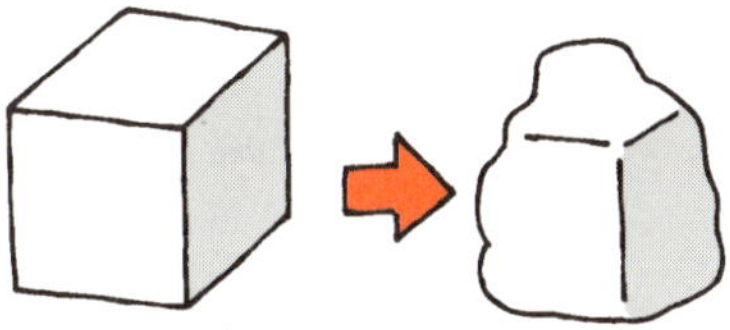
溶け出す温度

③熱伝導率

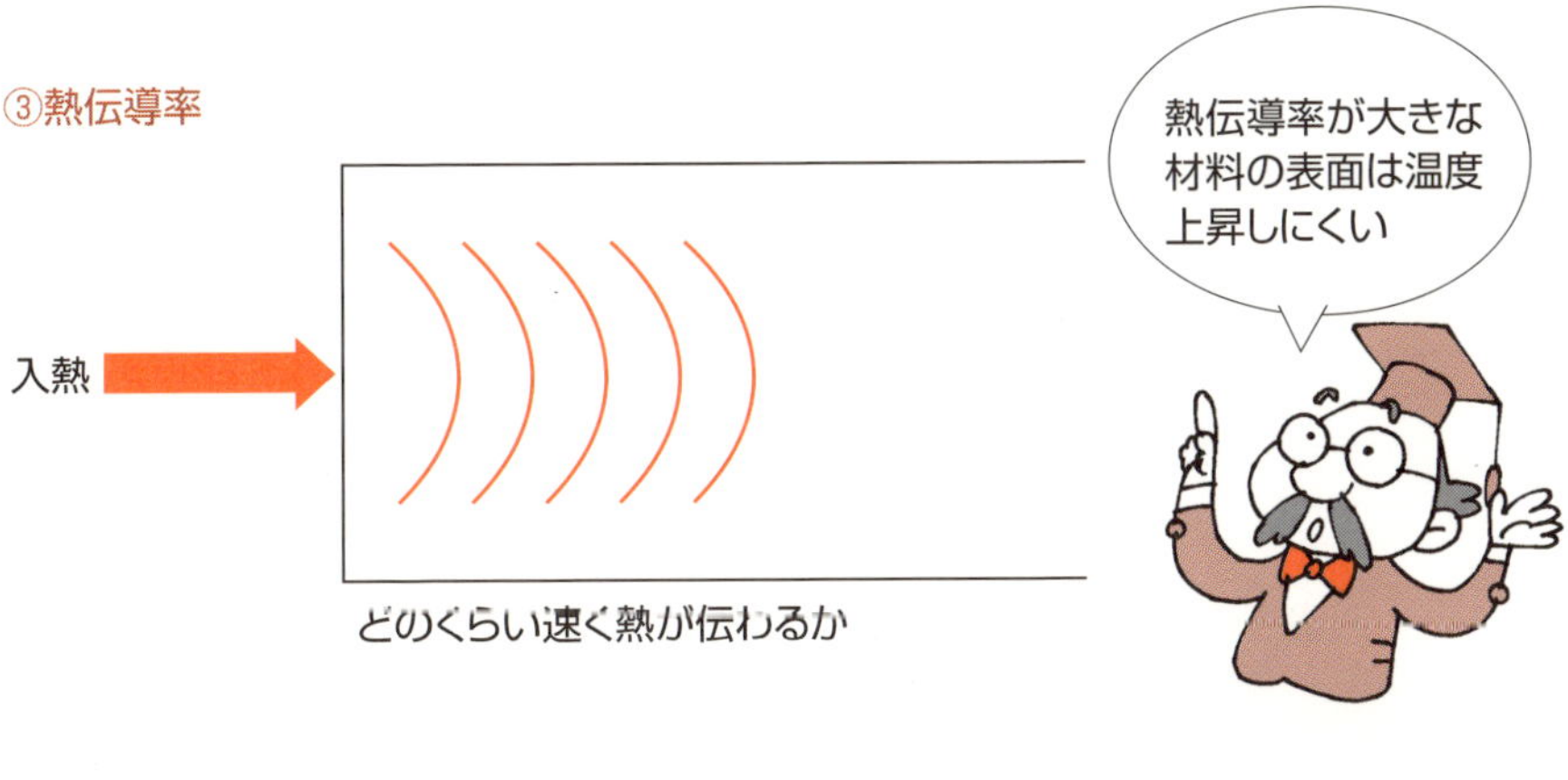

11 銅材の他にも電極に用いられる材料がある

溶融せずに昇華型の物質、グラファイト材

銅材の熱的な特性を示して、同じようなエネルギーが入力されても鉄鋼材料側が加工される理由を説明しました。ただ、実のところは電極側も多少のダメージを受け、特に角部が消耗して丸くなる傾向にはあります。ただし、その量は工作物側に比較すればわずかな量です。

銅材の他にも電極に用いられる材料はあるのでここで紹介します。形彫り放電加工の場合、電極は工作物形状を反転させた形状に仕上げておく必要があります。通常、切削加工で仕上げることが多く、そのため切削可能な材料であることが必然的に求められます。その次に、熱的な特性が考慮され、電極材料の選定がなされてきました。

現在よく利用されている電極材料として、銅材の他にグラファイト材があげられます。グラファイトは炭素からなる六方晶系の組織をもつ物質であり、溶融せずに昇華型の物質として知られています。その昇華温度は3600℃を超え、銅の融点よりもはるかに高い値を示しています。銅電極で重要であった熱伝導率はグラファイトの場合120～160W/m・Kであり、鉄の値よりは1・5～2倍程度大きいですが、銅の1／2以下です。ただ、昇華温度が高いために同じようなエネルギーが入力されてもグラファイト側よりは鉄鋼材料側の除去が進行します。

そのほか、直径100μ程度以下の微細加工用電極には、剛性が強く、融点が高いタングステン材や超硬合金が用いられる場合があります。

ワイヤ放電加工で用いられるワイヤ電極は、形彫り放電加工と異なり使い捨てされるため、ワイヤ電極の消耗よりは、放電特性や引っ張り強さなどにより選定されます。直径200～250μの一般的なワイヤ電極には、黄銅が用いられます。直径30μなどの極細ワイヤでは引っ張り強度の強いタングステンやモリブデンワイヤが用いられます。

要点BOX

- ●グラファイトは炭素からなる六方晶系の組織をもつ物質
- ●タングステン材や超硬合金が用いられる

放電加工に用いられる電極材料

スマートフォンの金型

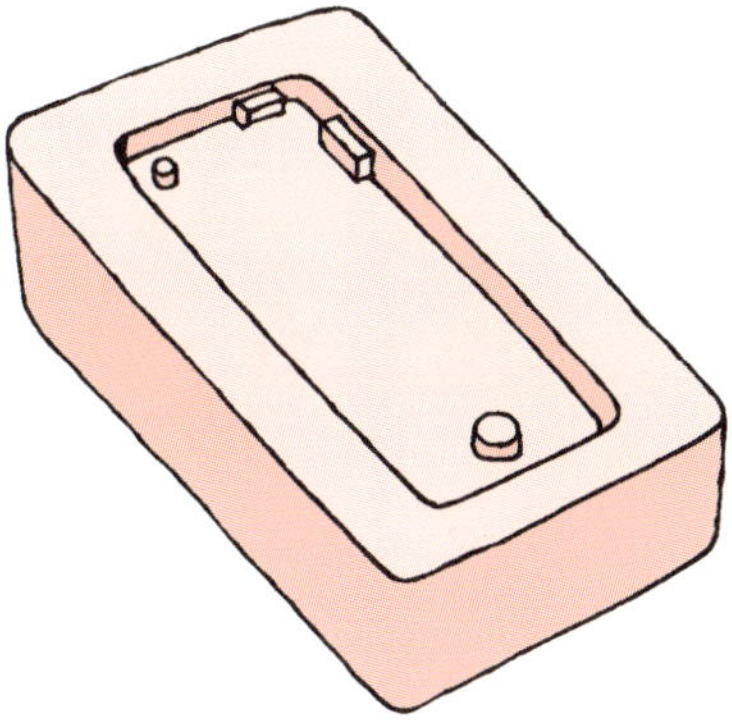

電極材料に必要な条件

電極 ──→ 切削加工で形状加工される

①切削可能な材料
②次に熱的特性がよい材料

銅とグラファイト

スマートフォンの外枠は溶けたプラスチックを金型に押し込んで作る

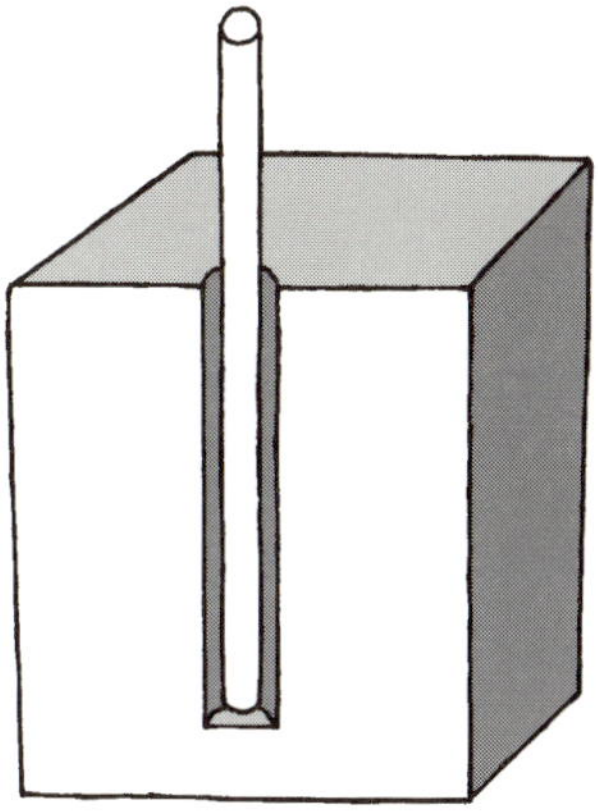

微細電極では剛性が優先

φ0.1～0.3程度
タングステン材
超硬合金
} 剛性が強い材料

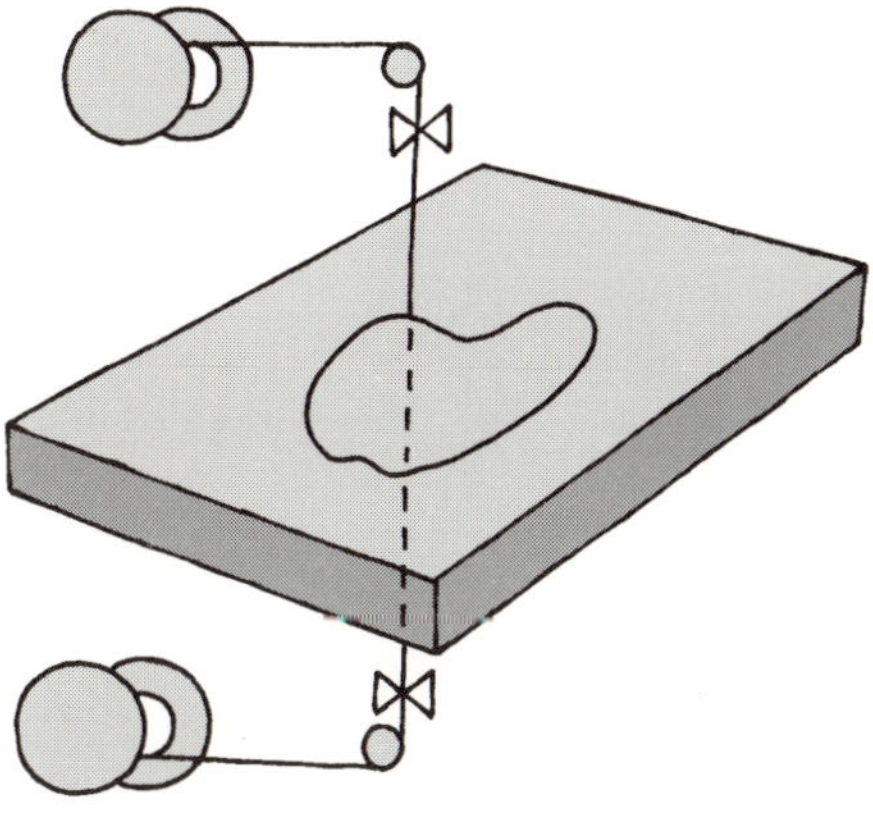

ワイヤ電極の基本は黄銅

ワイヤ材
φ0.2～0.25

黄銅

φ0.03～0.05
モリブデン
タングステン
} 引張り強度が**大**

12 放電が発生する電極と工作物の距離（極間距離）

短絡状態が発生しないように

電極と工作物間に電圧を印可させたまま、電極をゆっくりと工作物に近づけると、ある距離で絶縁が破壊し、放電が発生します。放電加工では一般的に100～200V程度の電圧が印可されており、新品に近いきれいな油加工液の場合、10μ程度以下に近づくと放電が発生します。水系加工液の場合は若干それよりも離れた距離からでも発生する傾向にあります。この違いは、加工液の絶縁破壊距離の違いになります。

放電が発生すると、規定の時間が経過した後、放電回路のスイッチがOFFになり、放電が終了します。これでパルス放電が1回終了したことになります。もしも電極が早い速度で工作物に近づいていた場合は、放電が発生している最中に工作物に接触してしまい、強制的に放電は終了し、その後は短絡電流が流れる場合もあります。このように、電極と工作物が接触した状態（短絡状態）は、放電加工では起こりえる現象といえます。短絡状態が続くと、放電は発生しないため放電痕は形成されず、結果として工作物の除去は行われずに、加工は進行しません。

ここで、放電が発生する電極と工作物の距離（極間距離）は、油加工液では10μ程度以下と示しましたが、実際の加工においてはさらに離れた状態でも放電が発生することはよくあります。それは、加工粉や加工液に混ざっている細かなゴミが極間に存在することで、それらの粒を介して放電が発生するためです。極間に細かな金属粉がある状態で電極と工作物間に電圧が印可されると、「電気泳動現象」という金属粉が電極と工作物の間を往復運動する現象が発生します。また、金属粉が多数存在すると、柱状に連なって電極と工作物間を橋渡しするような場合もあります。このような状態になると、たとえ電極と工作物が離れていても、放電が発生しやすくなり、実際の加工中にはこのような現象が多いと推察されています。

要点BOX

- ●短絡状態が続くと加工できない
- ●極間距離は油加工液では10μ程度以下
- ●ゴミの粒を介して放電することも

放電が発生する距離

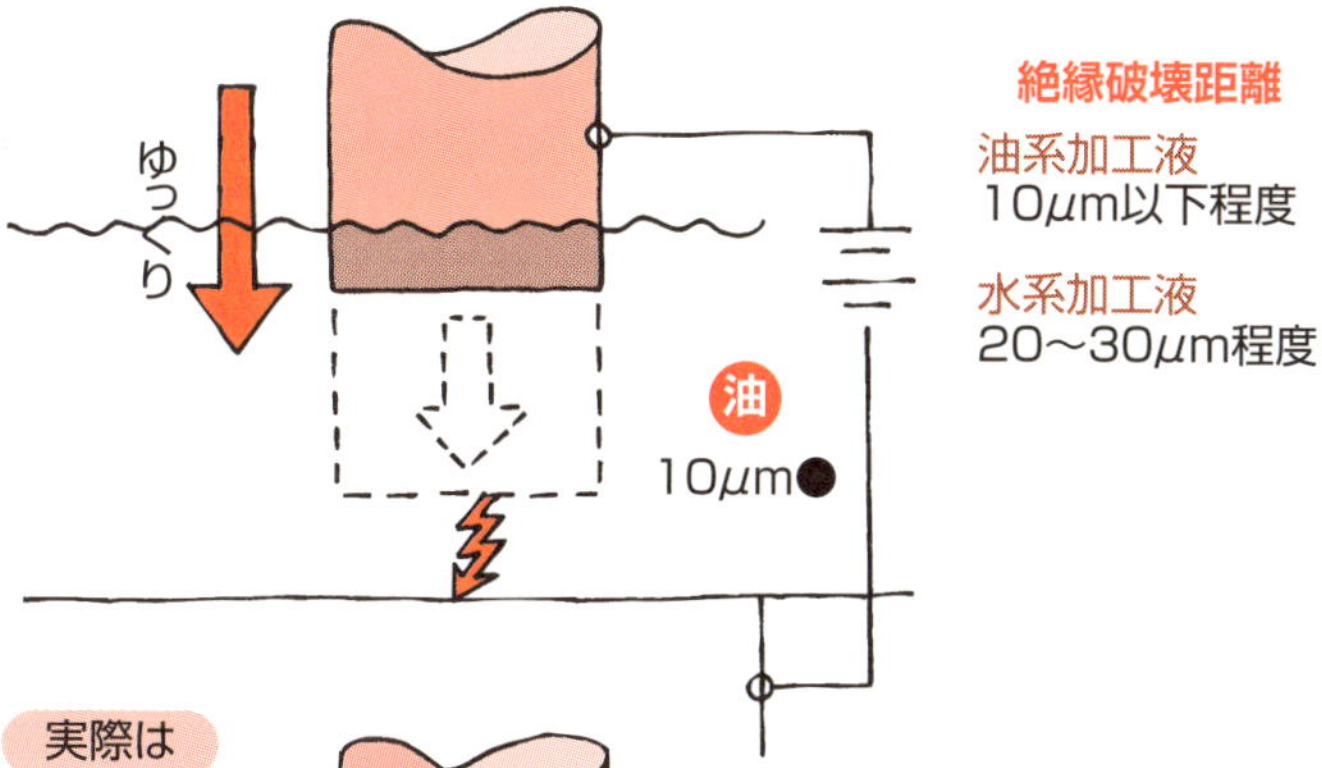

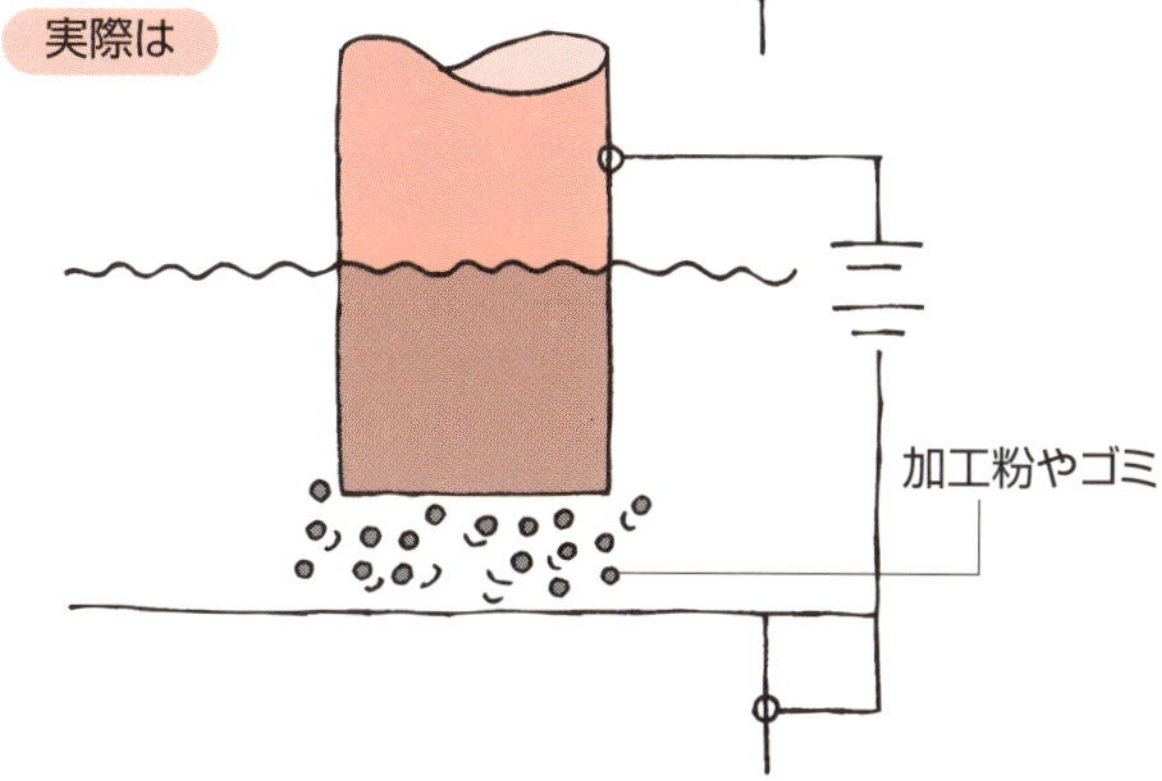

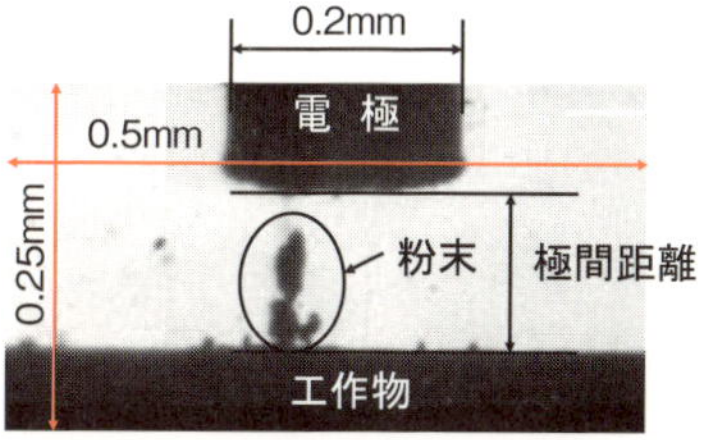

加工粉柱状の写真

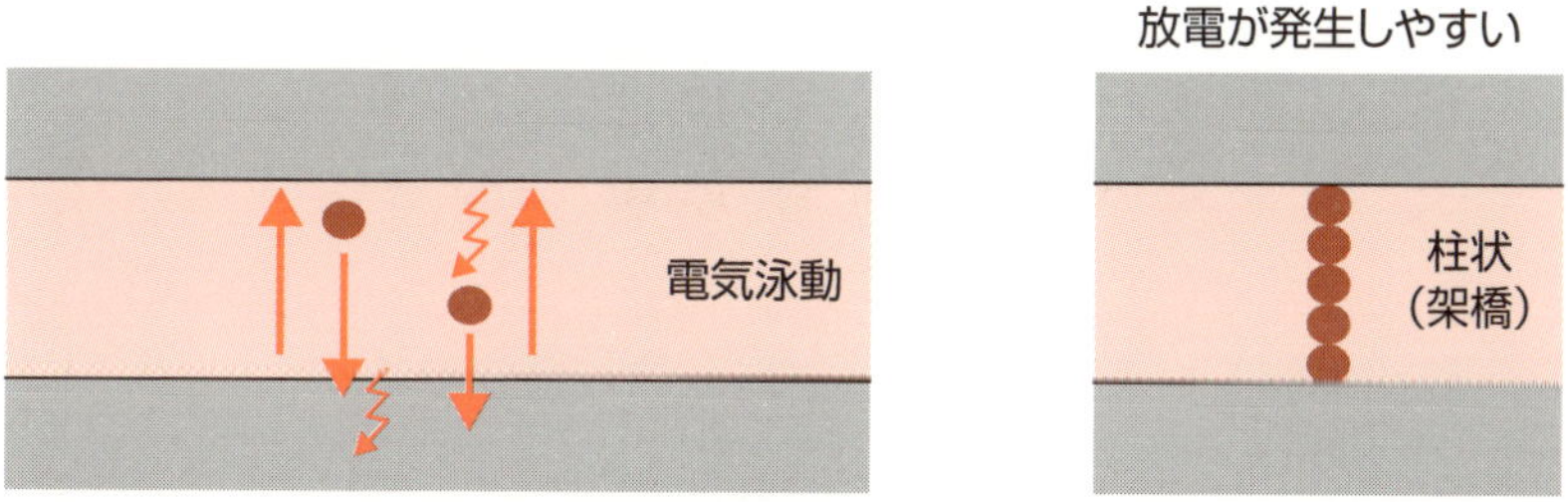

13 放電加工における加工速度

除去量を予想できない理由

放電加工は、パルス放電が連続的に発生して加工が進行します。このときの加工速度は、形彫り放電加工の場合は単位時間あたりの除去量（g／分）として表されることが一般的です。

一方、ワイヤ放電加工においては、板材を糸鋸状に切り出す加工が主であることから、単位時間当たりどの程度の側面積が加工されたか、あるいはどの程度の側面積が露出したか（㎠／分）として評価されています。

では、放電条件と加工速度の関係はどのようになっているか考えてみましょう。切削加工や研削加工では、工具の切り込み量と工具の移動速度で除去される材料の体積が求まり、単位時間にどの程度材料が除去されるかを予測することが可能です。放電加工でも同じように、加工速度を予測することは可能なのでしょうか。

実のところ実際の放電加工では、加工速度を正確に予測することは難しく、経験値や過去の実績から予測することが多いのが実情です。それは次のような理由によるものです。

①放電加工はパルス放電の繰り返しで加工が進行するので、1回のパルス放電で形成される放電痕除去量が予測できれば、あとは単位時間に何回放電が発生するかにより、両者を積算することでトータルの除去量が予測できる。

②連続放電の発生は、放電回路で設定したように百発百中すべて発生することはなく、たまには電極と工作物が接触する短絡状態になったり、あるいは電極と工作物が離れすぎていて放電が発生する距離まで近づくのに時間がかかる場合もある。そのため、単位時間に発生する放電回数を正確に予測することが難しい。

③1回の放電で形成される放電痕除去量も、常に同一ではなく、多少のばらつきをもっている。

要点BOX

- ●切削加工や研削加工では材料の除去量を予測可能
- ●放電加工では除去量を予想できない

形彫り放電

何分でどれだけ除去したか

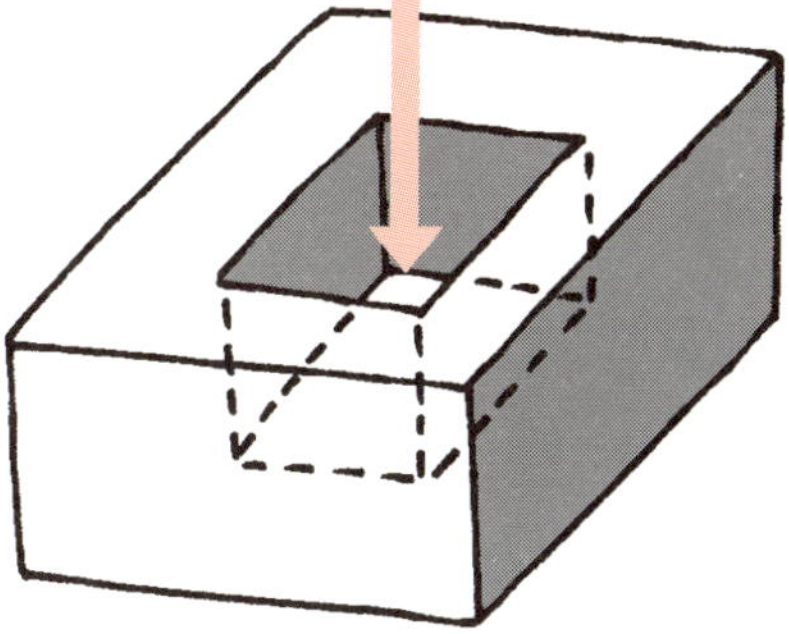

ワイヤ放電

何分でどれだけの面積をワイヤが通過したか?

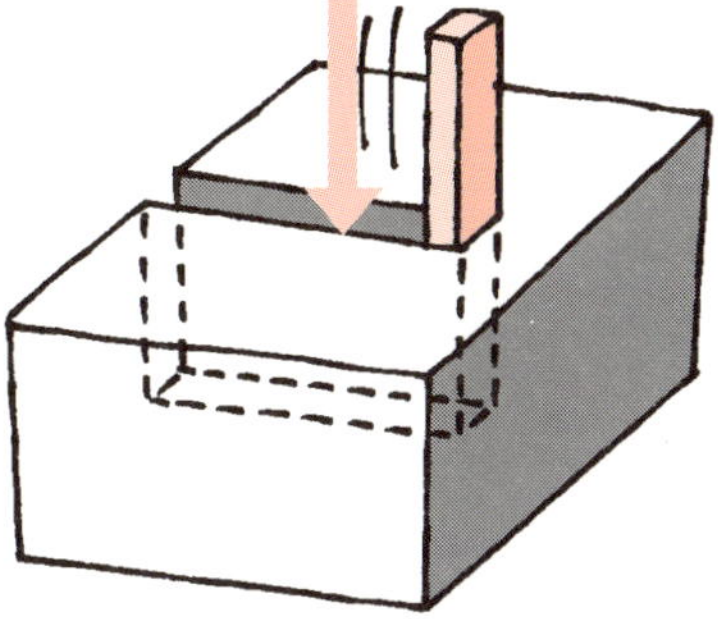

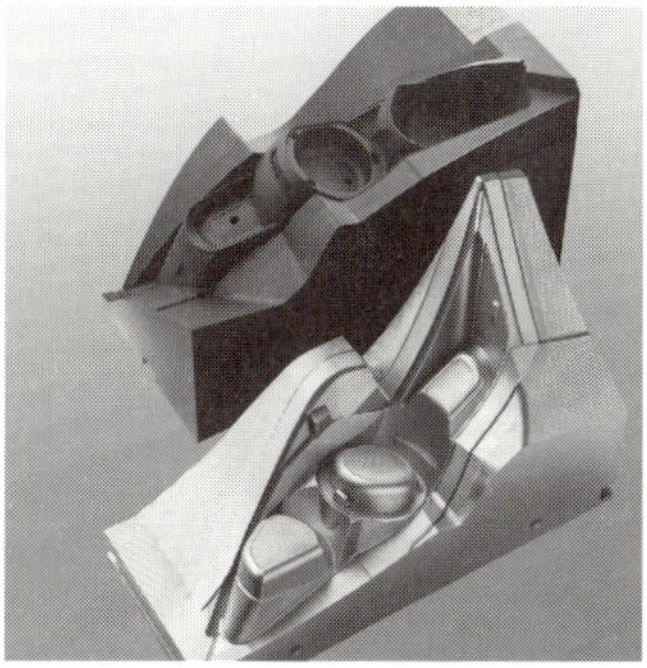

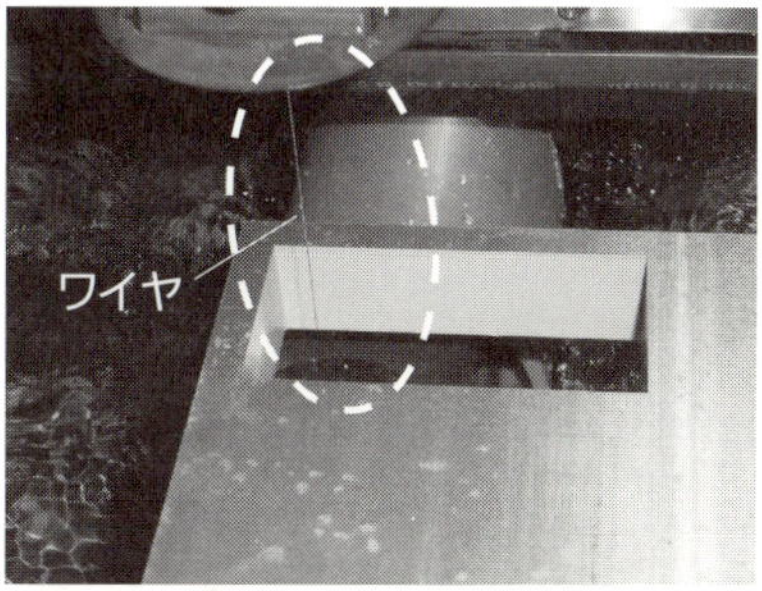

(写真提供:(株)ソディック)

加工速度を正確に予想できない
なぜなら

放電回数が時間で変化

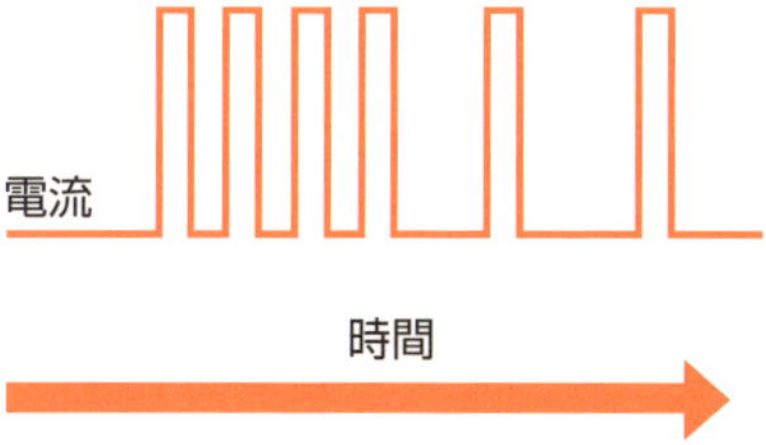

放電痕除去量も多少バラツく

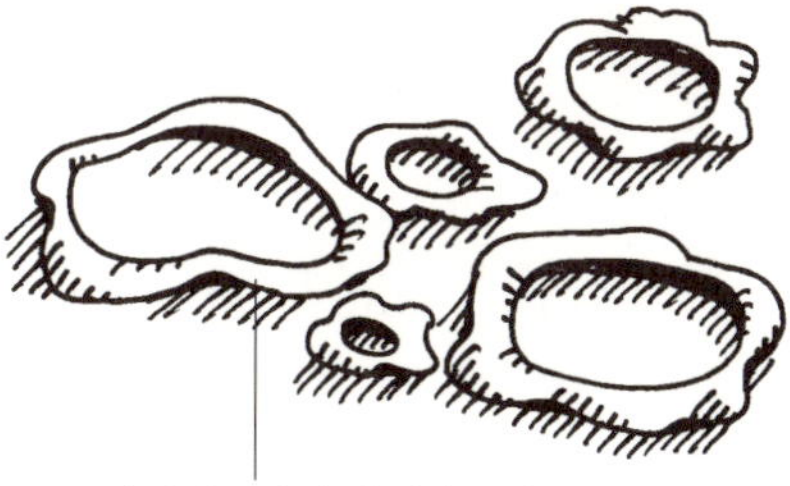

放電加工では過去に行った同様の材料の組み合わせ、加工条件の実績から、加工速度を予測することが行われており、これらのデータは利用する加工機のメーカより提供される場合がよくある。

14 放電加工で精密加工が可能な理由

荒加工から仕上げ加工までを使い分け

放電加工は、1回のパルス放電が加工の基本単位となります。そのため、形成される1つの放電痕が除去量の基本単位です。加工条件のうち、電流値とパルス幅が一定であれば、ほぼ同じような放電痕が形成され、その重ね合わせで工作物の加工面は形成されると考えられます。

電流値を数十Aと比較的大きく、パルス幅も数百μsecと比較的長く設定すると形成される放電痕の直径と深さが大きくなり、除去量も大きくなります。それに対して、電流値を1A程度以下、パルス幅も数百nセコンド程度に設定すると、形成される放電痕は直径数μ、深さは1μ以下程度であり、除去量も非常に小さなものになります。

このように、精密加工を実現するには基本となる除去単位が微小であることが重要です。また、微細な穴あけ加工のような精密加工においては、穴直径が重要となります。放電加工では、電極と工作物がある適当な距離を隔てて放電が発生するため、電極側面方向にもギャップ（隙間）が発生します。ただし、この放電ギャップも電流値、パルス幅が小さな仕上げ条件では数μ程度以下であり、形状誤差としては小さいものです。

より精密な穴直径が必要な場合は、放電条件で予測される側面ギャップを考慮して、若干小さな直径の電極を使用することで、希望する穴直径を加工することが可能となります。数μの直径の誤差も問題とするような場合、たとえば自動車の燃料噴射ポンプの微小穴などは、このような対策がとられています。

このように、放電加工は放電条件、特に電流値とパルス幅を変更するだけで、荒加工から仕上げ加工まで容易に使い分けすることができる優れた加工法です。仕上げ条件を用いれば、放電痕の大きさは数μ程度であり、十分精密加工に必須な除去単位を得ることができています。

要点BOX

- ●1回のパルス放電が加工の基本単位
- ●精密加工は除去単位が微小であることが重要
- ●微細な穴あけ加工ができる

放電条件（電流値とパルス幅）

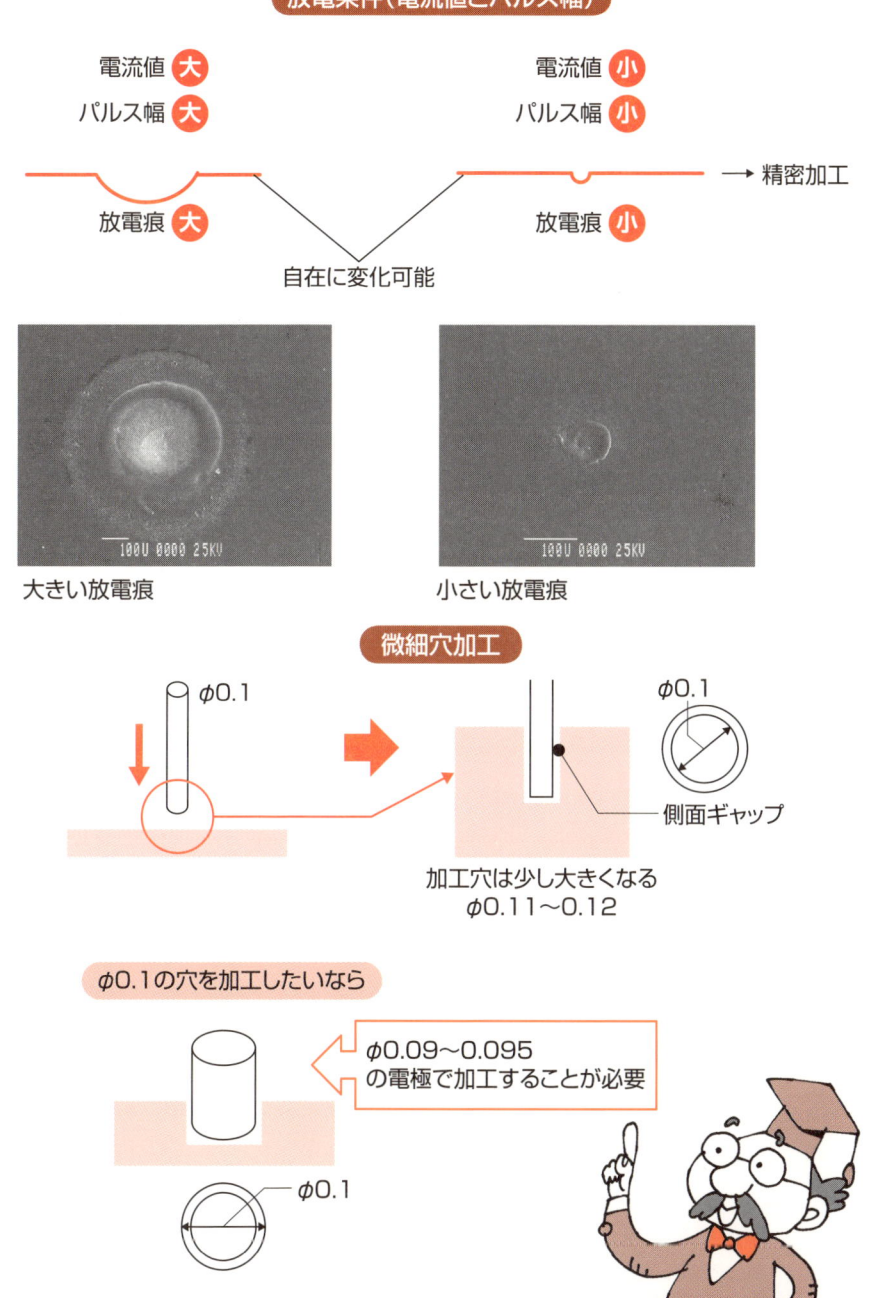

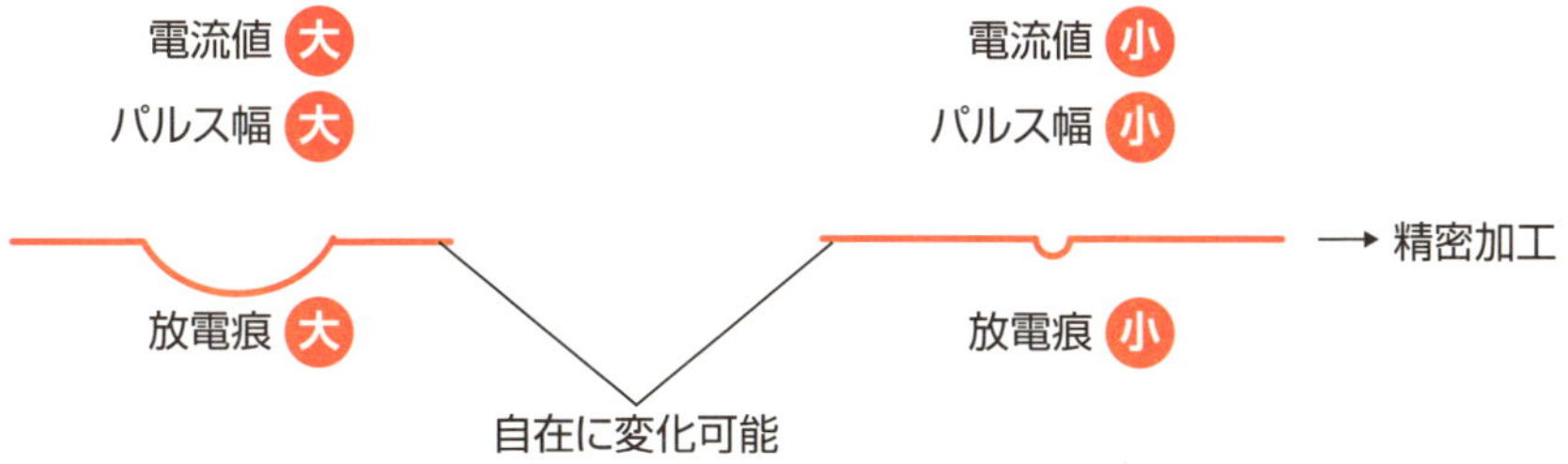

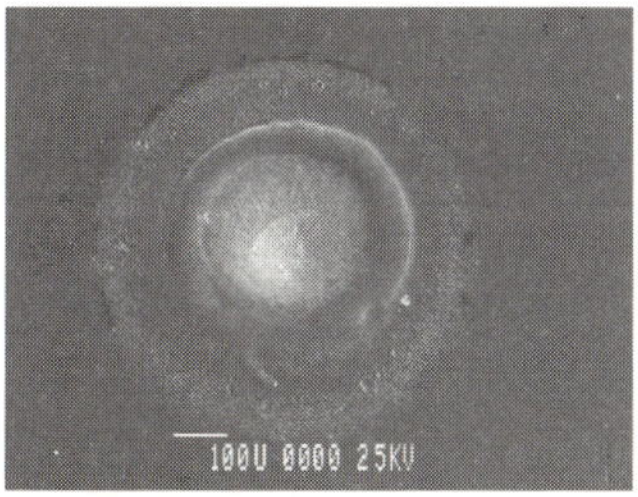

大きい放電痕

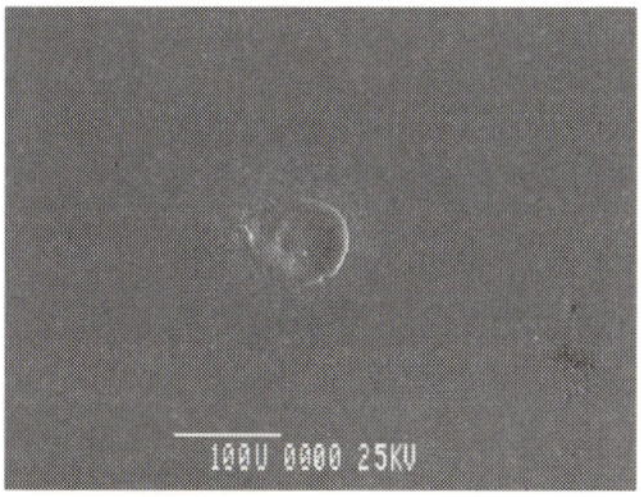

小さい放電痕

微細穴加工

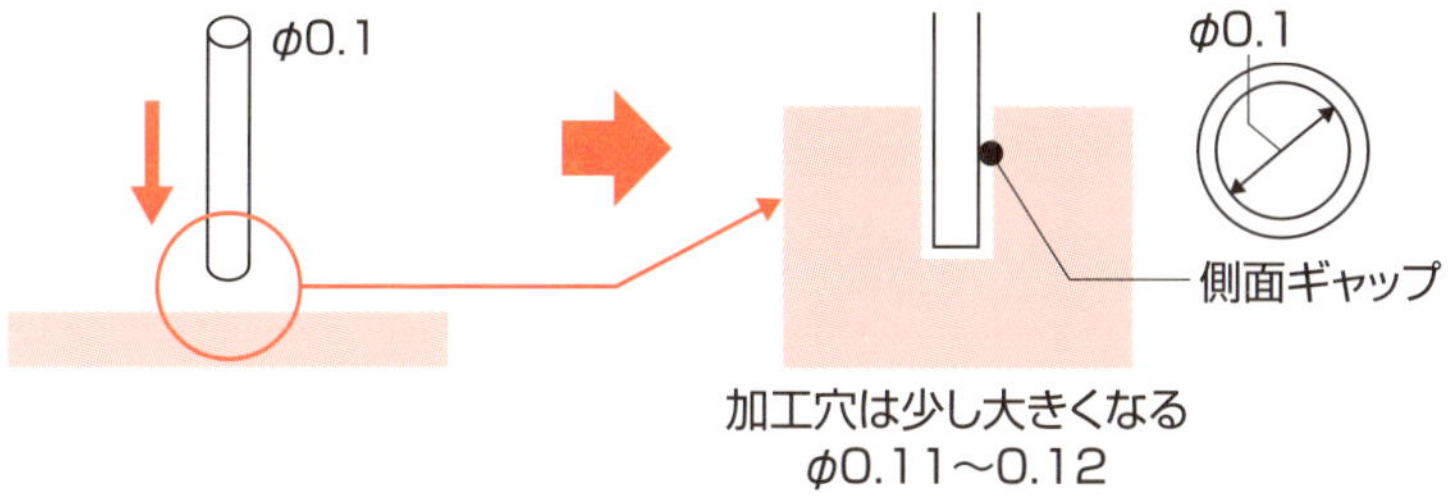

φ0.1の穴を加工したいなら

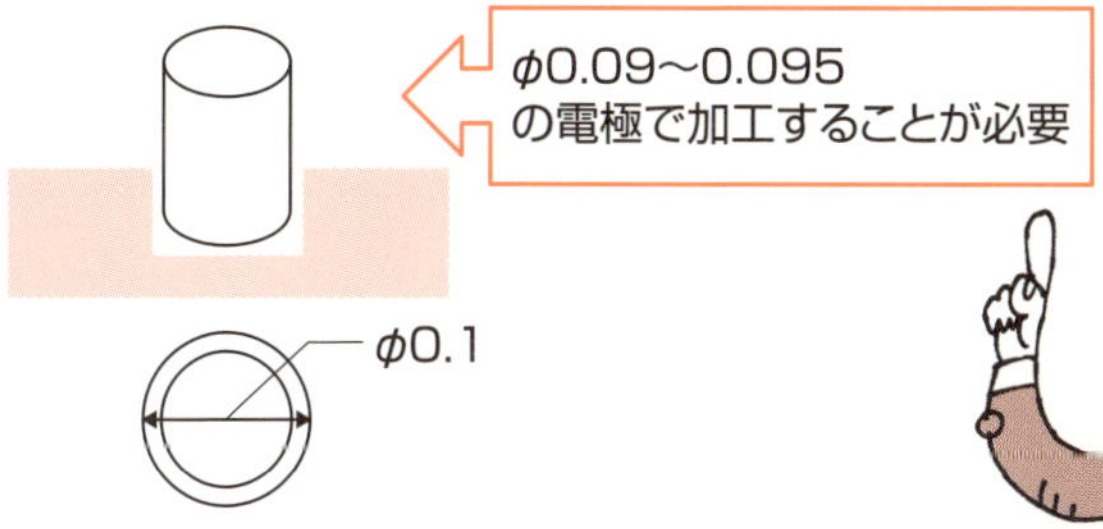

15 ワイヤ電極材料の特性

黄銅が一般的

ワイヤ放電加工に用いられるワイヤ電極は、一般的には黄銅（真鍮《しんちゅう》）製で直径0・2〜0・25㎜程度です。ワイヤは常に送り出されており、基本的には使い捨てとなります。そのため、加工機の後ろには使用済みワイヤを溜める袋や、細かくカットして収集する装置が付いている場合があります。

黄銅がワイヤ材料に選ばれる理由として、加工対象として多い鋼材との放電特性（放電の発生状態）が良いこと、直径0・2㎜程度であればある程度のテンションをかけても断線しにくいこと、コスト的に安価なことがあげられます。

ところが、より細いスリットや精密な加工を行う場合は、直径0・02㎜程度からワイヤ直径は用意されています。その場合、テンションをかけると断線しやすいため、黄銅ではなくタングステンあるいはモリブデン材料が用いられています。ただし、黄銅に比べてコスト的に割高になってしまいます、あるいは放電特性がよくなく、断線しやすいなどの課題もあります。

そこで、最近では極細線ワイヤ電極の芯線として、引っ張り強度の強いピアノ線を用い、その周囲を黄銅や亜鉛で被覆（めっき）したワイヤが開発され利用され始めています。芯線にはピアノ線を用いているため抗張力は強く、細線であっても断線がしにくくなっています。また、放電特性は表面に被覆した黄銅あるいは亜鉛材との放電特性になるので、タングステンやモリブデンよりも良好になります。コスト的にもトータルで見ると廉価となっています。

ワイヤ径が太いほど、断線はしづらくなるため、電気条件の大きな荒加工ではワイヤ径を太くし、仕上げ条件で精密な加工を行う場合は、ワイヤ径を細く交換するのがよいのですが、異なる直径のワイヤを取り付けると、ワイヤガイドも取り替える必要があり、自動化には向きません。そのため、メーカによっては、2つのワイヤボビンを取り付けています。

要点BOX

- ●ワイヤは常に送り出されている
- ●ワイヤは基本的には使い捨て
- ●タングステン、モリブデン材料の利用も

黄銅がワイヤ材料に選ばれている理由

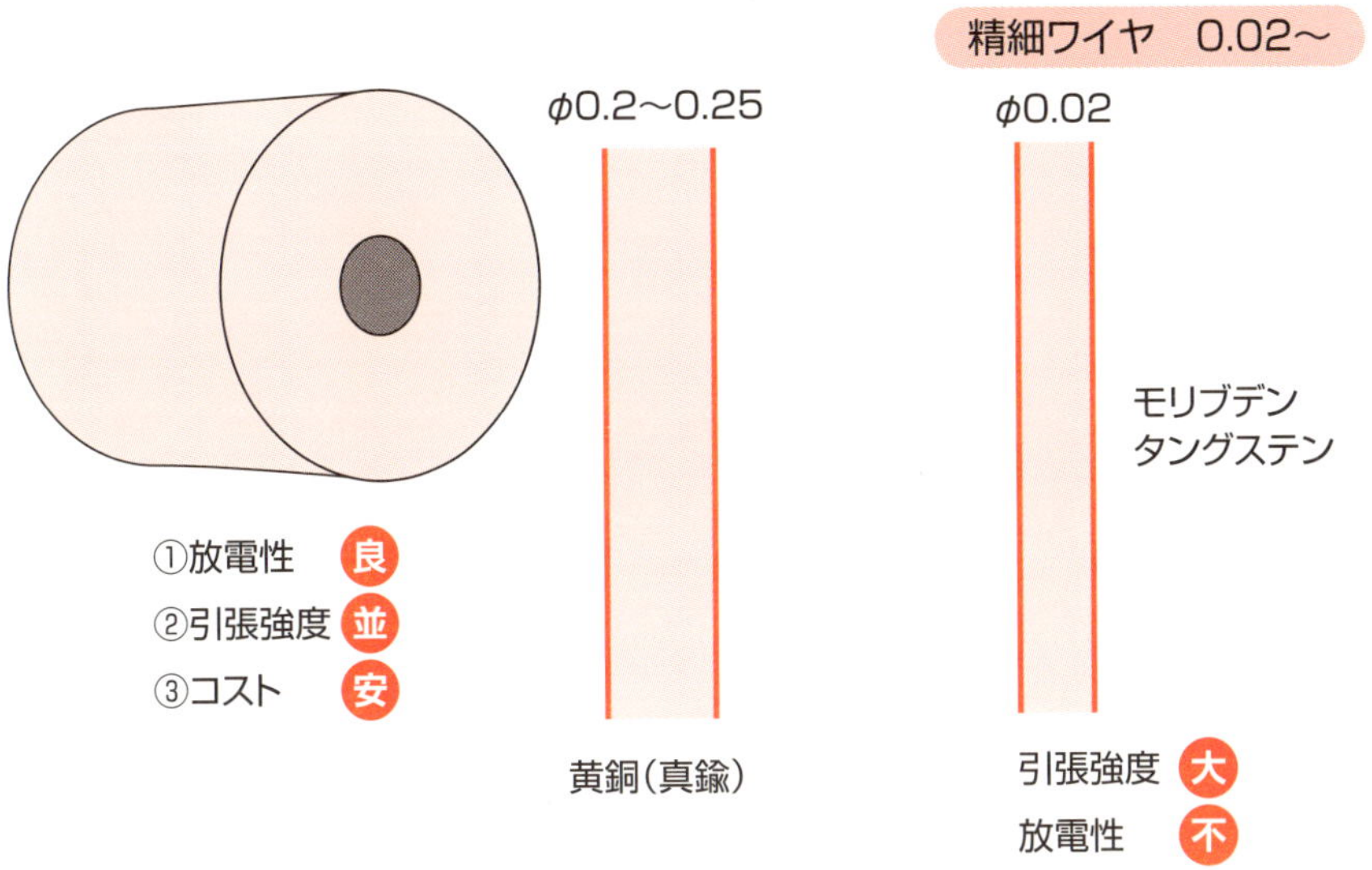

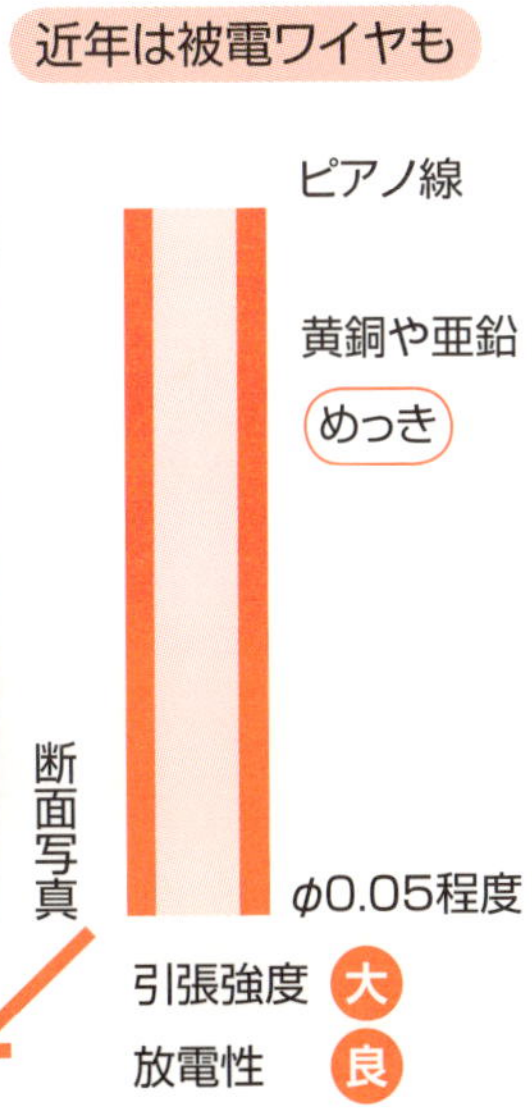

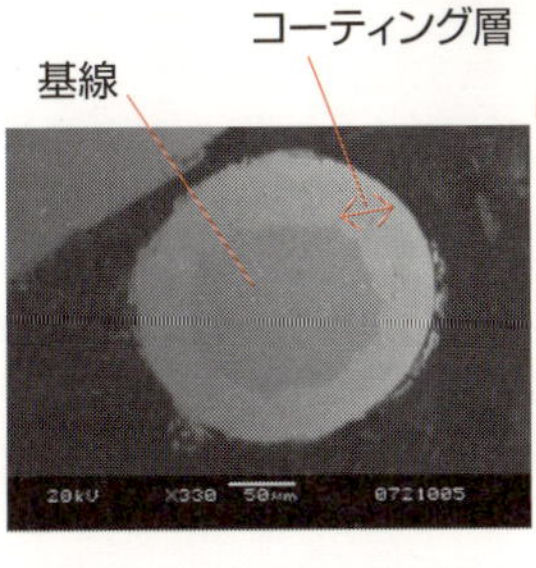

16 放電痕の形成過程

正確に予測することは非常に難しい

　絶縁液中で電極と工作物間に電圧が印可され、絶縁が破壊すると放電が発生します。放電開始から放電痕が形成される過程をモデル化して整理すると次のように考えることができます。ここでは、簡単に極性（プラスとマイナス）の違いは無視して話しを進めます。

　放電が発生した後の極間の観察が十分ではなかった頃には、次のようなモデルが考えられていました。

　絶縁破壊直後は、プラズマが一点に集中し、放電持続時間が経過するに従い、プラズマが膨張します。プラズマの膨張に伴い放電痕の溶融部も増大し、あるタイミングで加工液の気化爆発力により溶融部が飛散して放電痕形状が形づくられます。

　絶縁破壊した瞬間は、放電のエネルギーが1点に集中するため、エネルギー密度はきわめて高く、どんな高融点材料でも溶融、蒸発にいたると考えられます。ところが、時間の経過とともにプラズマは膨張するため、単位面積あたりのエネルギー密度は急激に低下することになります。パルス幅を長くしてもある経過時間からは、溶融量は増加しないと予測され、実際の加工においても、そのような傾向を示します。ところが、プラズマの膨張の様子を高速度ビデオカメラなどで直接観察できるようになると、絶縁破壊直後数μsecでプラズマは極間距離の数倍に膨張することがわかってきました「注①」。

　ところが、材料の溶融部はプラズマの膨張に遅れて増大すると考えられ、最近では、プラズマ直径が放電痕直径と同等という考えは正しくはないとわかってきました「注②」。ただし、最終的に形成される放電痕除去量を正確に予測することは非常に難しく、現在も研究が続けられています。これは、材料の溶融量は熱的な数値計算により、ある程度は予測可能になりましたが、その除去過程や除去作用が詳細にはあきらかとなっていないことが主要因です。

要点BOX

- プラズマの膨張に伴い放電痕の溶融部も増大
- 加工液の気化爆発力で溶融部が飛散し放電痕形状が形づくられる

材料除去プロセス

古くは

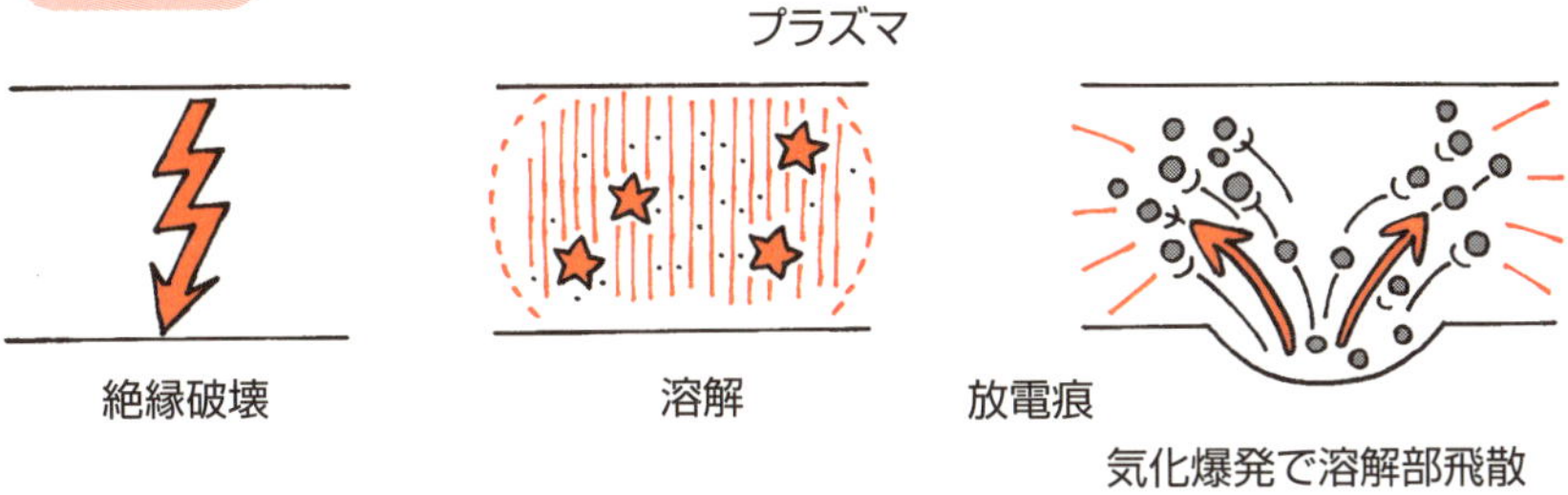

最近

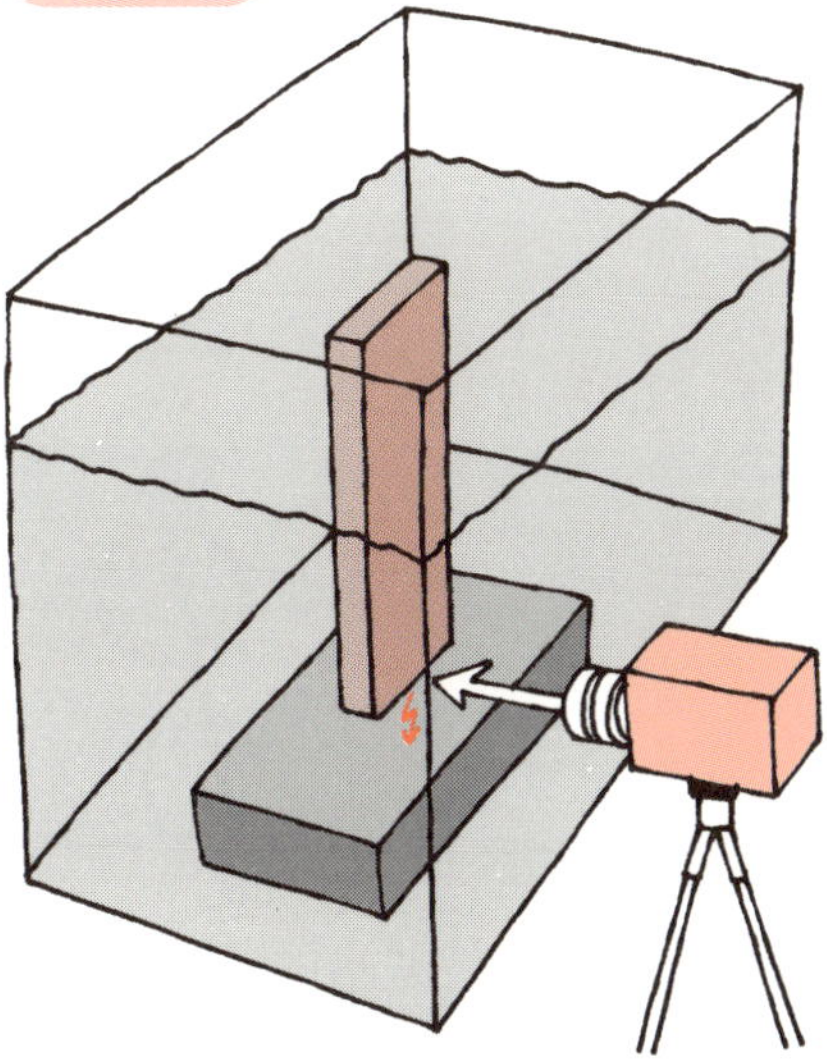

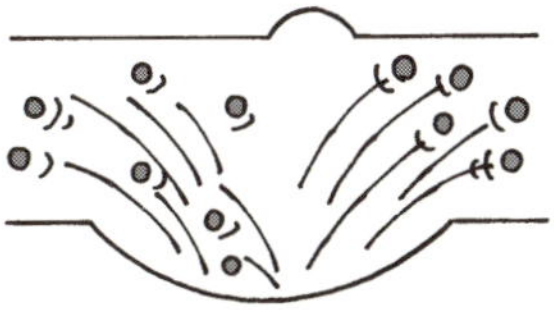

絶縁破壊直後

- プラズマ膨張
- 気泡も膨張

どのタイミングで溶解部が飛散…？

注①:A. Kojima et al.、Spectroscopic Measurement of Arc Plasma Diameter in EDM、Annals of the CIRP、57, 1, pp.203-207 (2008)
注②:北村朋生ほか、透明体電極を用いた放電加工アークプラズマの温度測定、2014年精密工学会学術講演会春季大会講演論文集、pp.1177-1178 (2014)

17 放電はどこで発生しているのか

距離が近い条件よりも他の要因が大きく影響

電圧を印可した状態で、電極が工作物に近づくと絶縁破壊のきっかけで放電が発生します。原理的には、最も絶縁破壊しやすい場所（位置）、つまり電極と工作物の距離が近いところで発生すると考えられますが、実際のところはそうとは限りません。むしろ、距離が近い条件よりも他の要因が大きく影響していると考えられます。

放電の発生位置について、次のような実験結果が報告されています「注③」。

電極と工作物をできるだけ平行に保ち、きれいな加工液を準備します。工作物表面のある箇所に事前に採取しておいた加工粉を1つ置いて電圧を印可します。理想的には、加工粉1つ分だけ極間距離が短い位置を設定したことになります。この状態で電極をゆっくりと工作物に近づけても、加工粉がある位置で放電が発生するわけではないことが確認されています。

これまでの研究から、放電の発生位置は最も距離が近いところというよりも、絶縁破壊しやすい場所が確率的に選択されて発生していると考えられています。ところが、実際の加工のように連続放電の状態になると、放電は同じような位置に固まって発生することが知られています。放電が固まって発生している領域を「放電圏」と呼ぶことがあり、この放電圏が加工面積全体にわたりゆっくりと移動しながら、最終的には加工面全面に放電が発生します。

放電圏である程度放電が発生すると、その領域の工作物は除去加工が進行し、極間距離が開いた状態になります。

このようにあきらかに極間距離が開いてしまうと、放電の飛びやすい極間距離の狭い部位に放電圏が移動することとなります。加工面全体が一層除去加工され、再び極間距離が同じようになると、確率的に放電圏の位置が選択され、同じように加工が進行します。

要点BOX

- ●離れていても絶縁破壊する可能性は十分ある
- ●放電が固まって発生している領域を「放電圏」と呼ぶ

放電はどこで発生する?

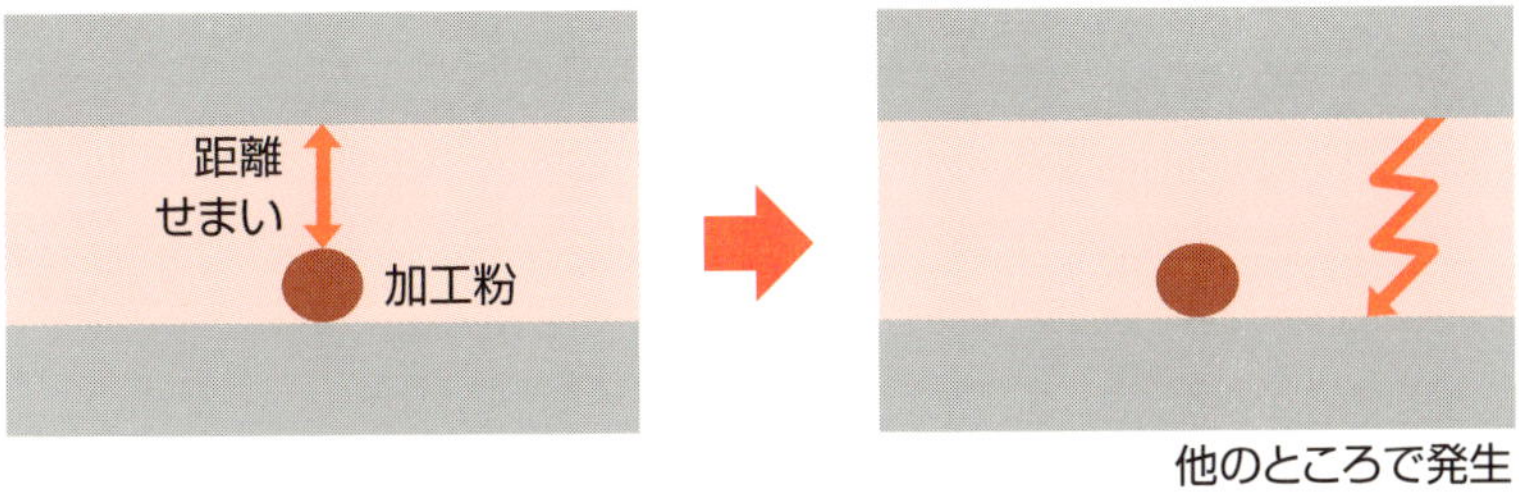

実際の連続放電

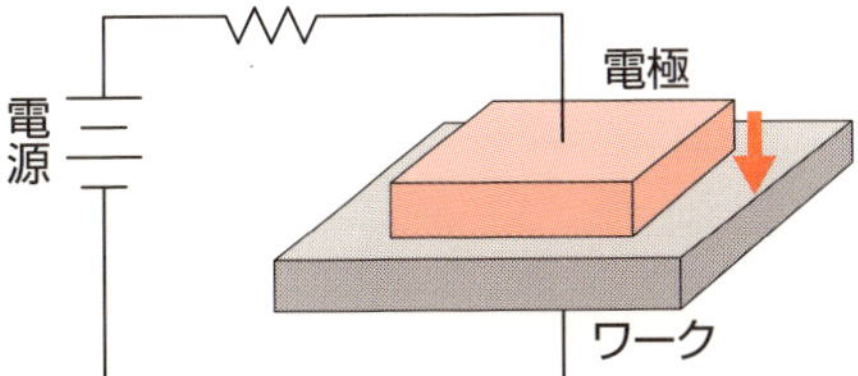

実際の加工では放電は同
じような箇所で発生する

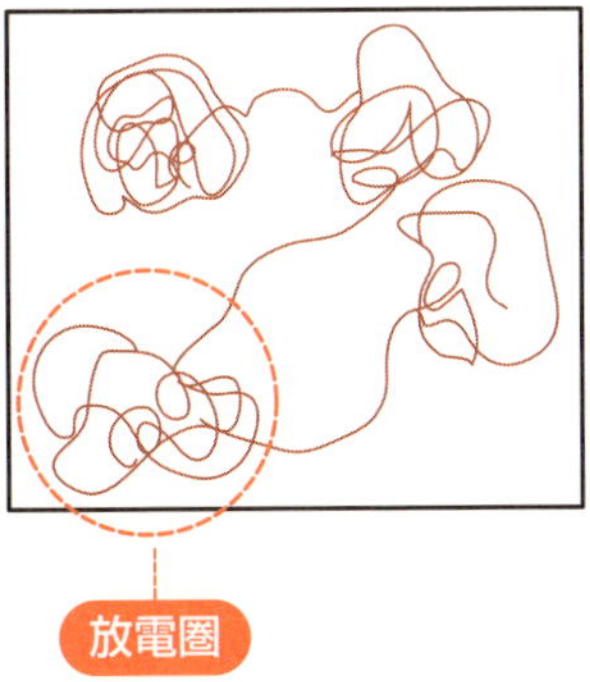

同じような位置に
放電が発生

注③:M. Kunieda et al.、Factors Determining Discharge Location in EDM、IJEM、No.3, pp.53-58 (1998)

18 バリバリという放電の音は放電状態の貴重な情報

放電状態の分類

放電加工を行っていると、正常な放電が連続的に発生している状態と、放電がほとんど発生していない、あるいは電極（主軸）の上下動作が大きく、放電が不安定な状態となる場合があります。特に、細穴加工や深いリブ加工においては、加工深さが深くなると、なかなか加工が進展しない状況が発生しやすくなります。このような時、極間ではどのような状況になっているのでしょうか。極間状態を直接観察することは難しいため、放電時の電圧・電流波形からいくつかの特徴を見出すことができます。

放電加工では、放電電圧、電流波形の観察ならびに連続放電が発生する際の「音」の状態から、経験的に放電状態を推察してきました。放電の音が連続して聞こえていればよいのですが、間欠的にそれも不連続に音が聞こえる時は不安定な状態が推察されます。

現在では、放電波形を観察するオシロスコープの性能も格段によくなっており、放電波形を観察すればおおよそ、極間で発生している放電状態を推察することができます。

放電波形とは、極間電圧波形と放電電流波形のことを指します。理想的には、電圧が無負荷電圧まで立ち上がり、その後絶縁破壊が発生し、放電電流が流れ始めます。指定した休止時間後、再び電圧が立ち上がり、絶縁破壊して放電が発生すれば良好な放電状態です。しかしながら、電流波形が立ち上がっているにもかかわらず、電圧波形がほぼゼロの時は、電極と工作物が接触している短絡状態であることがわかります。

また、指定の休止時間のあと、電圧が印可されてすぐに放電にいたるような状態が連続すれば、状態を「同じような箇所に放電が集中している」と推察され集中放電と分類されます。あるいは、短絡などが頻発すると主軸がいったん引き上げられ、放電が発生しない開放状態も発生します。

要点BOX

- ●極間状態を直接観察することは難しい
- ●放電時の電圧・電流波形がヒント
- ●放電波形とは極間電圧波形と放電電流波形

放電状態と主軸の動きは相関あり

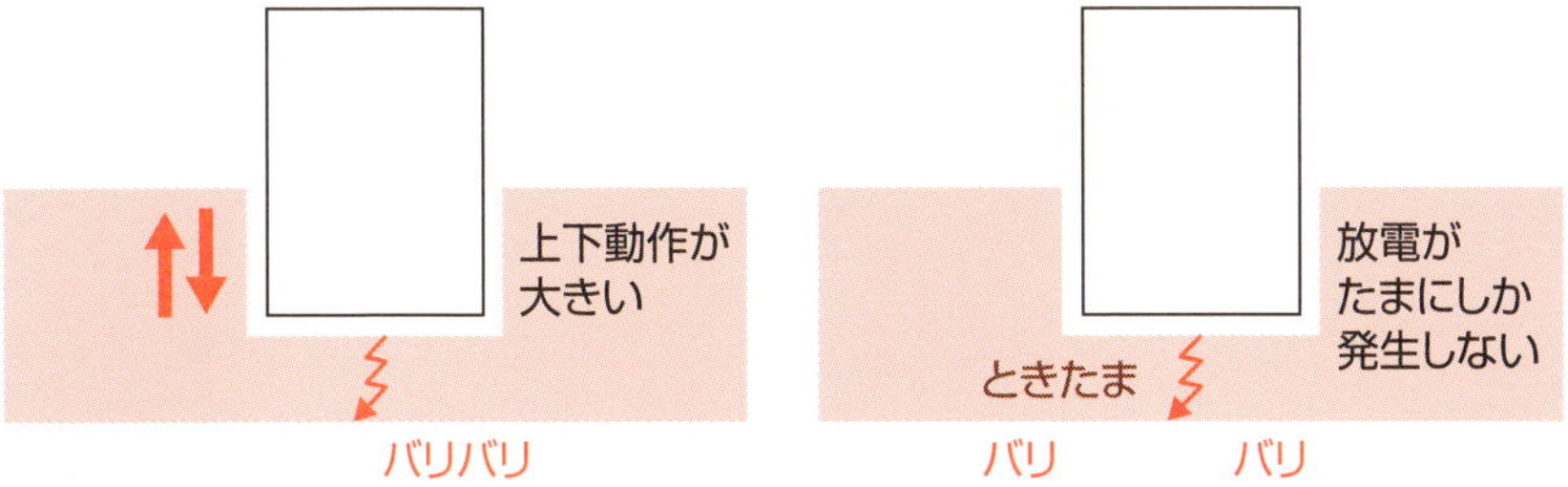

音は大事な情報だよ

放電状態が不安定

↓

極間で何が起こっている

放電波形による状態分類

放電状態は大きくはこのように分類されている

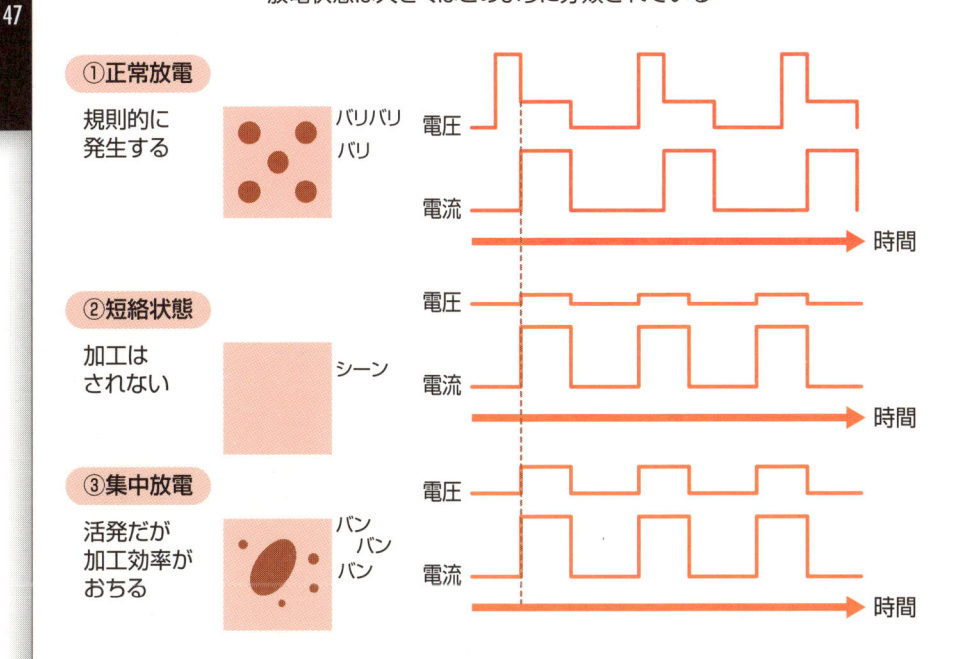

①正常放電

規則的に
発生する

②短絡状態

加工は
されない

③集中放電

活発だが
加工効率が
おちる

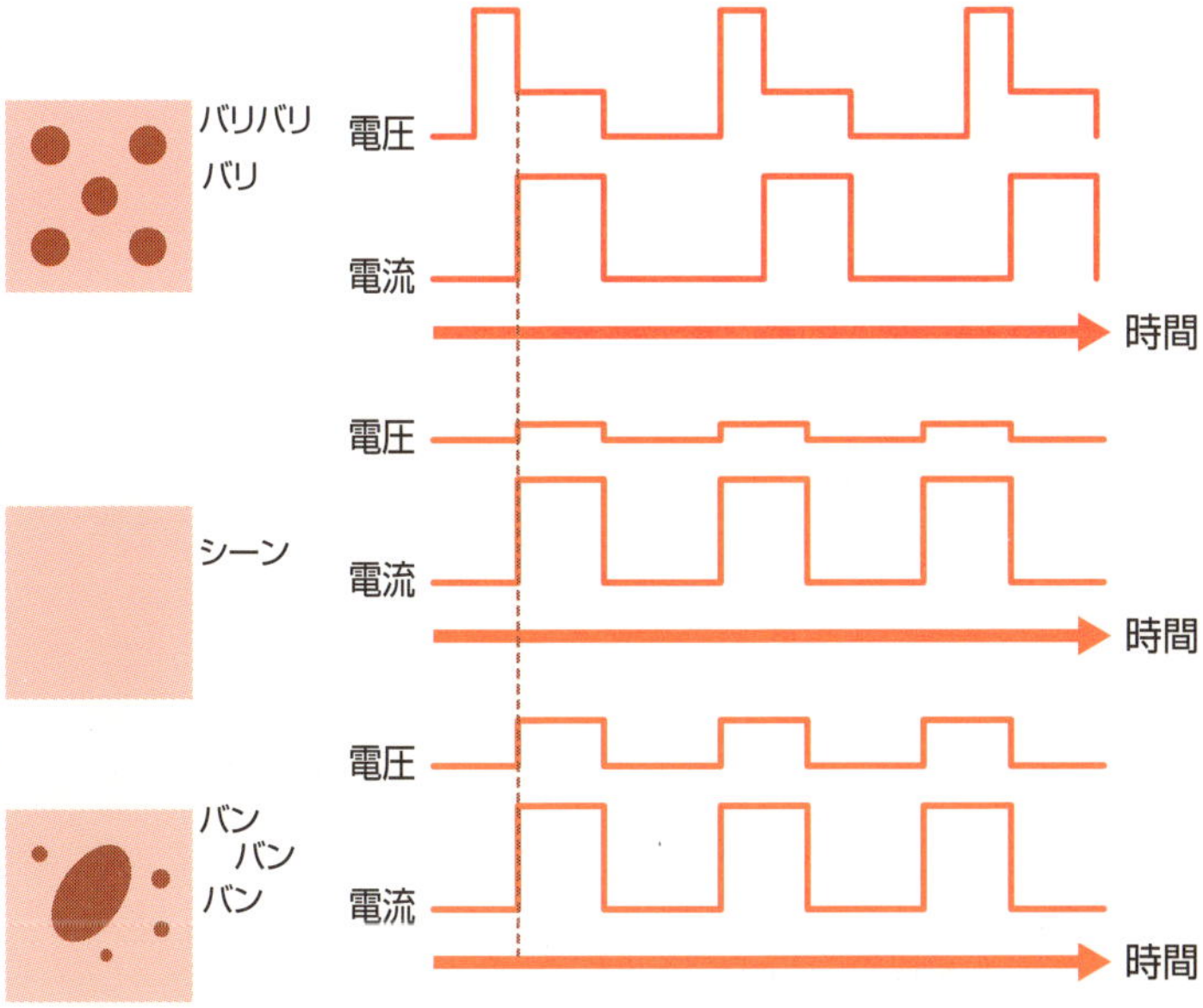

Column

夢の電極材料と「超合金ロボ」

　形彫り放電加工では、電極の消耗をいかに小さくするかが精密加工を実現するために重要となります。放電加工を扱った方は、価格が高くてもよいので消耗しない電極材料があればと一度は考えたことがあると思います。

　では、そのような「夢の電極材料」はあり得るのでしょうか。実は適当な加工形状であれば放電条件を使い分けることで「見かけ上の無消耗加工（電極無消耗）」を実現することは可能となっています。荒加工時に、カーボンの付着で電極を多少太らせ、仕上げ加工時にその分消耗してしまうという考えです。ただし、いかんせんピン角形状の形状仕上げは難しく、そのため適当な形状に限られるわけです。

　そうはいっても、その昔、極間観察のために電気が通る透明な材料があればいいのにと思いをはせていた材料が、半透明とはいえ開発されたように、この先いつになるかはわかりませんが、無消耗材料が開発される日がくるかもしれません。希望を捨てずに待ちましょう。

　ところで、子供の頃のテレビアニメで「超合金○○ロボ」とか「超合金○○ジャー」なるヒーローものがありました。相手のロケットを受けても「超合金」ですのでびくともせずに最後は勝利を手にする内容だったと思います。

　ただ今となっては、放電加工なら「超合金」もイチコロで、穴あき状態に加工できて負かすことができるかなぁ〜、などと夢のない思いを抱いてしまうのはいけないことかもしれません。あくまでも「超硬」の加工など現実的な課題に目を向けることにしましょう。

◉夢の電極材料

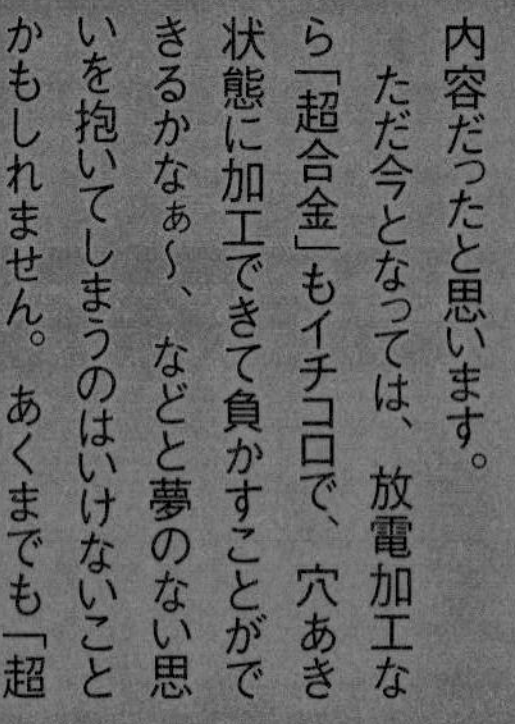

絶対に消耗しない

◉最強の超合金ロボ

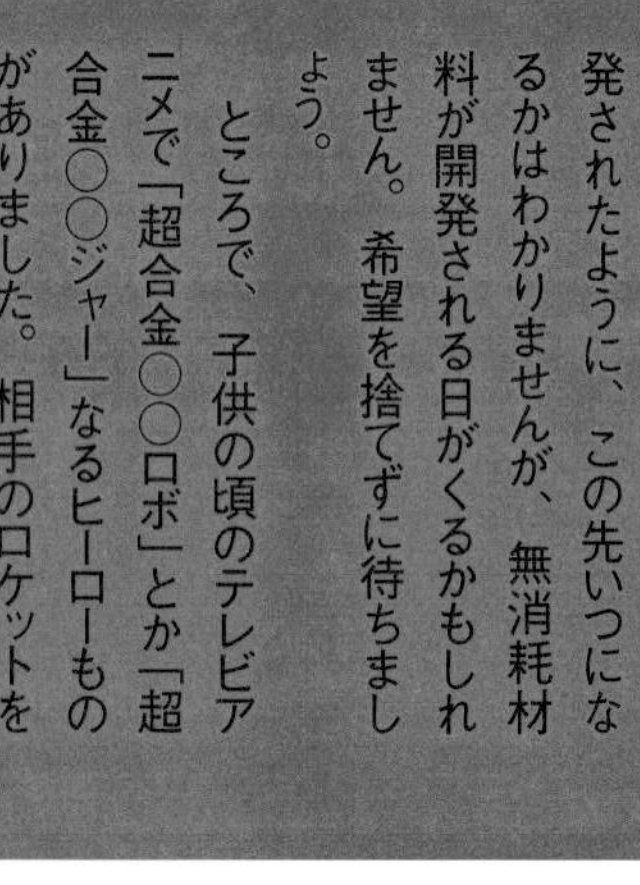

第3章

放電加工機のしくみ

19 形彫り放電加工機の構造

工作物に電極形状を反転させた形状を加工する

　形彫り放電加工機は、形状加工された電極を用いて、工作物に電極形状を反転させた形状を加工する機械です。古くは焼き入れ後の金型の仕上げ加工に用いられることが多く、大型のものでは自動車のドアやボンネットサイズの電極が用いられることもあります。

　形彫り放電加工機は、電極を取り付ける主軸と、工作物を設置するテーブル、加工液をためる加工槽、加工用の電源装置と各軸を制御するNC装置から構成されます。主軸は数十kg（キログラム）から大きなものでは数百kg程度の電極を保持して、十μ程度の極間制御ができるように高い剛性と応答性が必要です。ボールねじを用いたサーボモータによる制御が多いかもしれません。過去には重量のある電極を保持するために門型の形状をした放電加工機も作られていましたが、最近の主流はC型コラム型の主軸構造となっています。さらに極間制御の応答性を高めるために、リニアサーボ駆動の主軸も開発され広まりつつあります。

　工作物を設置するX-Yテーブルもボールねじ駆動あるいはリニアサーボ駆動によりミクロン単位で移動、位置決めできるようになっています。加工液を満たす加工槽は数百ℓ（リットル）の加工液を溜めることができ、常に加工液を循環させ加工粉などの不純物を濾過しています。水系加工液の場合は心配いりませんが、油系加工液では火災の心配があるため、温度検知センサを備えた自動消化装置が付属しています。

　電源装置は、加工機そのものを動かすために用いる電源と、放電を発生させるための電源の2系統に分けられます。放電加工用の電源は100V〜200V（ボルト）程度の開放電圧と数十A程度の電流が流れるものが一般的ですが、オプションでは開放電圧500V程度、電流百A以上も流すことが可能となっています。主軸やX-Yテーブルを動かすためにNC装置を用いており、工作機械の駆動プログラムには一般的な「Gコード」で制御されています。

要点BOX

- ●焼き入れ後の金型の仕上げ加工
- ●高い剛性と応答性が必要
- ●「Gコード」で制御される

形彫り放電加工機

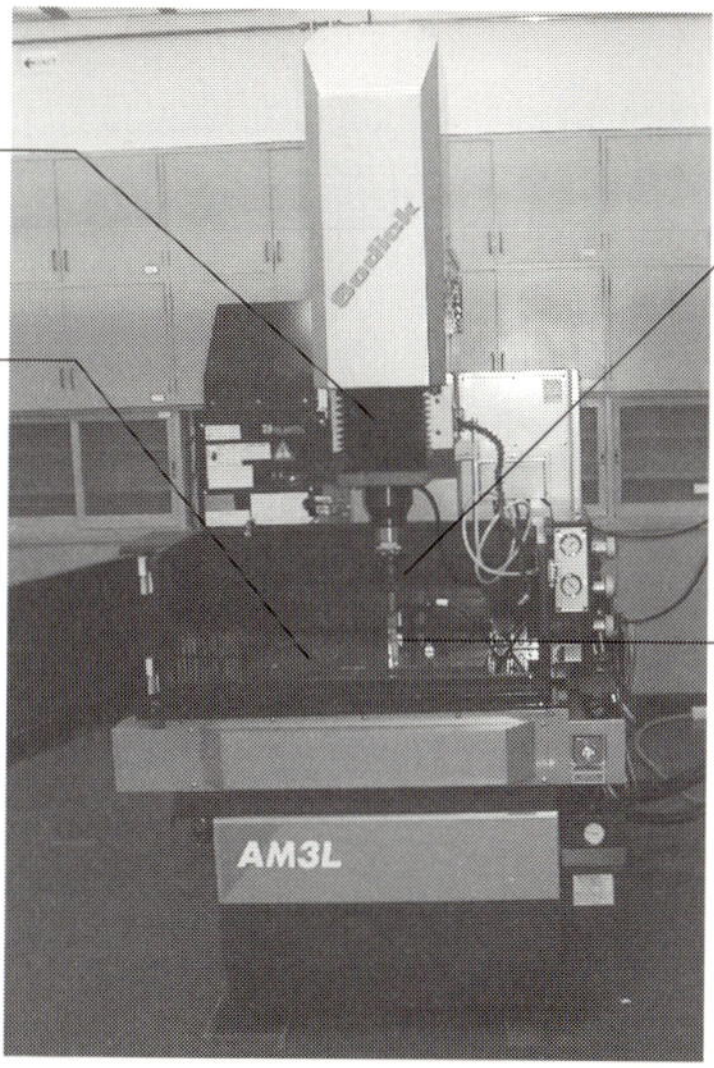

(a) ボールねじ駆動

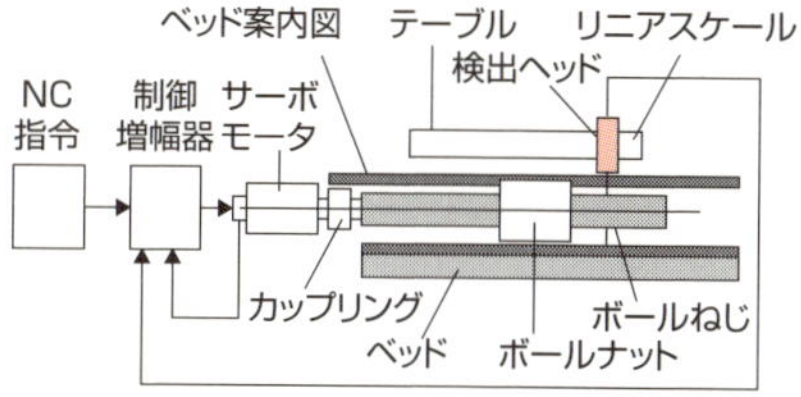

(b) リニアモータ駆動

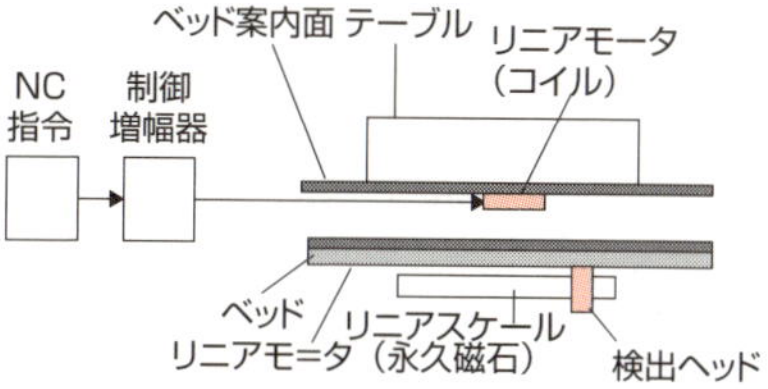

最近はリニアモータも
出ている

油加工機では自動消火装置が
必要

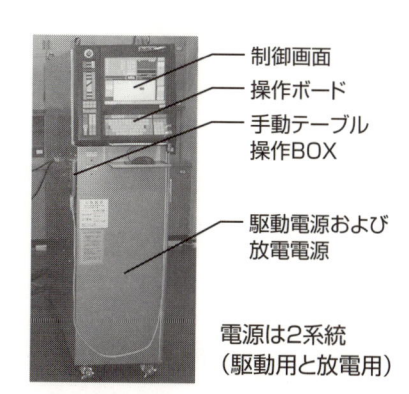

電源は2系統
（駆動用と放電用）

20 ワイヤ放電加工機の構造

順次繰り出すワイヤを電極として工作物を糸鋸状に切り取る

　ワイヤ放電加工機は、順次繰り出すワイヤを電極として工作物を糸鋸状に切り取る加工機です。その構造は、ワイヤ電極を送り出す駆動装置、工作物を設置してX－Y方向に移動するテーブル、加工液を蓄える加工槽、加工液中のイオンを取り除く脱イオン装置、電源装置とNC装置から構成されています。

　ワイヤ電極はボビンに巻き取られており、大小さまざまですが、㎞単位の長さが巻き付けられています。このワイヤをある程度のテンション（張力）をかけた状態でピンと張り、上下のガイドと呼ばれる精密な穴が加工された部品でワイヤの中心位置と垂直精度が位置決めされています。

　電極であるワイヤは、加工途中に何らかの不具合で断線してしまう場合があります。古くは断線すると作業者が上下のガイドを通して、ワイヤを装置に結線する必要がありましたが、無人運転が難しくなります。そのため、「自動結線装置」が各加工機メーカから提案され、最近のワイヤ放電加工機では一般的となりつつあります。この自動結線装置により、完全な無人運転が可能となりました。

　また、最近のワイヤ放電加工機は、工作物が加工液に完全に埋まる浸漬タイプが主流ですが、開発からしばらくは加工部位に加工液を吹きかけるタイプが用いられていました。ワイヤ放電加工機に使用される加工液は、イオンを取り除いた脱イオン水が用いられることが多く、「吹きかけタイプ」が火災の心配がないため加工機のシールドなどに用いられていました。

　水系加工液を用いるワイヤ放電加工機では、加工液のイオンを取り除く脱イオン装置が必須になります。これはイオン交換樹脂が充填された消耗品であり、定期的な交換が必要となります。X－Yテーブルは形彫り放電加工機と同様に、ボールねじ駆動やリニアサーボ駆動があり、NC装置により精密に移動、位置決めされます。

要点BOX

- ●ワイヤ電極はボビンに巻き取られている
- ●自動結線装置が一般的に
- ●工作物が加工液に埋まる浸漬タイプが主流

ワイヤ放電加工機の構造

古くは

自動結線装置

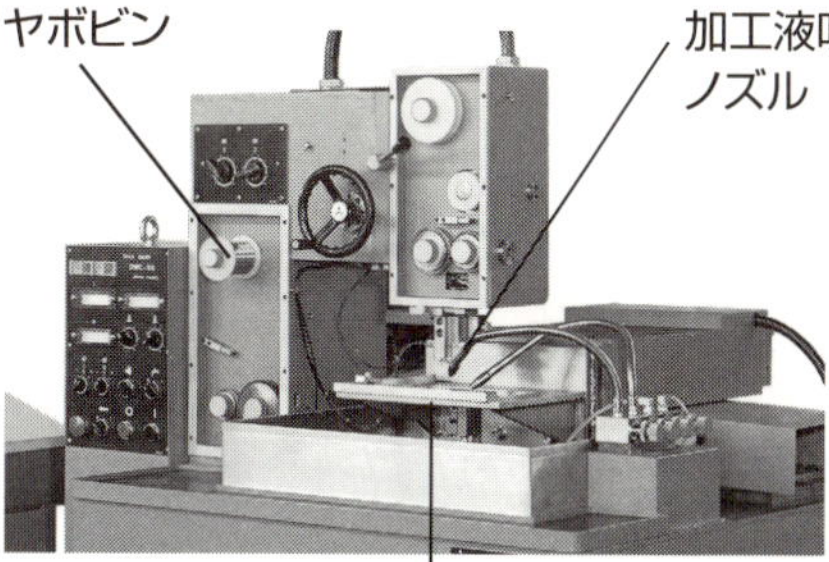

（写真提供:三菱電機㈱）

最近は 浸漬タイプ

イオン交換樹脂が必要

加工精度向上

21 複雑形状の加工が可能なワイヤ放電加工機

丸棒を角形状や多角形形状に仕上げることも可能に

当初のワイヤ放電加工機は、上下のガイドで垂直に張られたワイヤで、板状の材料を切り抜く加工でしたが、CNC制御が普及するにつれ、上下ガイドの位置も相対的に移動させる装置が開発されました。

元々は、パンチとダイを組み合わせた抜き金型の仕上げ加工に多用されていたワイヤ放電加工において、金型の抜き勾配を正確に加工したいとの要求に応えるために開発されたようです。これにより、X-Y軸に加え、U-V軸（メーカにより呼び名は異なる）を追加した同時4軸加工が可能となり、現在では多くの加工機で標準的な仕様となっています。

4軸を同時に制御することにより、一般的な機械加工では困難な上下異形状加工や、テーパ形状でありながら上下異形状加工など、複雑形状の加工が可能となっています。

同時4軸加工で加工可能な形状は、直線で創成される曲面（織織曲面）が原理的には可能となります。

各軸を動かすためのNCプログラムは複雑化しますが、最近の機種では多くのメーカで簡易型のCAM（NCデータ作成ソフト）を準備しており、それほど複雑な形状でなければ、比較的容易にNCプログラムを作成することは可能となっています。また、軸状（丸棒）の工作物を回転させることができる装置（C軸）を追加し、同時5軸加工を行うことで、ドリル形状のような複雑な加工も可能となっています。C軸の回転速度とワイヤの移動を同期させ、軸状（丸棒）工作物の切り出しを行えば、さまざまならせん形状を加工することができます。

あるいは、回転装置を単純に割り出し装置として用いれば、軸状（丸棒）工作物の一部を角形状や多角形形状に仕上げることも可能です。

このように、最近のワイヤ放電加工機は、単純な糸鋸状の切り出しだけではなく、複雑形状の加工が可能となっています。

要点BOX

- ●同時4軸加工が可能に
- ●ドリル形状のような複雑な加工も可能
- ●C軸を追加し同時5軸加工も

U-V軸を加えた同時4軸加工

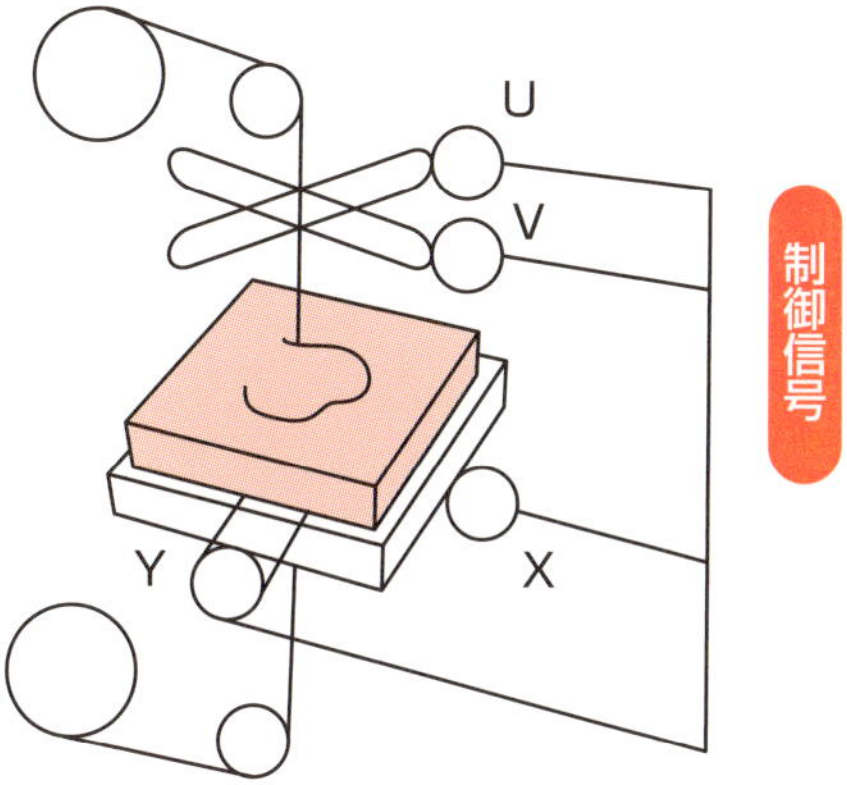

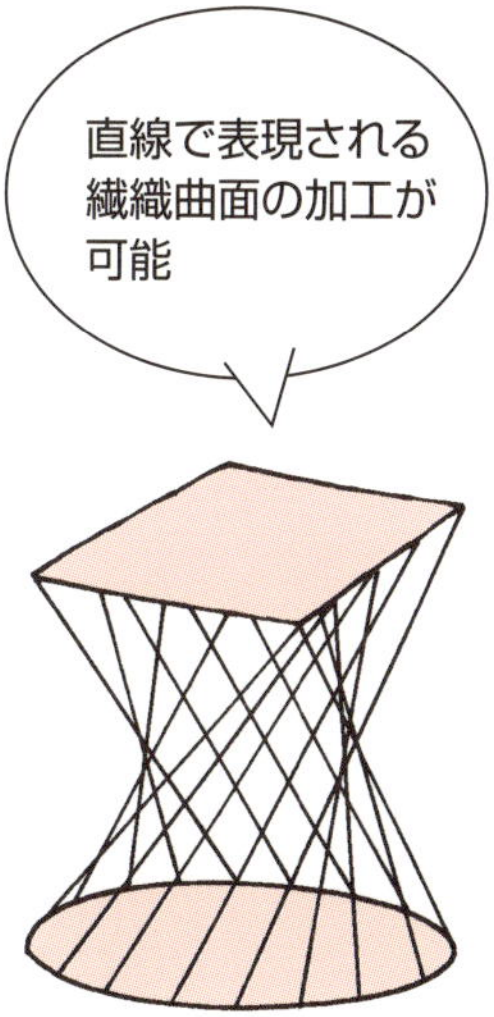

上下異形状

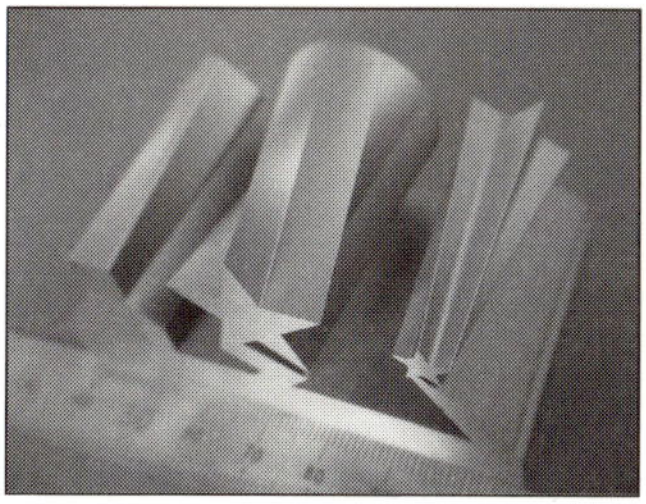
（写真提供：（株）ソディック）

（写真提供：（株）牧野フライス製作所）

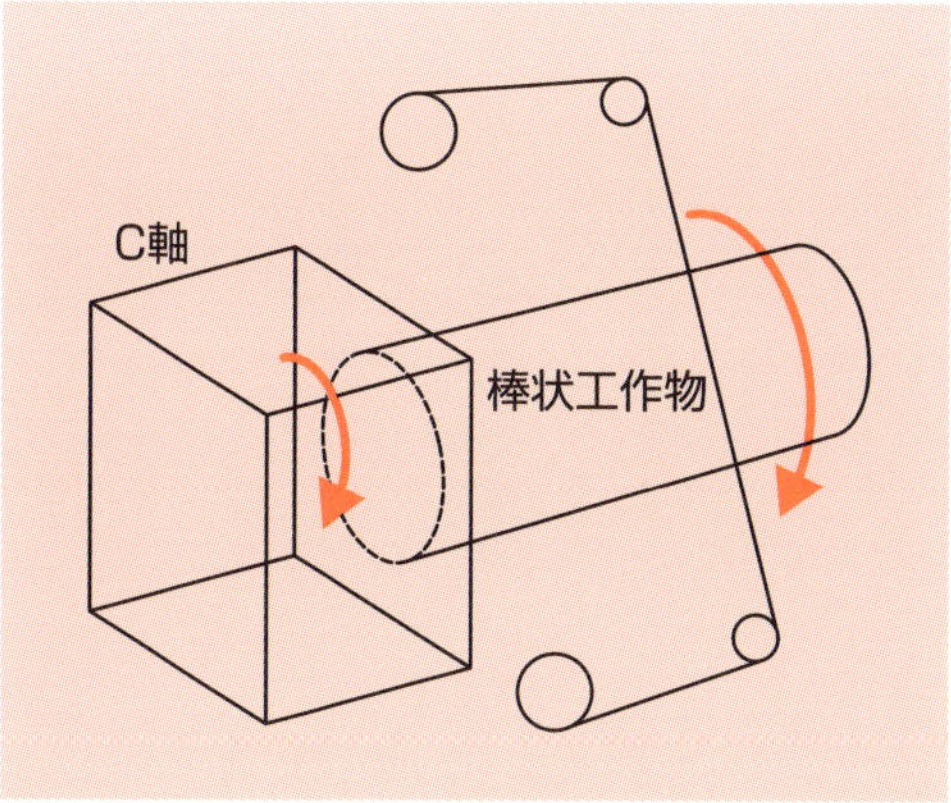

同時5軸加工によりドリル形状の加工も可能

C軸を追加して5軸加工

22 コンデンサ放電回路の基本

トランジスタが一般的になる前の主役

放電加工が開発された初期、まだトランジスタが一般的になる前は「コンデンサ放電回路」が主流でした。回路の概略と発生する極間電圧および電流波形のモデル図を左頁に示します。

回路は2つの部位からなり、回路図左側がコンデンサに電荷を蓄える充電回路、右側が実際に極間で放電が発生する放電回路になります。充電回路に挿入される抵抗R_1は、電源を守るための安全のために挿入するのが主目的ですが、大きな抵抗を入れると充電時間がかかってしまいます。

一方、放電回路に挿入される抵抗R_2は、放電電流の大きさに関係します。ここでは明記しましたが、抵抗R_2を挿入せずに配線抵抗のみとする場合も多くあります。ただし、放電電流値は挿入されるR_2の大きさだけでは決定せずに、充電電圧Eおよび放電回路のインダクタンスLとの関係で決定されます。ここでは詳細な導出は割愛しますが、目安としてコンデンサ容量、インダクタンスLと極間電圧から導き出される関係式を示しておきます。

充電電圧をu_i、放電電流が流れている最中の電圧（放電電圧）をu_eとすると、放物線状に変化する電流のピーク電流値i_e式とパルス幅t_eは次頁の「目安式」のように表されます。厳密解ではありませんが、おおよそを把握するには十分です。

電流値、パルス幅の式からもわかるように、コンデンサ放電回路においては、コンデンサ容量を変化させると、電流値、パルス幅ともに変化してしまいます。つまり、両者を独立して制御することはできないことがわかります。

ところが、パルス幅の式を見てわかるように、インダクタンスLを数μH（マイクロヘンリー）とすれば、コンデンサ容量を小さくすることで、比較的容易に数百nセコンド（1秒の10億分の1）程度の極短パルス放電を発生させることができます。

要点BOX

- ●放電加工が開発された初期は主流
- ●2つの部位からなる回路
- ●微細加工やワイヤ放電加工の回路に使用

コンデンサ式放電回路

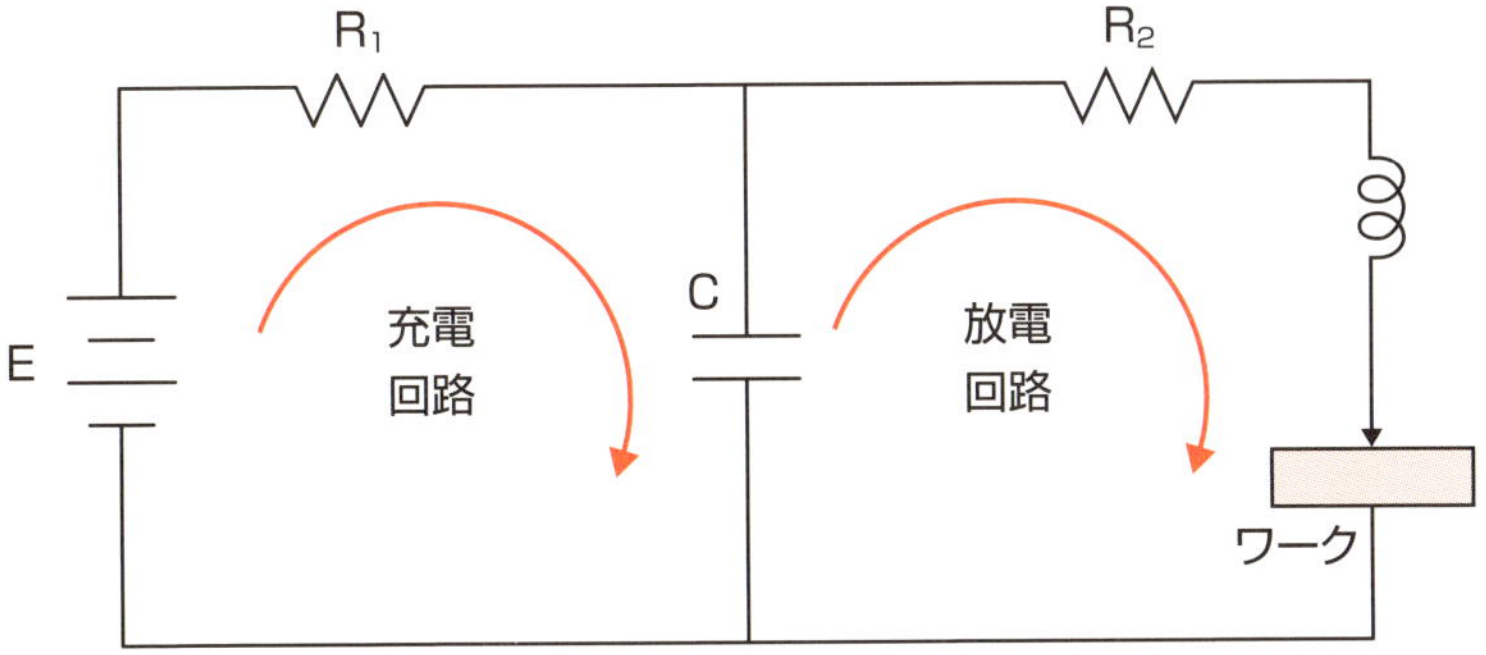

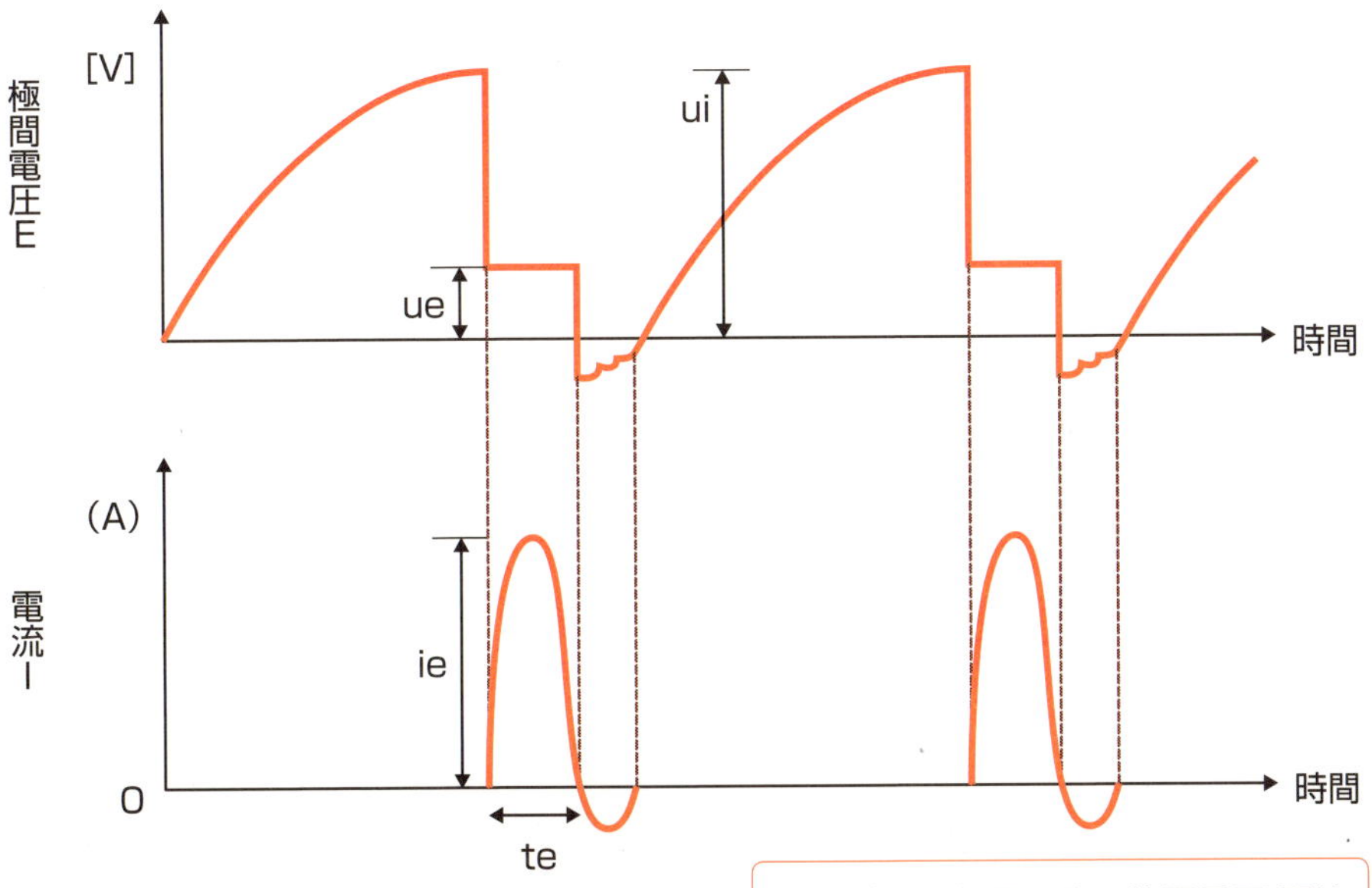

コンデンサ放電回路の放電電圧・電流波形（放物状の電流波形となる）

電流値ie、パルス幅「te」の目安式

$$ie \fallingdotseq (ui - ue)\sqrt{\frac{L}{C}} \text{、} te \fallingdotseq \pi\sqrt{LC}$$

現在においても微細加工やワイヤ放電加工の回路においてはコンデンサ放電回路が使われている。

23 初心者向きのコンデンサ放電回路

回路構成が簡単

22項で示したコンデンサ放電回路は、回路構成が簡単なため、とりあえず放電加工を経験してみたい時にはおすすめの回路です。用いるコンデンサをフィルムコンデンサのような、極性の指定がなく、比較的容量の大きなタイプがあるものを使用すると放電の発生は容易です。実際に製作し、使用したことのあるコンデンサ放電回路と実物を左頁に示しておきます。ここでは、放電を1回だけ発生させることを目的にサイリスタ素子を用いてスイッチングしているものです。実加工で連続放電を発生させる場合は、サイリスタを取り除き、充電側の電源をオンにしたまま、極間制御を行えば可能となります。

ところで、コンデンサ放電回路は回路構成が簡単ですが、電流値とパルス幅を独立して調整できないという欠点があります。また、放電の繰り返し速度をあまり早く設定できないという欠点もあります。これは、放電の繰り返し時間を短くするためには、充電回路に挿入されるR_1を小さくすることが必要なのですが、その結果、放電が同じような箇所で発生してしまう「放電集中」が発生しやすくなります。この理由として、極間の絶縁回復が十分行われないため、同じような場所で放電が発生すると考えられます。

その対策として、充電回路にトランジスタによるスイッチング回路を挿入した「トランジスタ制御型コンデンサ放電回路」が開発され、利用されています。充電回路に挿入されたトランジスタにより、確実に回路を遮断することで、極間の絶縁が確実に回復するので、挿入抵抗R_1が小さくても安定した放電が生じます。

制御回路が付くため回路構成は複雑になりますが、最近の形彫り放電加工機の一部の機種には、このような回路で実際に加工を行うことが可能となっています。コンデンサ放電回路は短パルスの放電加工が可能であるため、超硬合金の仕上げ加工用として実際に活用されています。

要点BOX

- 回路構成が簡単だが欠点もある
- 「放電集中」が発生しやすい
- 超硬合金の仕上げ加工用に活用

単発放電用コンデンサ回路

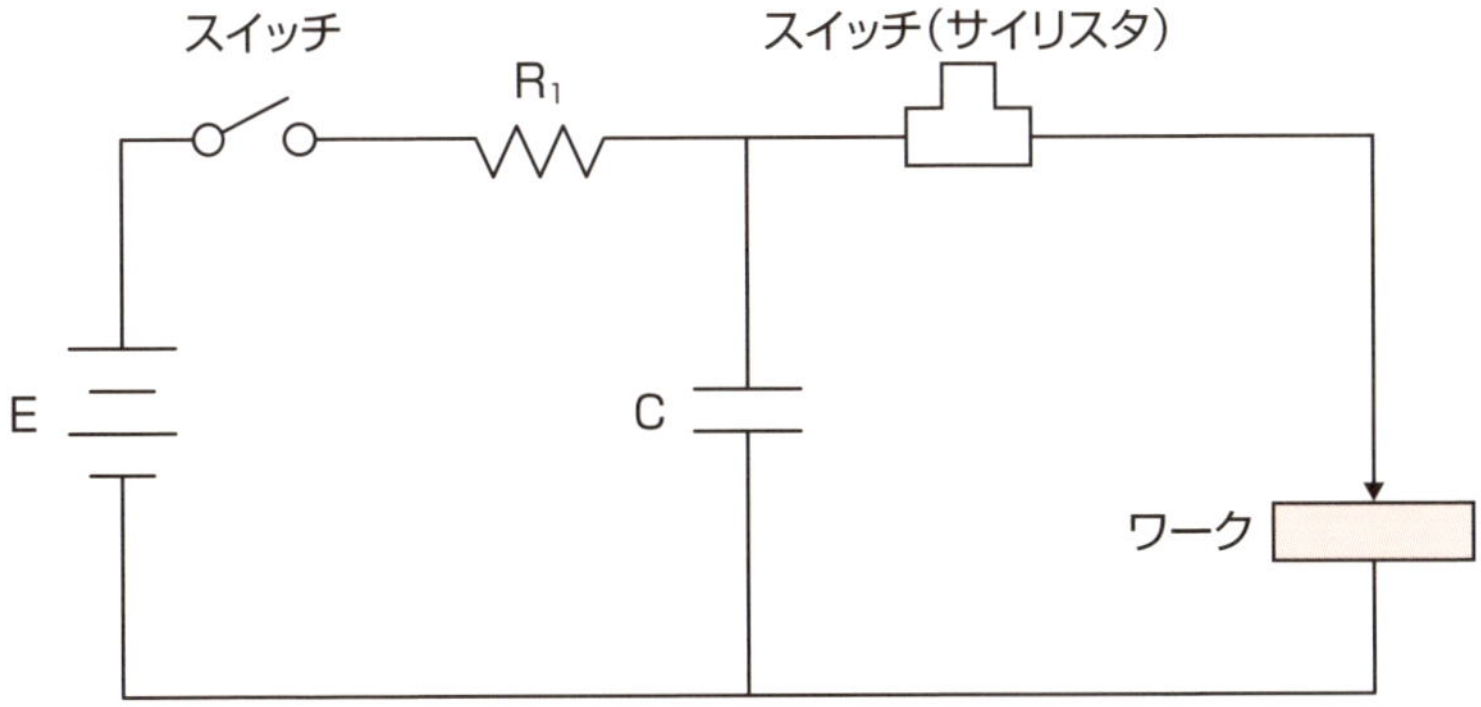

フィルムコンデンサの例

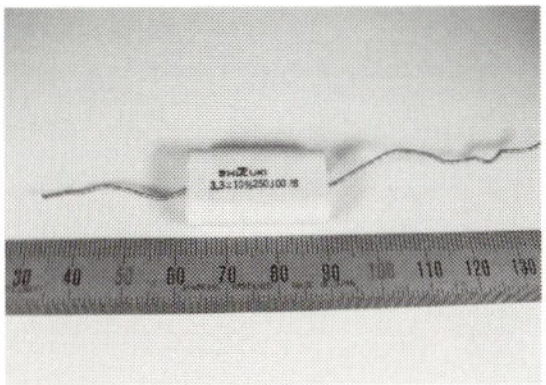

フィルムコンデンサ

トランジスタ制御コンデンサ放電回路

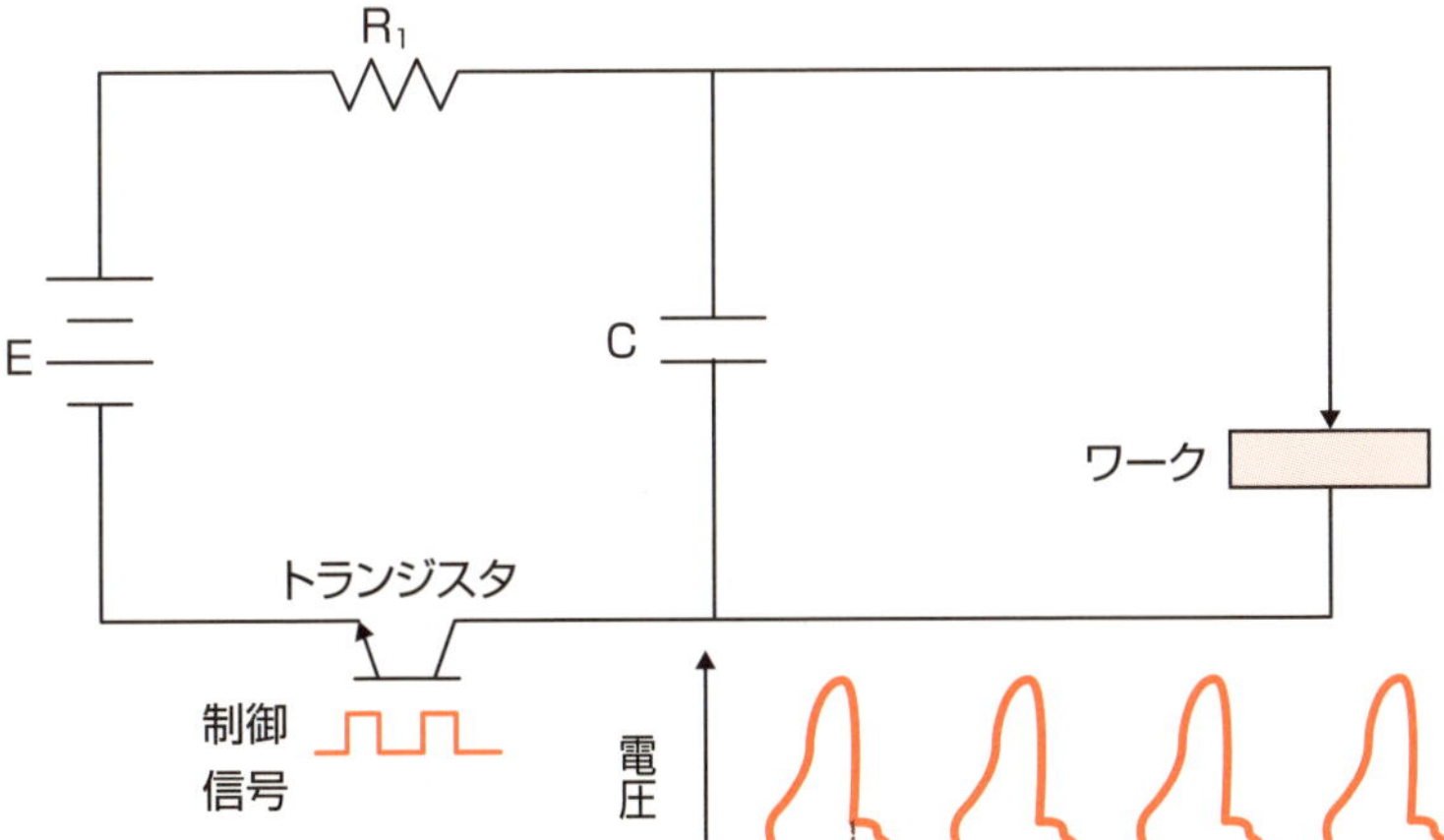

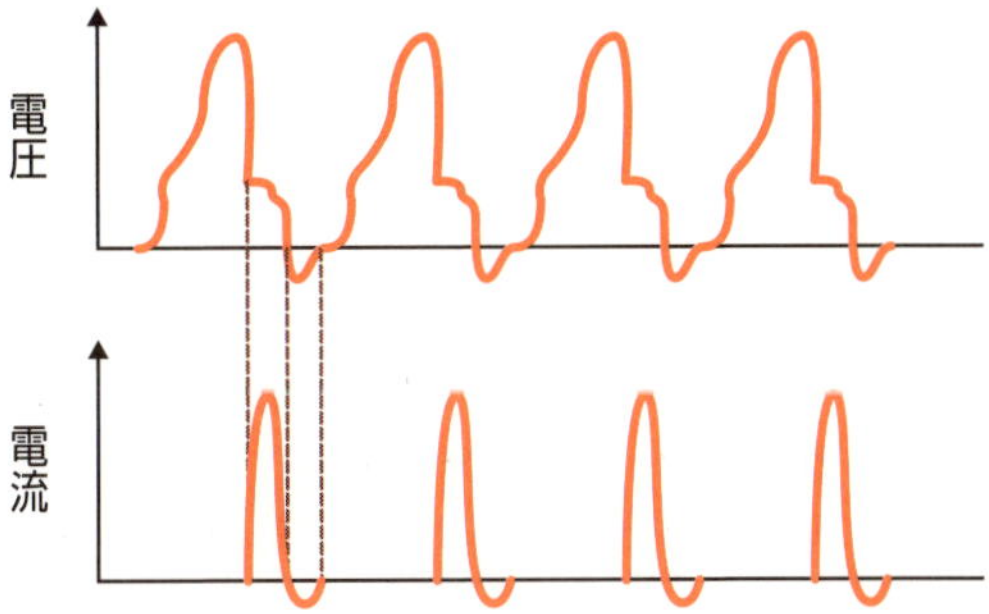

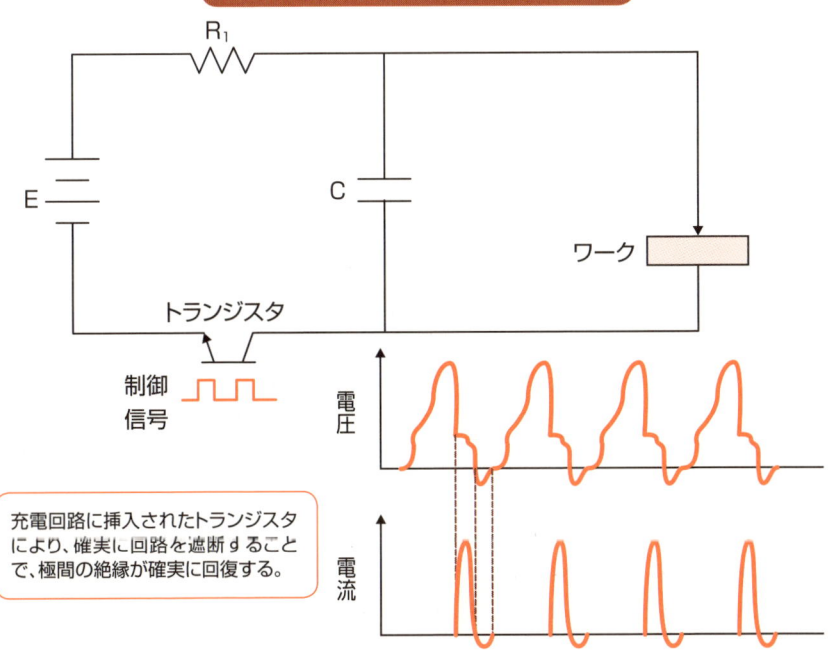

充電回路に挿入されたトランジスタにより、確実に回路を遮断することで、極間の絶縁が確実に回復する。

24 トランジスタ放電回路の基本

コンデンサ放電回路に代わって登場

半導体素子であるトランジスタが一般的になると、コンデンサ放電回路に代わり、左頁に示すような「トランジスタ放電回路」が用いられるようになりました。

トランジスタはスイッチング素子として用いられており、回路には1～n個まで並列に挿入されています。そして、それぞれのトランジスタに抵抗Rnが接続されています。

電源回路から電圧を印可した状態で、トランジスタ1〈Tr1〉に信号が送られ、スイッチがONになり、電極と工作物が絶縁破壊する距離にあれば放電が発生します。そのとき、抵抗R_1と印可電圧Eの関係から放電電流値が決定されます。回路の接続抵抗や極間抵抗が存在しますが、大枠では、R_1とEより「オームの法則」で電流値が求まります。たとえば、100Vの印可電圧で、抵抗10Ω（オーム）の場合は、約10Aの電流が流れると考えてよいことになります。その後、ある時間経過した後、トランジスタのスイッチをOFFにすると、1回の放電が終了します。電流値は抵抗R_1により、パルス幅は、トランジスタのON-OFF信号により独立に制御することが可能となります。この点が、両者を独立に調整することができないコンデンサ放電回路と大きく異なる点です。電流値を変化させるためには、並列に接続されたトランジスタを同時に数個スイッチONすることで対処できます。

たとえば印可電圧100Vで、Tr1とTr2を同時にONし、両者に挿入されたR_1、R_2とも10Ωの場合を考えます。放電回路は抵抗が並列に接続された回路となり、合成抵抗は10Ωの半分の5Ωになります。その結果、放電電流は20Aとなり、トランジスタ1個をONした場合に比べて2倍の電流が流れます。このような並列回路をいくつも準備しておき、スイッチONするトランジスタの数を制御することにより放電電流値を変化させています。

要点BOX
- ●コンデンサ放電回路との違い
- ●スイッチング素子として用いられる
- ●1～n個まで並列に挿入

トランジスタ放電回路

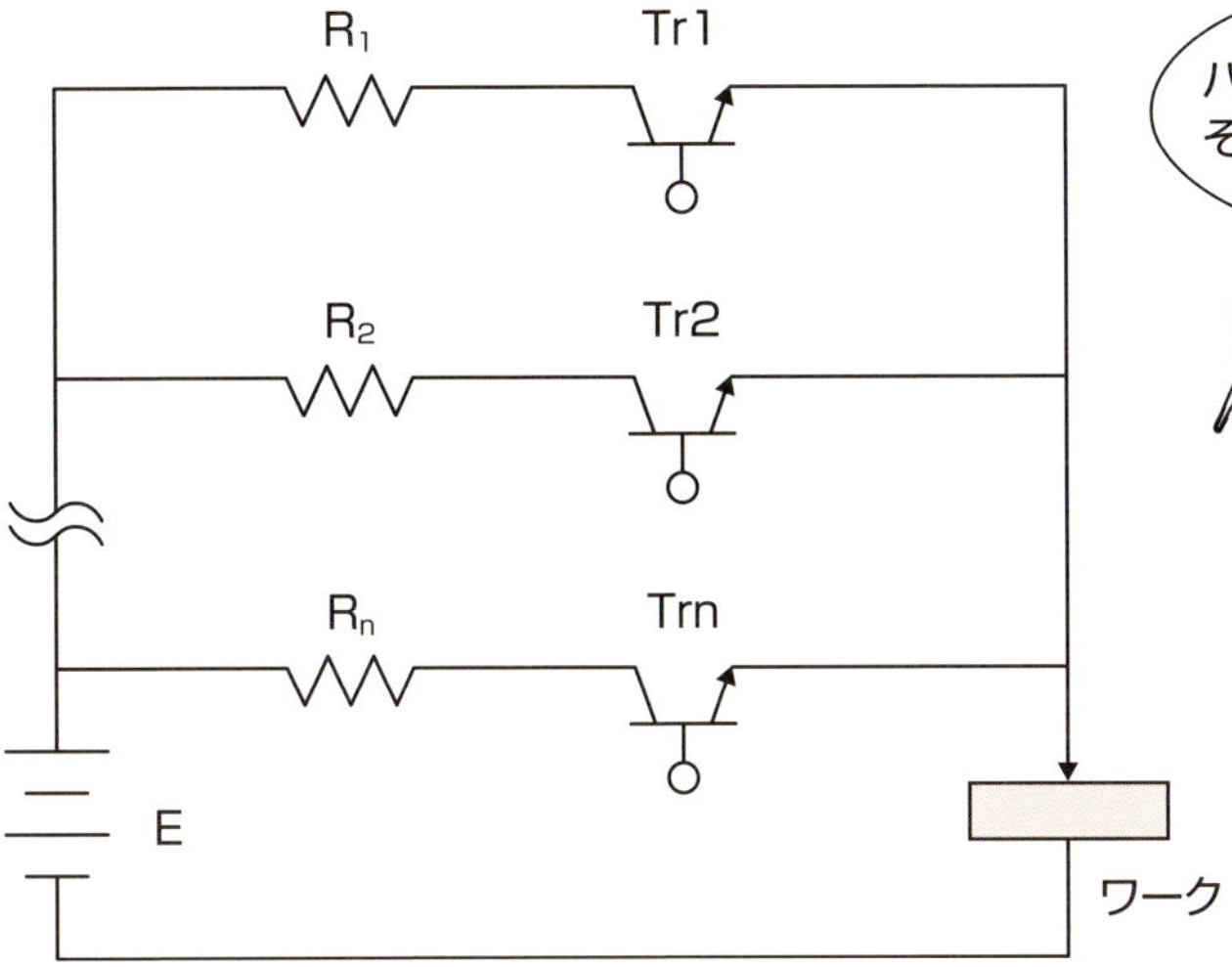

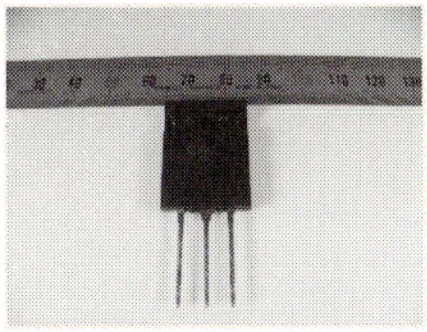

スイッチング素子

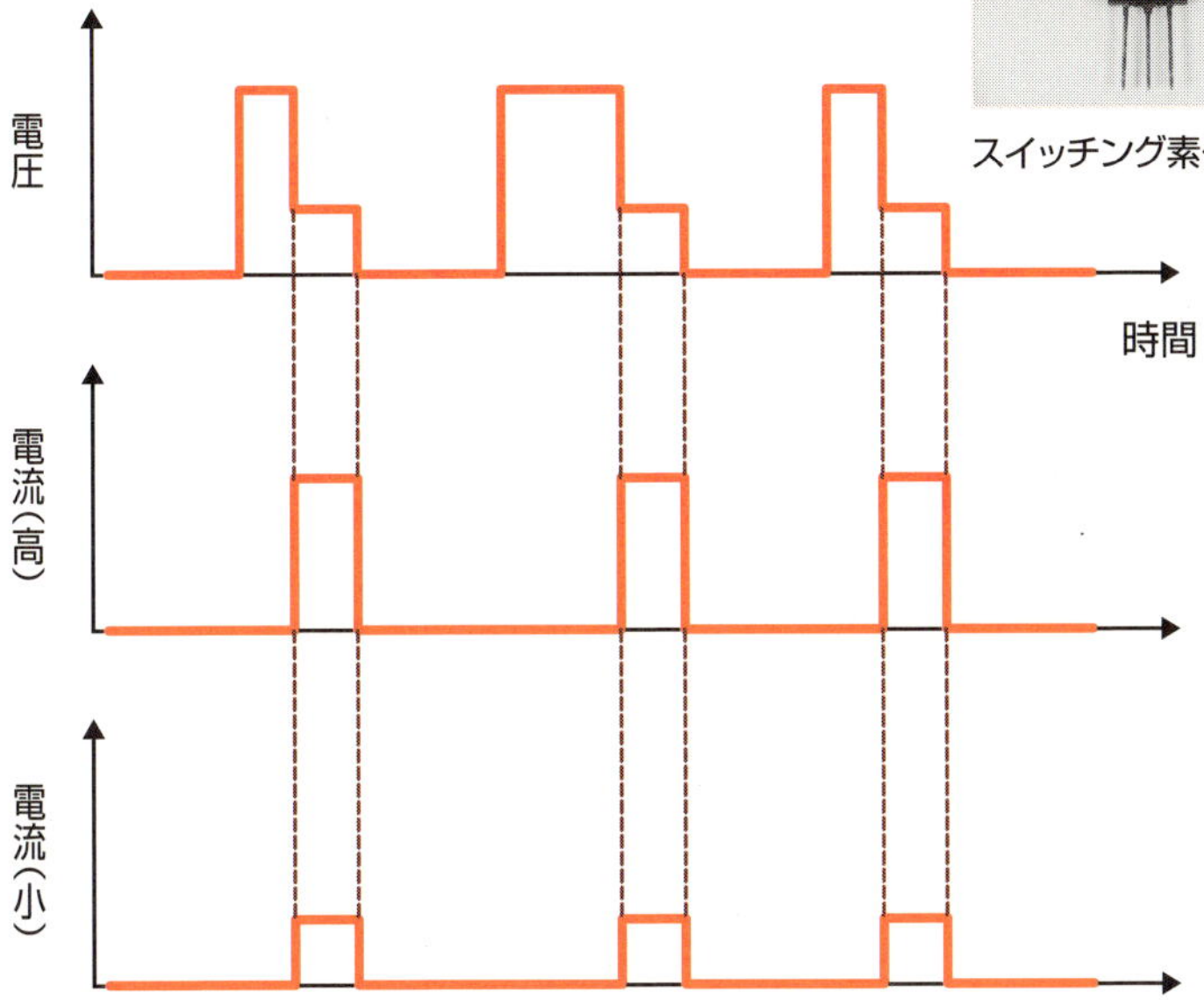

パルス幅は同一でも電流値の異なる放電条件が可能

トランジスタのON-OFF時間を同じにしておけば、上図に示すような矩形形状の放電電流が流れる。

25 トランジスタ放電回路は加工条件が設定できる

電流値とパルス幅を独立に変更可能

24項で、トランジスタ放電回路を用いればコンデンサ放電回路と異なり、電流値とパルス幅を独立に変更することが可能なことを示しました。ここで、トランジスタ放電回路で条件を設定できる箇所を詳しく説明していきます。

電流値は1A（アンペア）程度から数十A程度まで細かく設定することが可能です。また、放電パルス幅は数μsecから1ミリsec程度まで設定可能であり、最近の加工機では数μsec刻みで可能な機種も多いかと思います。ただし、電流値の設定は、1A程度から数十A程度まで設定可能と説明しましたが、実際のところ目安となる数値（ノッチ）の組み合わせで設定する機種が多いのが実情です。これは、加工機を設置する場所や環境、さらには電極材料と工作物材料の組み合わせなどにより、電流値は微妙に変化することがあるためです。そのため、あくまでも目安となる数値の組み合わせで設定してもらい、最終的には放電電流波形で確認することが必要となります。

電流値とパルス幅の他には、休止時間toと開放電圧uiが設定可能です。休止時間とは、絶縁破壊後、設定パルス時間が経過するとトランジスタのスイッチがOFFになり、1回の放電が終了します。放電が終了後、次の電圧パルスを印可するまでの時間を休止時間として設定でき、極間の絶縁回復のためにある程度の時間が必要になります。休止時間を短く設定すると集中放電が発生し、放電が不安定になります。

大きく分けて、これら4つの条件は設定することが可能となりますが、電圧印可後、絶縁破壊が発生するまでの無負荷時間（放電遅れ時間）tdは、極間の状態に依存するため、意図的に設定することはできません。加工速度の向上のためには放電遅れ時間が短い方がよいのですが、これは主軸の極間制御の状態に影響を受けます。そのため、間接的にしか調整がきかない条件になります。

要点BOX

- 最近の加工機では数μsec刻みで可能な機種も多い
- 最終的には放電電流波形で確認

放電電流値の測定

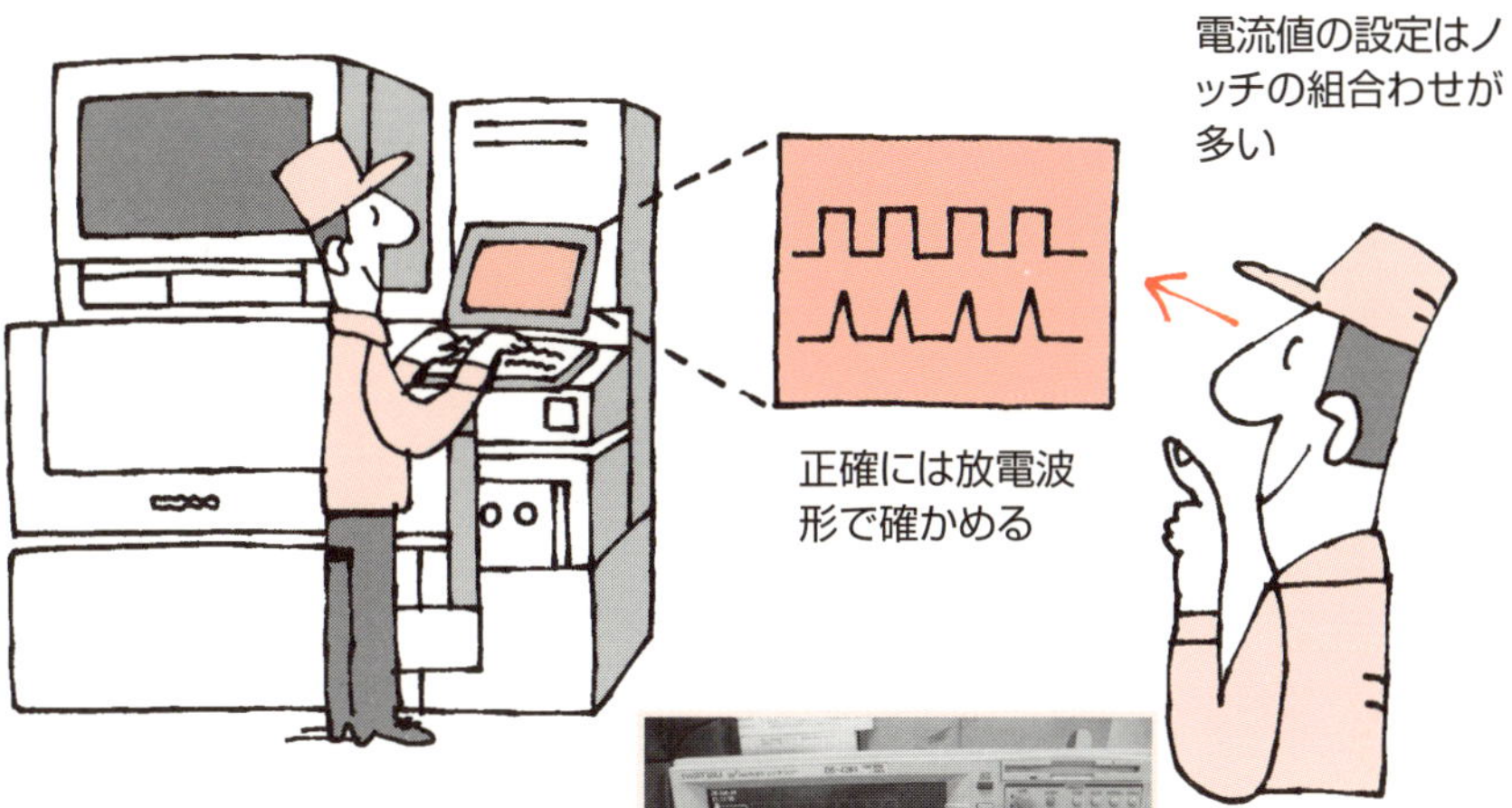

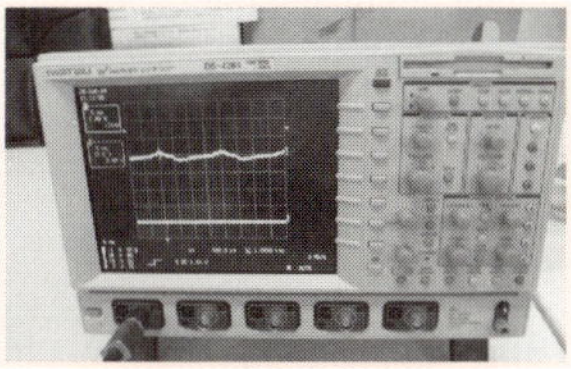

オシロスコープ

加工条件で設定できる項目

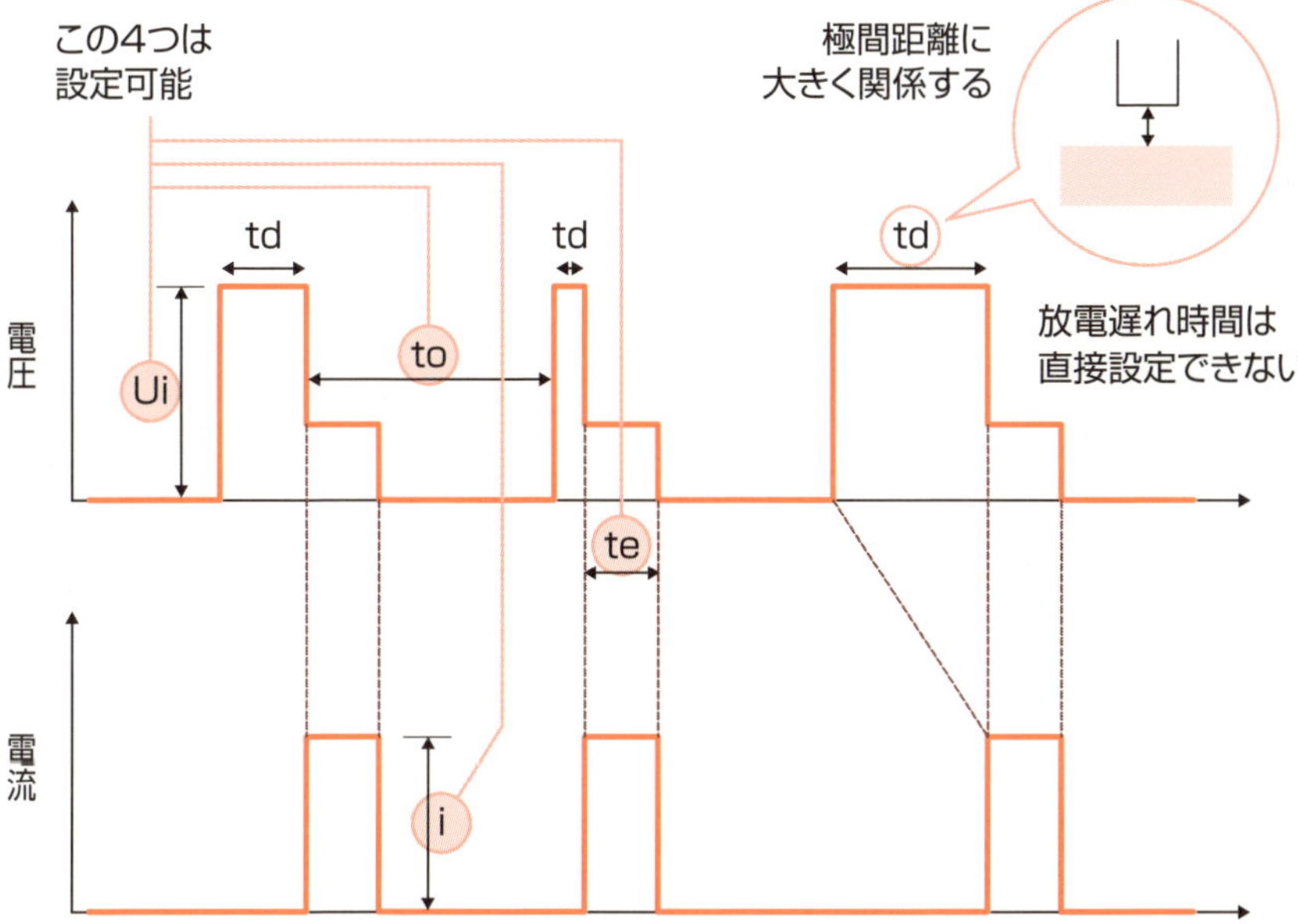

26 ワイヤ放電加工の放電回路

高電流、短パルスの放電を容易に発生

放電回路について、コンデンサ放電回路とトランジスタ放電回路の詳細を示してきましたが、主として形彫り放電加工を想定して説明をしてきました。ワイヤ放電加工では、その特徴から放電回路も多少異なる点があるのでここで示すことにします。

ワイヤ放電加工は、走行ワイヤを電極として用いるため、形彫り放電加工と異なり電極消耗を考慮せずに加工することが可能です。また、形彫り放電加工では油系加工液を用いますが、比較的加工速度の速い脱イオン水を用いている点も異なります。これらの特徴のため、使用する放電条件も形彫り放電加工とは若干違います。

まず、電極消耗を考慮せずに加工速度を優先した放電条件が選択され、その結果、高い電流値と短いパルス幅、および放電発生周期を高める条件が選定されます。そのためワイヤ電極をマイナス極、工作物側をプラス極とした条件が選定されます。これらの条件を満たすため、ワイヤ放電加工では高電流、短パルスの放電を容易に発生できるコンデンサ放電回路が長らく利用されてきました。最近ではトランジスタ回路を用いても数μsec以下程度の短パルス放電の発生が可能であり、多くはトランジスタ回路に置き換わっていますが、コンデンサ放電回路も残し併用している場合が多いようです。

トランジスタ回路では、条件設定が可能な項目は開放電圧、電流値、パルス幅、休止時間ですが、コンデンサ回路の場合は、充電電圧、コンデンサ容量、休止時間となります。放電条件の他には、ワイヤ張力とワイヤ走行速度を指定することができます。ワイヤ張力は高い方が加工面の垂直精度はよくなりますが、放電条件が大きいときにはワイヤ断線が頻発します。また、ワイヤの走行速度も遅い方が経済的ですが、こちらも放電が集中すると断線の原因となるため、適度な速度が必要です。

要点BOX

- ●走行ワイヤを電極として用いる
- ●電極消耗を考慮せずに加工可能
- ●加工速度の速い脱イオン水を用いる

ワイヤ放電加工機での条件設定

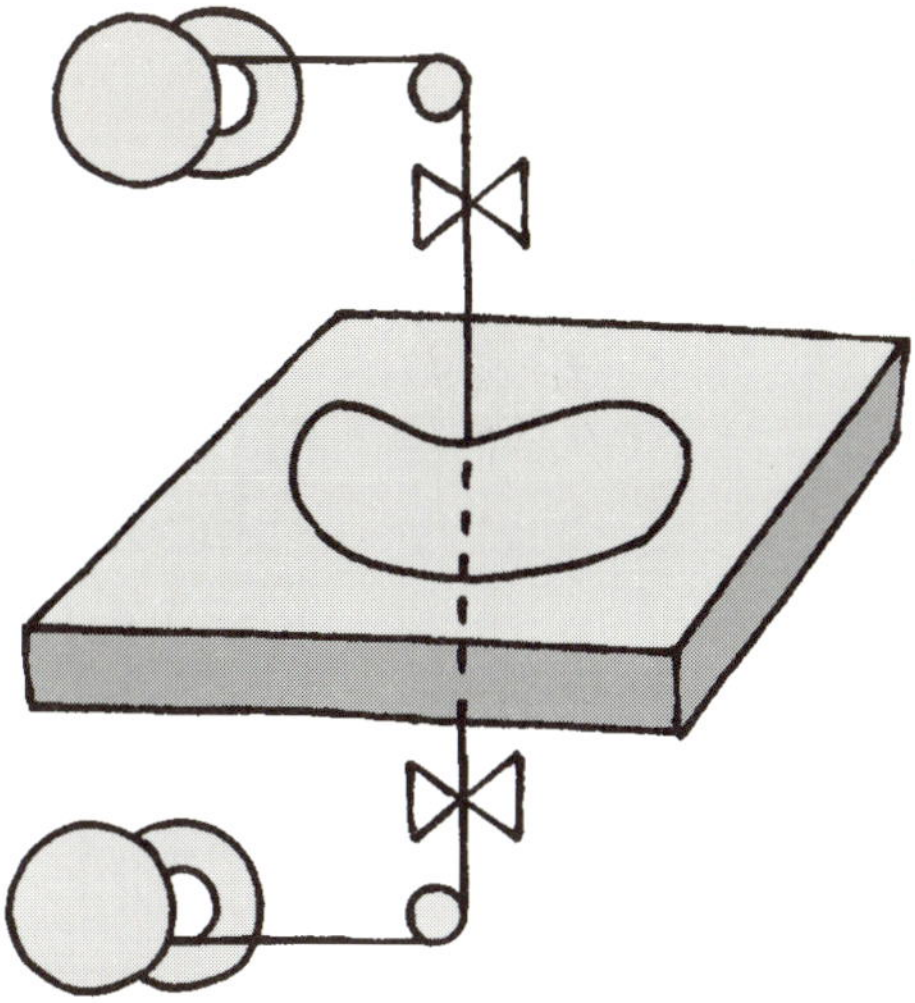

ワイヤの消耗は考慮せずにOK

加工速度重視の条件

高電流、短パルス

コンデンサ回路が多用されていた

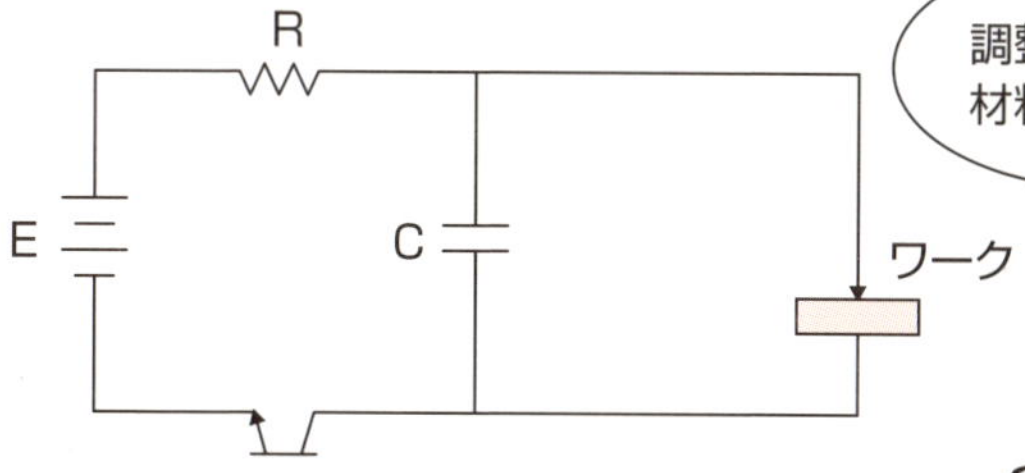

ワイヤ張力（テンション）も設定可能

ワイヤ走行速度も設定可能

27 初期のトランジスタ放電回路

電圧印可時間一定回路とは

25項のトランジスタ放電回路の紹介では、放電パルス幅を設定することができると説明しました。現在では当たり前の機能ですが、トランジスタ放電回路が用いられた初期においては、電流パルス幅を設定することは一般的ではありませんでした。当初は、開放電圧の印可時間のみを、トランジスタでスイッチングする方式がとられていました。

ところが、このようなパルス電圧印可回路の場合、次のような現象のため不具合もあります。左頁に放電電圧、電流波形を模式的に示します。

1番目の電圧パルスが極間に印可されたとき、たまたま電極と工作物が離れていれば放電は発生せずに、電圧印可時間が終了します。また、2番目の電圧パルスが印可されたときは、電極が工作物に近づいている最中で、電圧印可時間の途中から絶縁破壊が発生し、放電が生じたと考えられます。ただし、電圧パルスの印可時間は一定なので、放電のパルス幅としては電圧パルス時間から図中の放電遅れ時間tdの時間を差し引いた時間となります。

最後に3番目の電圧パルスが印可されたときは、電極と工作物が近づいた状態であり、電圧が印可され始めたとほぼ同時に絶縁が破壊され、放電が生じたと考えられます。このときの放電パルス幅は放電遅れ時間がないため、電圧パルス時間と同等となります。

このように「電圧印可時間一定回路」では、放電が発生しない場合や、発生しても放電パルス幅が個々の放電で異なることが予想されます。放電パルス幅が一定でないと、形成される放電痕の形状や大きさが異なり、表面性状が均一になりません。その結果、加工面粗さが放電条件で一定とならずに、仕上げ面性状の予測が困難となります。さらに、放電が発生しなかったり、個々の放電痕の大きさが異なるため加工速度の予測も難しくなり、精密加工を目的とする場合はベストな方式とはいえません。

要点BOX

- ●放電痕の除去量も異なる
- ●加工面粗さが均一でなく予測できない
- ●精密加工ではベストな方式といえない

電圧印加時間一定形放電回路

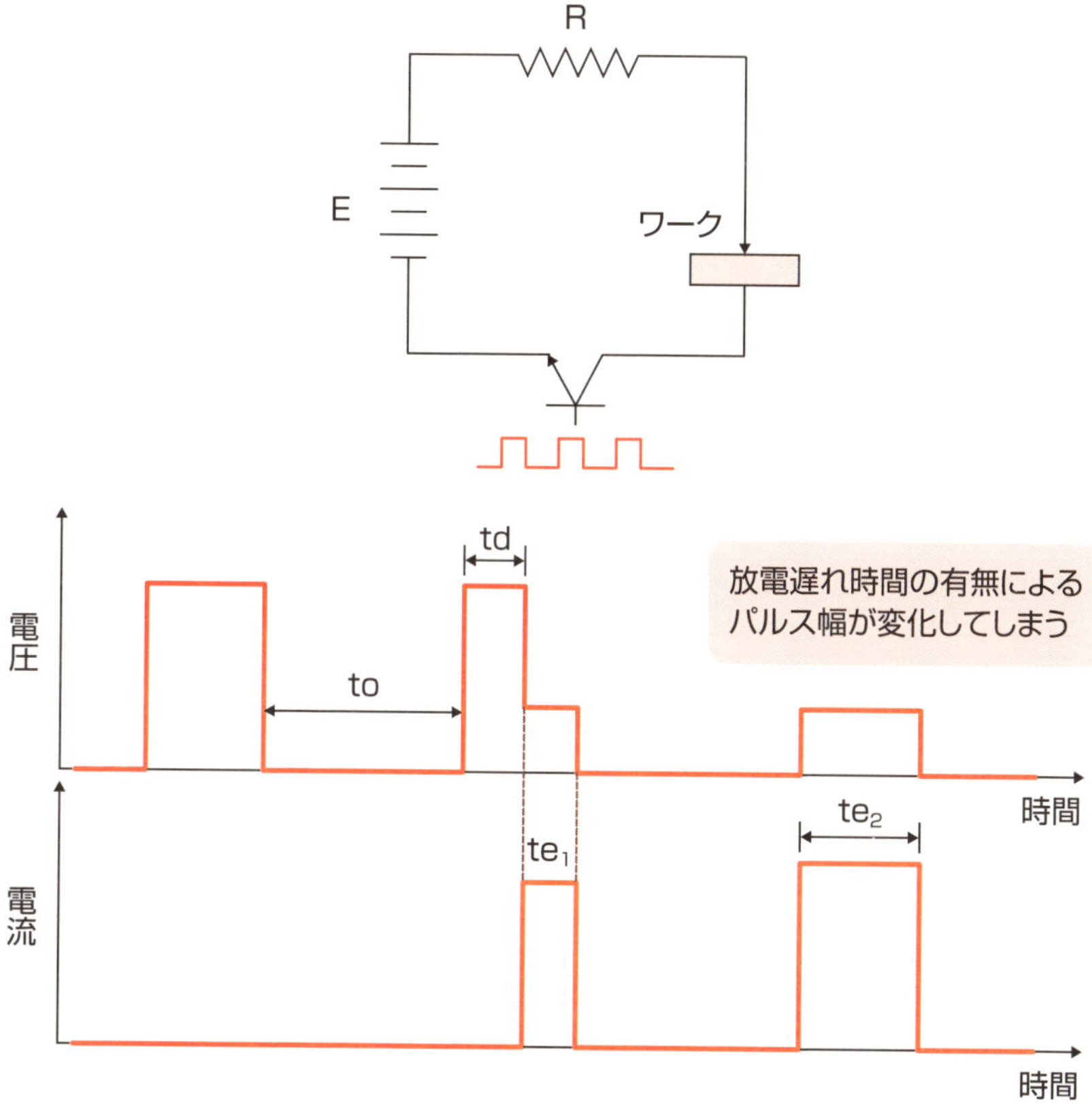

28 アイソパルス放電回路

放電パルス時間が一定

27項の「電圧印可時間一定回路」の不具合を克服するために、実際に発生する放電時間が一定となる改良型のトランジスタ放電回路が、その後開発されました。

これは左頁に示すような回路となります。電圧を印可した後、放電遅れ時間が発生したとしても、絶縁破壊の後、放電電流が流れ始めてから設定したタイマをONし、設定時間が経過すると極間電圧を制御するトランジスタのスイッチをOFFにする仕様です。放電パルス幅を必ず設定どおり一定にする仕様であるため、「アイソレーションパルス放電回路（アイソパルス回路）」と呼ばれています。トランジスタ回路が主流の現在の放電加工機では、一般的な回路となっています。

このようなアイソパルス回路により、個々の放電痕はほぼ同じような大きさ、除去量となり、それらの重ね合わせで形成される加工面粗さや加工速度は、放電条件によりおおよそ予測できるようになりました。ただし、アイソパルス回路においては放電遅れ時間が発生するため、1秒間に何回放電が発生するかという放電頻度は加工条件からだけでは正確に予測することは難しくなりました。

放電遅れ時間を含む放電の発生状態は、電極と工作物の位置関係に依存し、また、放電の発生には極間の加工粉の状態なども影響されるためなおさら発生頻度の予測は難しいのです。

ここで、放電条件でよく用いられる「デューティファクタ（D．F．）」について説明しておきます。デューティファクタは、放電1周期における放電パルス幅の割合を表し、左頁の式①のように表されます。ただし、この式には上図にあるような放電遅れ時間tdは考慮していないため、あくまで放電条件の設定D．F．と考えられています。厳密にすべての放電遅れ時間を測定することは難しいため、式①が用いられています。

要点BOX

- アイソレーションパルス放電回路
- 現在の放電加工機では一般的な回路
- 放電頻度を正確に予測することは難しい

アイソパルス放電回路

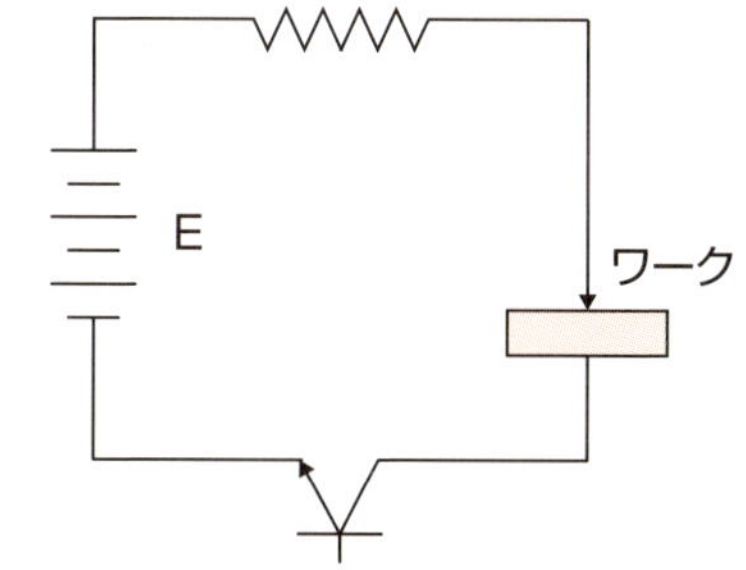

アイソパルス制御信号

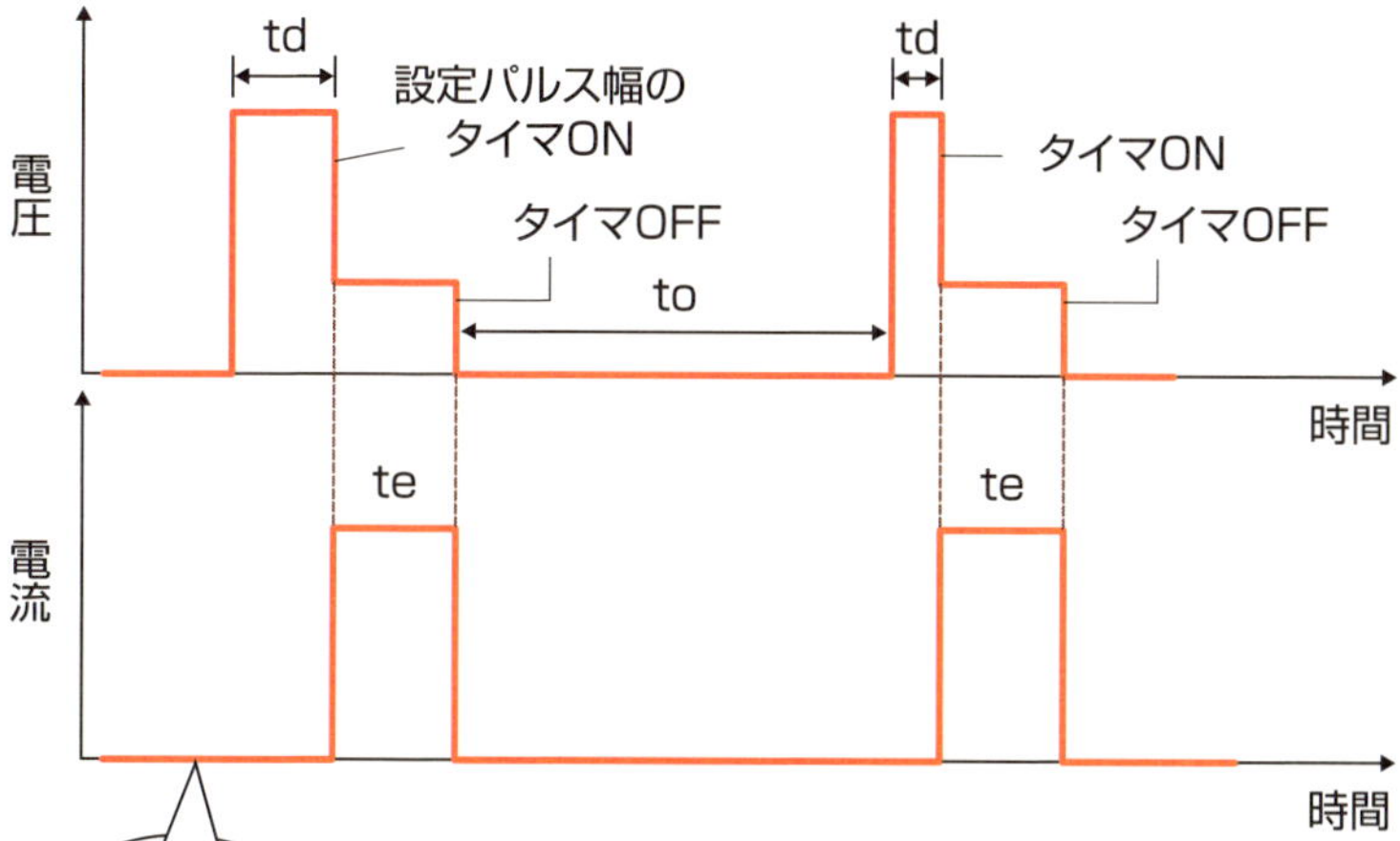

放電遅れ時間によらず常に同じパルス幅の放電が発生

設定デューティファクタ(D.F.)

$$D.F.=\frac{t_e}{t_e+t_o} \quad \cdots\cdots ①$$

29 電極極性による加工現象の違い

放電加工は電気加工ですので、電極側をプラスにするのかマイナスにするのか、どちらの設定も可能です。電流値、パルス幅は同じであっても、電極と工作物の極性の組み合わせによっては加工現象が異なることは、経験上よく知られています。ここでは、電極極性の違いによる加工現象の違いについて説明します。

極間の絶縁破壊により放電が開始します。このとき、極性マイナス側から電子が放出され電子なだれがきっかけとなり、アーク放電にいたります。電子の放出には温度上昇により放出される「熱電子放出」もありますが、放電加工の場合は「電界放出」が主流と考えられています。放出された電子は、極性プラス側の表面に到達し、一方、電離したイオンは極性マイナス側に到達します。両者の運動エネルギーのやりとりにより放電面の温度が上昇し、材料の溶融にいたります。

このとき、両極性とも同じように温度上昇をするわけではありません。両極性に入力されるエネルギーには違いがあると考えられています。電流値とパルス幅および放電電圧を積算すると、1回の放電で消費するエネルギーJが計算されます。そのエネルギーが両極性に50％ずつ配分されるのではなく、一部は加工液の気化爆発力に消費され、残りのうち極性プラス側への配分が多いことが、これまでの研究であきらかとなっています「注④」。ただし、電流値やパルス幅を変化させると、極性による放電痕除去量の差は変化しており一概にはいえません。

また、形成される放電痕形状を観察してみると、極性プラス側とマイナス側では、電流値とパルス幅が同じであってもその大きさ、形態が異なっています。このような違いも物理現象的に詳細を説明することは難しいのですが、概念的には、極性プラス側の放電は大きく広がり、極性マイナス側の放電は、細くなった放電点が移動しているのではないかと考えられています。

要点BOX

- 放電加工の場合は「電界放出」が主流
- 極性の違いで同じ放電パルス条件でも加工現象が異なる

電極極性と加工現象の関係

電極極性で現象が変化

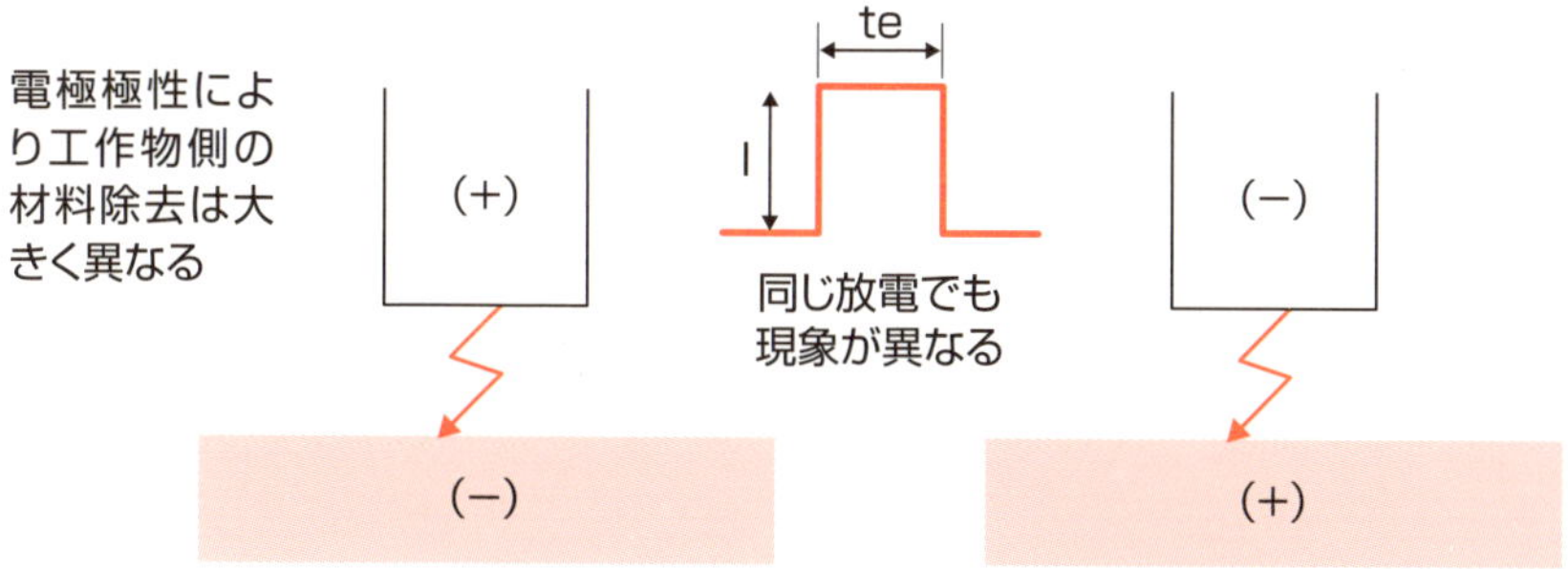

(+)極側に多くエネルギが配分

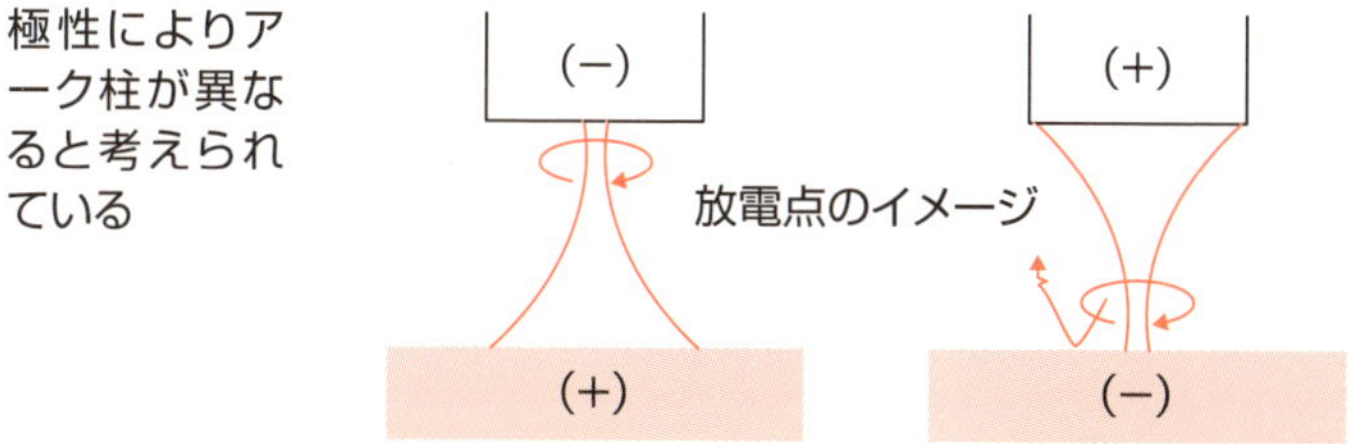

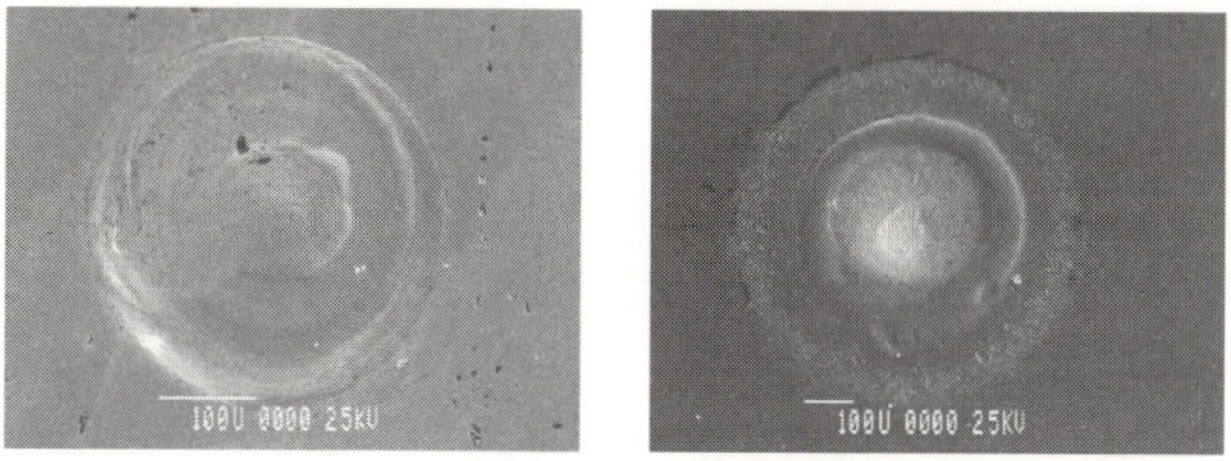

同一条件での極性プラス側(左)とマイナス側(右)の放電痕の違い

注④　夏 恒ほか、放電加工における陽極と陰極の除去量の相違に関する研究、電気加工学会誌、Vol.28 No.59, pp.31-40 (1994)

Column

放電加工の極間制御は多少いい加減？

放電加工の開発当初から主軸制御に用いられている平均極間電圧制御ですが、他の加工法における主軸制御とは大きく異なっています。

たとえば、一般的な切削加工では刃先の位置を制御することで高精度加工を実現しています。こちらは刃先の位置制御になります。位置決め機構も高精度になりナノ切削加工機では、数ナノmの位置決めも可能となっています。あるいは、研削加工では位置制御に加え、加工反力をモニタリングして主軸を制御する力制御が加わることがあるかもしれません。

どちらも、切り込み過ぎや力のかけ過ぎはオーバー加工になり取り返しがつかないので、その制御には厳密さが求められます。

それに対して放電加工の極間制御は、平均してある極間電圧になるように主軸の位置を制御するという考えであり、たまには電極と工作物が接触して短絡しても、たまには両者が離れすぎて放電が飛ばなくてもよいという、ある意味いい加減な制御方法になっています。

切削加工や研削加工の専門家からすると、なんといい加減な制御なのかとおしかりを受けるかもしれませんが、私にはこのいい加減さが性格的に合っていたために、今日まで放電加工を専門とすることができてきたような気がします。

皆様は、このようないい加減さは寛容できますでしょうか、それとも許しがたいでしょうか。いかがでしょう。

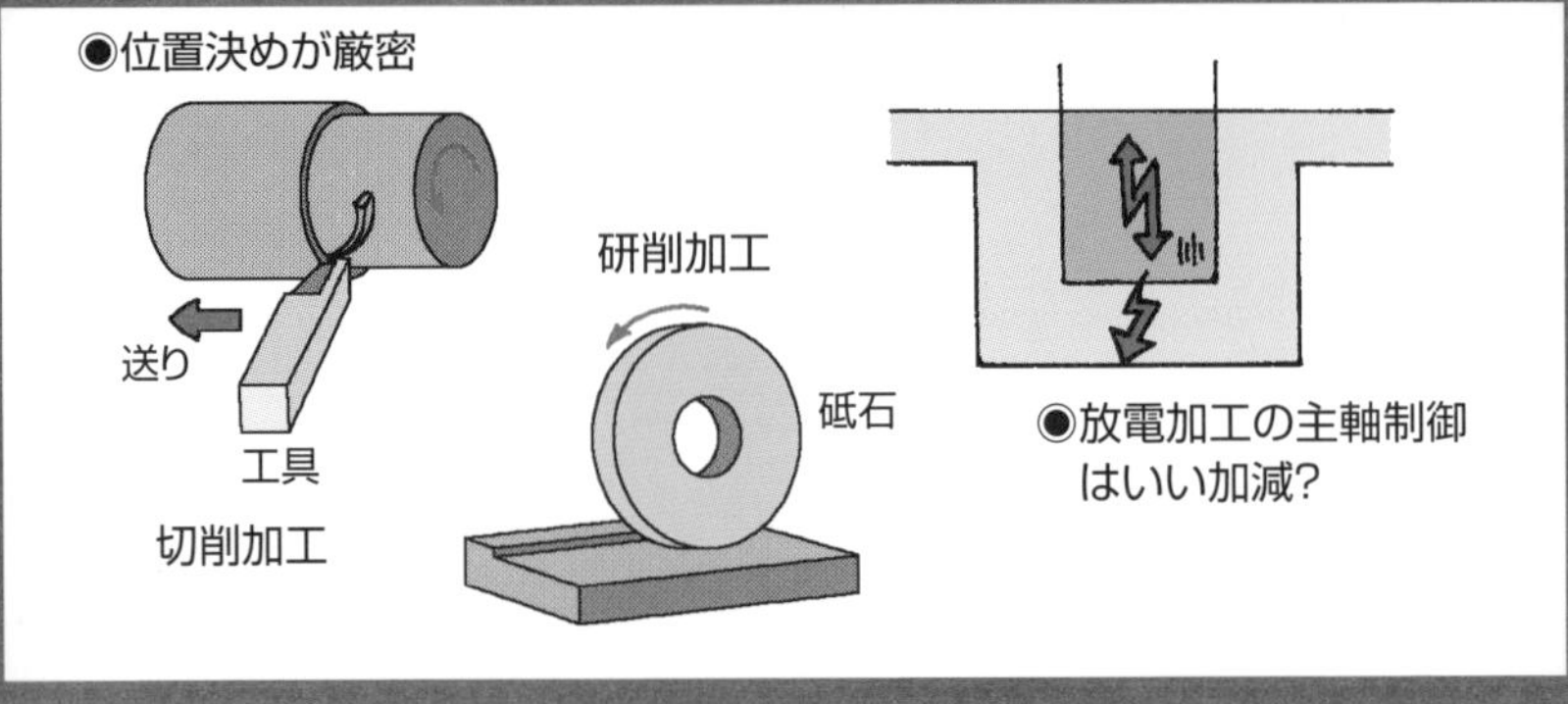

第4章

放電加工の勘どころ

30 電極無消耗の加工は可能なの？

電極消耗：その1

　放電加工は、電極と工作物の熱的な材料特性を上手に利用して工作物側の除去加工が進行しています。具体的には、極性の違いをまずは無視して考えると、ある入熱量において、銅電極側は熱伝導率がよいため溶融はせず、代表的な工作物である鋼は一部が溶融してしまうような加工条件を選定すれば、電極は消耗することなく、精密な形状が工作物に転写されます。

　形状的には、角部などは平坦部よりも放電の発生頻度が高く、熱伝導もよくないため、丸く消耗してしまうことは経験的によく知られています。さらに実際には、極性の違いによってもエネルギー配分は異なるため、本来はエネルギー配分の少ない電極極性マイナスとする方がダメージが少ないと考えられますが、実際の加工では電極極性プラスの条件で荒・中加工が行われています。これは、これまでの熱的な考慮とは異なる現象が含まれるためです。

　油系の加工液中で放電が発生すると、加工液の成分であるカーボンが熱分解され、タール状の黒い物質が生成します。このとき、熱分解カーボンはマイナスの電荷を帯びていると考えられ、プラス極側の表面に付着します。これらの熱分解カーボンは、放電パルス幅が長いほどよく生成することが知られています。そのため、銅電極を極性プラスとして、電流値、パルス幅の大きな条件で加工を行うと、熱的なダメージは大きいのですが、電極表面に熱分解カーボンが強固に付着し、熱的なダメージの保護膜として作用します。そのため銅電極の極性を、エネルギー配分の多いプラス極で荒加工を行っても消耗は少なく、逆にカーボン膜が付着することで電極がわずかに太ることもあります。

　このような電極状態で、電極極性を入れ換え、パルス幅を短くして仕上げ条件を行えば、付着したカーボン膜は除去されながら仕上げ加工が進行します。

要点BOX

- ●電極側は溶融せずに工作物側が溶融するような熱的条件
- ●電極消耗ゼロで加工が進行する

形状部位により熱的なダメージは異なる

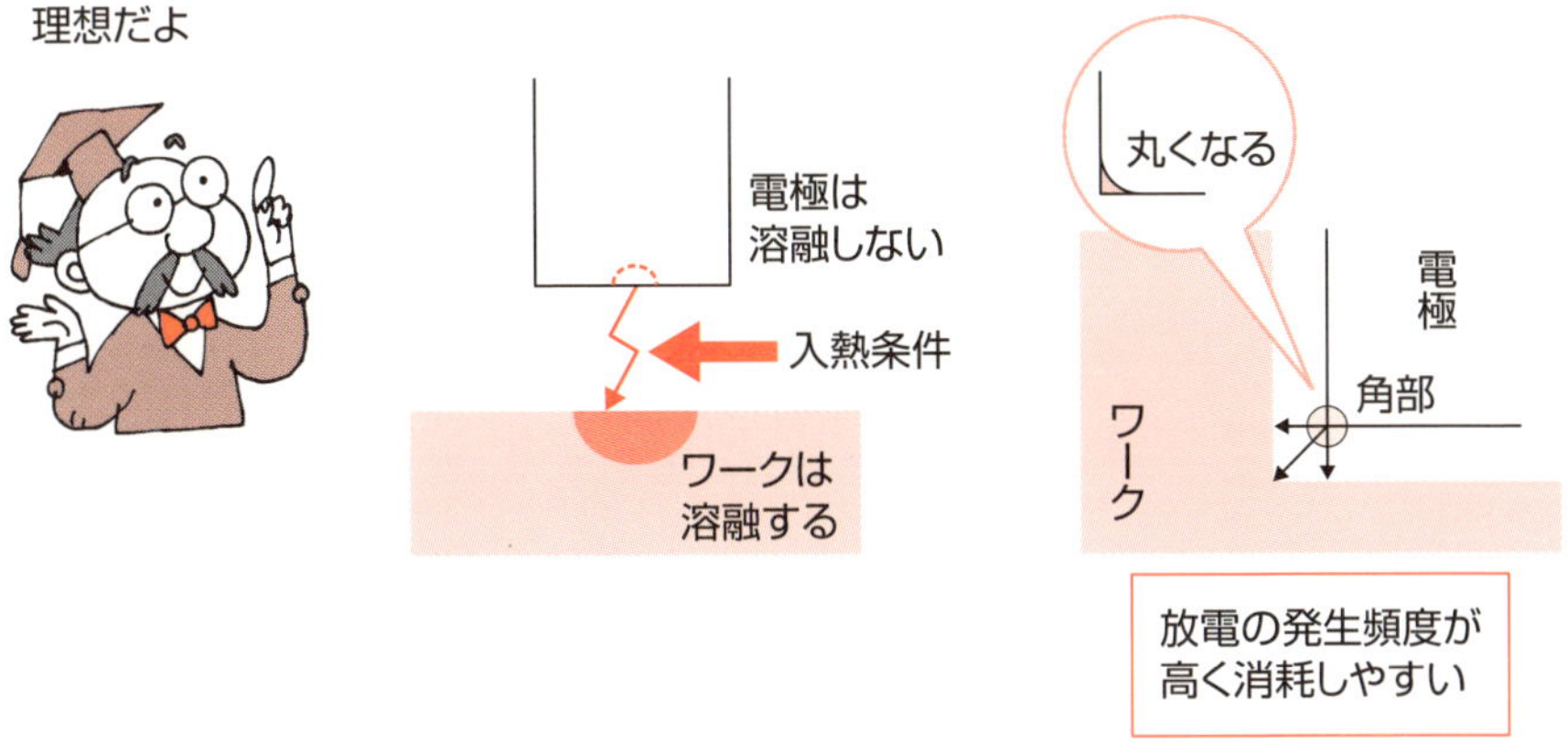

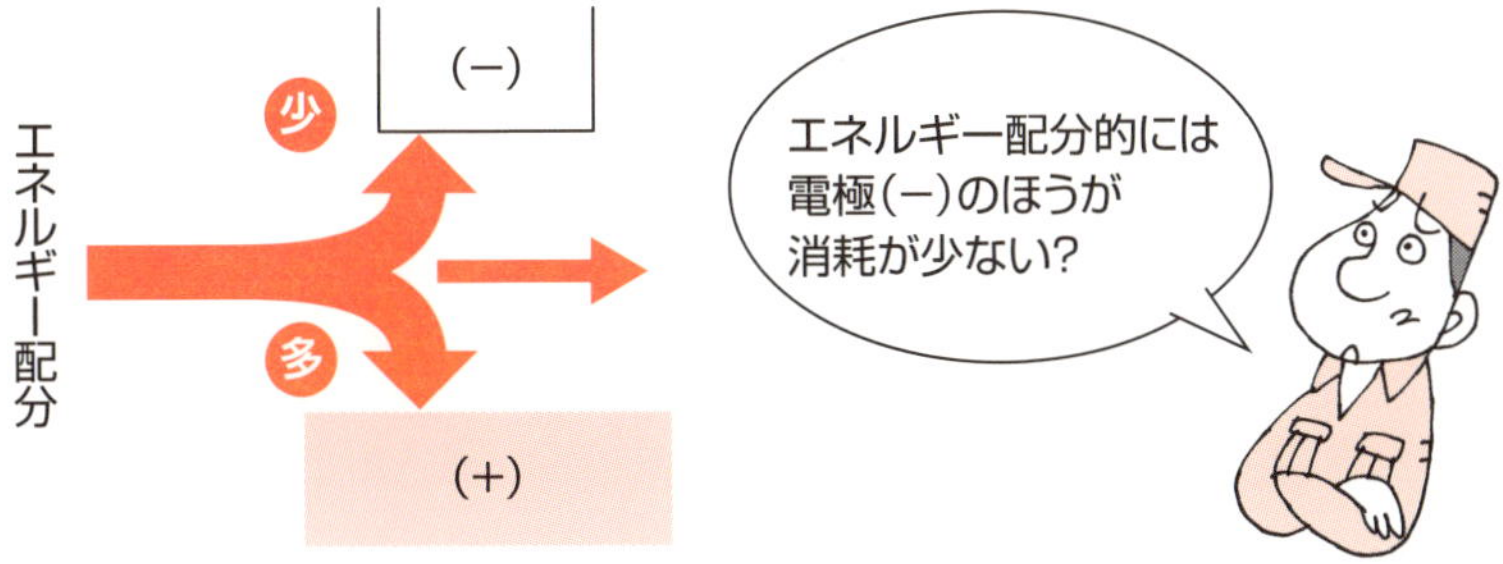

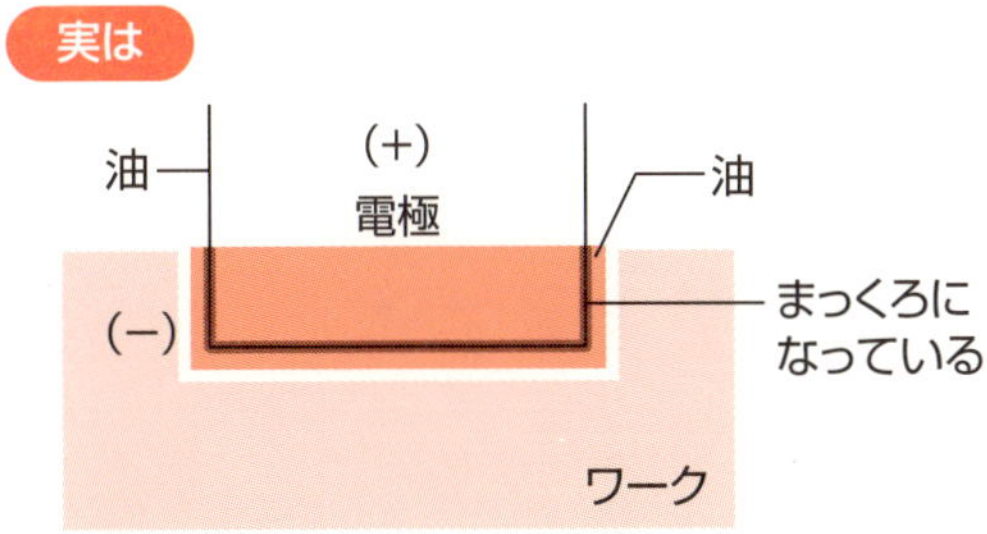

油の熱分解カーボンが付着して
保護膜として作用((+)側に付着)

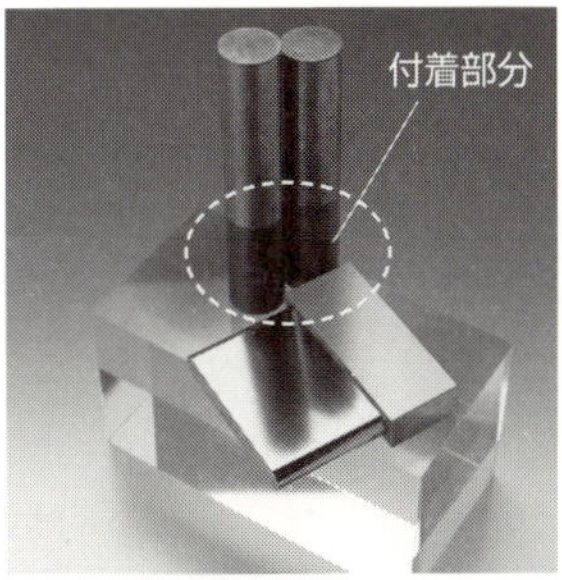

電極カーボンの付着

(写真提供:(株)ソディック)

カーボンの付着と除去をうまく制御できるような放電条件を選択すれば、見かけ上の電極無消耗の加工が可能となる。

31

ワイヤ放電加工の電極特性

電極消耗：その2

油系加工液を用いた放電加工において、パルス幅が長い放電条件では、油の熱分解カーボンがプラス極側の表面に付着して、熱的なダメージの保護膜として作用します。そのため、形彫り放電加工の荒加工では、電極極性をプラスと設定されます。逆に、水系加工液の場合は、熱分解カーボンは生成されないので、プラス極側でも保護膜の作用は発生しません。それよりも、極性の違いによるエネルギー配分の作用を優先し、工作物側は除去量が大きくなるプラス極と設定されます。これより、一般的なワイヤ放電加工では、ワイヤ電極の極性はマイナスに、工作物側はプラス極と条件設定されています。

ところが、油中放電加工でもパルス幅が短くなるとカーボン膜の付着は生じなくなります。そのため、パルス幅を短く設定する仕上げ条件では、電極極性プラスであってもカーボン膜の保護作用は期待できません。そこで、仕上げ条件では電極の極性をマイナスに、工作物側をプラスに設定します。これにより、プラス側に形成されるのっぺりとした放電痕の重ね合わせで加工面が仕上げられ、加工面粗さが小さくなります。ただし、カーボンの保護作用はないので、電極は多少なりともダメージを受けて消耗します。

実は、電極の消耗はパルス幅が短い条件だけでなく、パルス幅が長い条件でも多少なりとも生じてしまいます。電極極性をプラスとしてカーボンの保護作用を期待しても、絶縁破壊直後の放電の初期ではエネルギー密度が高い状態であることが想像されています。これは、放電痕の大きさはパルス幅とともに徐々に大きくなると考えると、理解しやすくなります。放電の初期は、電流は矩形波状に数十Aまで立ち上がりますが、放電痕の大きさは小さな状態です。このとき、単位面積当たりのエネルギー密度を考えると非常に高くなり、カーボン膜もダメージを受けてしまう「熱的な状況」となります。

要点BOX

- ●水系加工液ではカーボン膜が付かない
- ●ワイヤ電極は+でなく−極と設定する
- ●放電の初期は放電痕面積が小さい

ワイヤ放電加工での極性設定

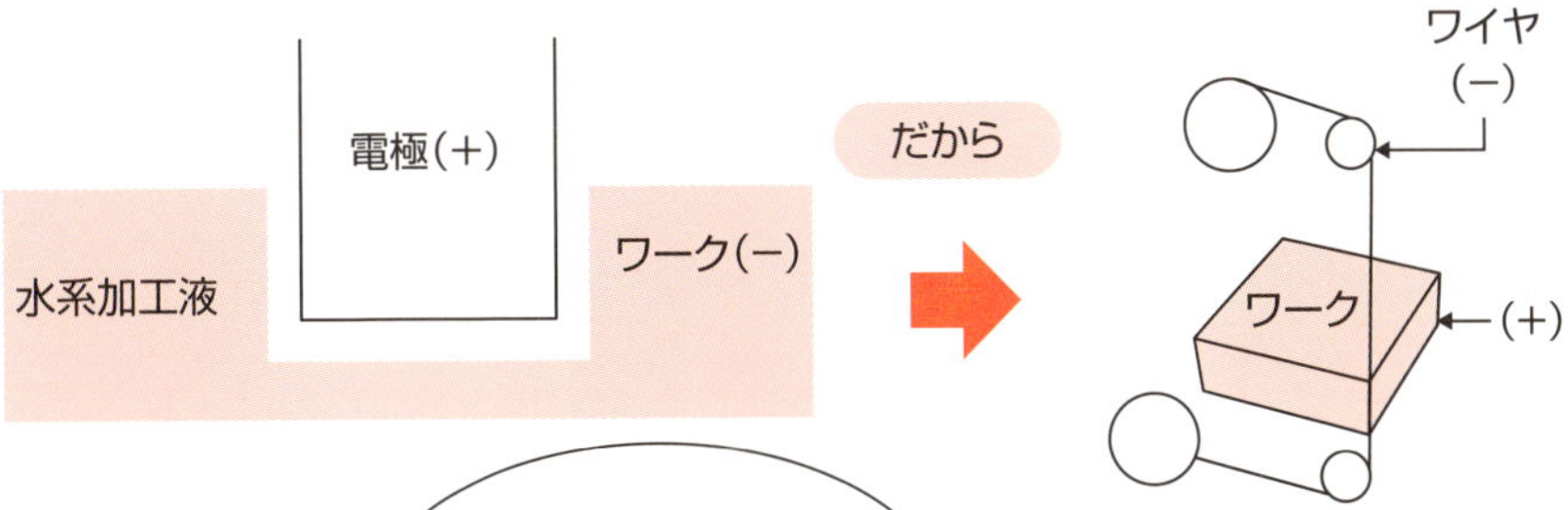

電極(+)
水系加工液
ワーク(−)
だから
ワイヤ
(−)
ワーク
(+)

ワイヤ放電加工では
ワイヤが(−)
ワークが(+)

パルス幅が長くても
カーボン膜は付かないよ

油中でも放電の初期は必ず消耗

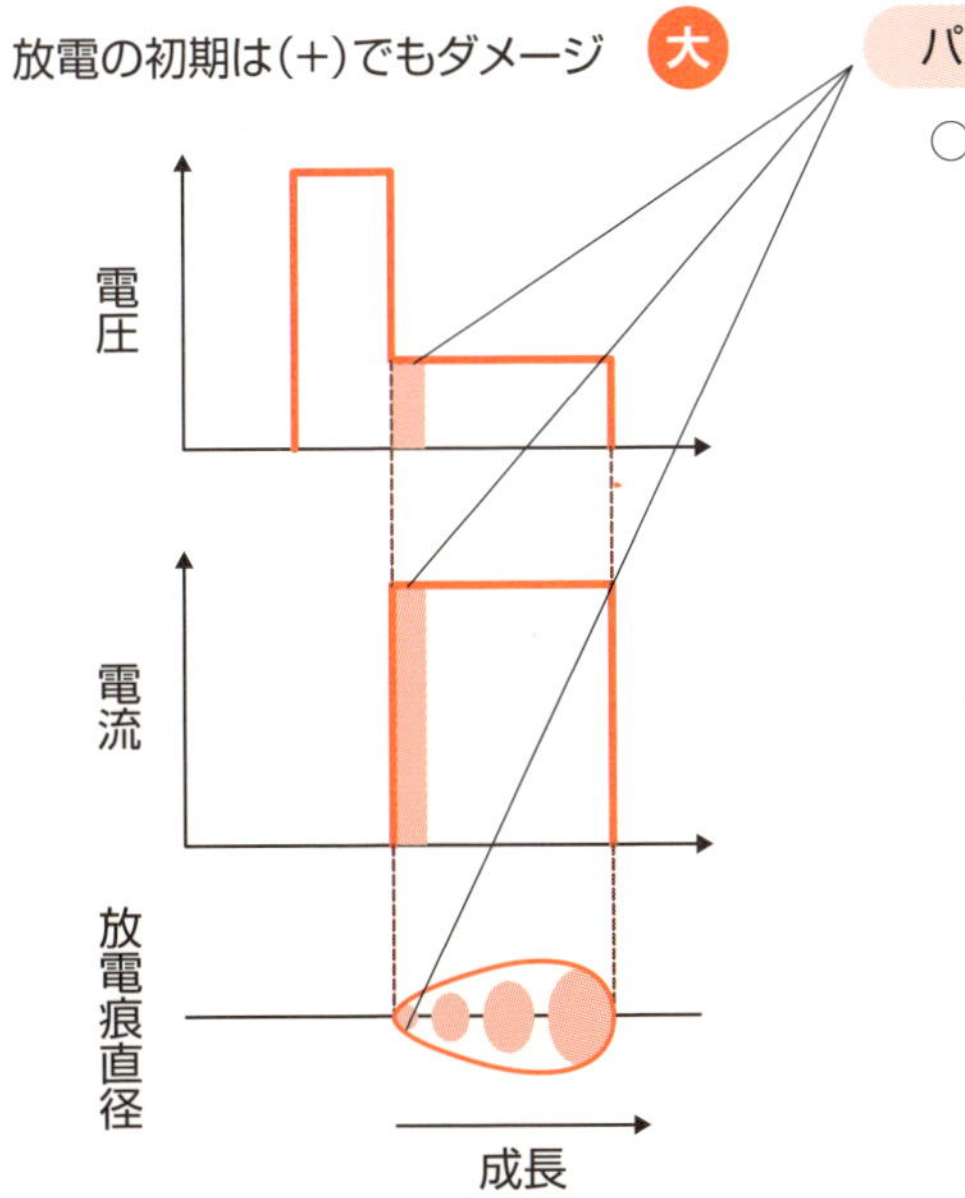

放電の初期は(+)でもダメージ 大
パルス初期は
○放電痕が小さいのに大電流が流れる
エネルギ密度が 大
カーボン膜でも消耗
電圧
電流
放電痕直径
成長

パルス幅が長くてもパルスの初期では少し消耗するよ

パルスの後半にはカーボン膜の生成が発生するので、これらの繰り返しで電極消耗が決定される。

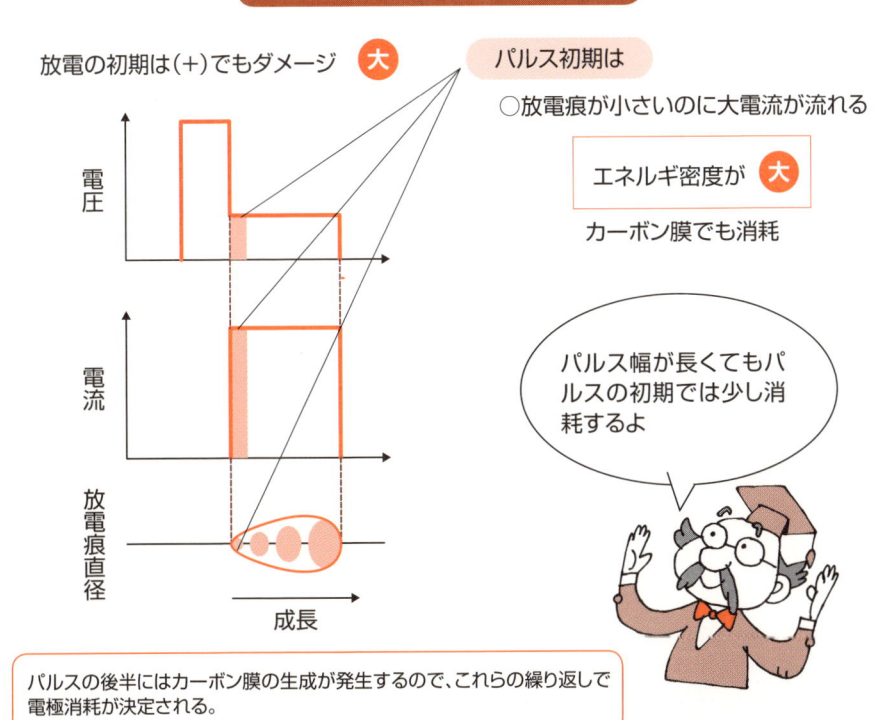

32 低電極消耗を実現させるための工夫

「スロープコントロール回路」の開発

放電の発生初期においては、エネルギー密度が高くなり、電極が少なからず消耗する状況となります。トランジスタ放電回路が開発された初期においては、このような現象により電極消耗が比較的大きく、その結果加工精度がよくないという問題がありました。それ以前のコンデンサ放電回路では、電流波形は放物線状に変化し電流が徐々に増大するため、放電初期のエネルギー密度の増大に起因する電極消耗は発生していませんでした。

そこで、トランジスタ放電回路において、放電初期に発生する電極消耗の対策として「スロープコントロール回路」が開発されました「注⑤」。これは、電流の立ち上がり時を矩形波状に急峻に立ち上がるのではなく、並列接続されたトランジスタのスイッチングを順次変更することにより、徐々に電流値が大きくなるように電流波形を制御する手法です。

放電初期の放電痕直径が小さなときには、電流値を小さくしてエネルギー密度を抑えることで、電極の消耗が格段に小さくなりました。このような電流波形制御により本格的な精密加工が可能になりました。最近では、放電が終了する電流の立ち下がり時も、徐々に電流値を小さくする波形など各種電流波形が提案されています。

また、最近のトランジスタ放電回路では、並列に挿入されたトランジスタのスイッチの数で電流値を制御するのではなく、1つのトランジスタだけで電流値を制御する手法も開発されています。放電電流の値をモニタリングして、ある電流値以上になるとトランジスタのスイッチをOFFにします。このままでは放電が終了しますが、わずかの時間で再びスイッチをONにすると放電が途切れる前に再度電流が流れ始めます。高速にトランジスタをスイッチングすることで、一定電流が流れているような放電回路となります。回路の構造が簡単になり、コスト面で有利です。

要点BOX

- 初期には電極消耗が比較的大きかった
- 回路の構造が簡単になりコスト面で有利に
- 各種電流波形が提案されている

コンデンサ回路

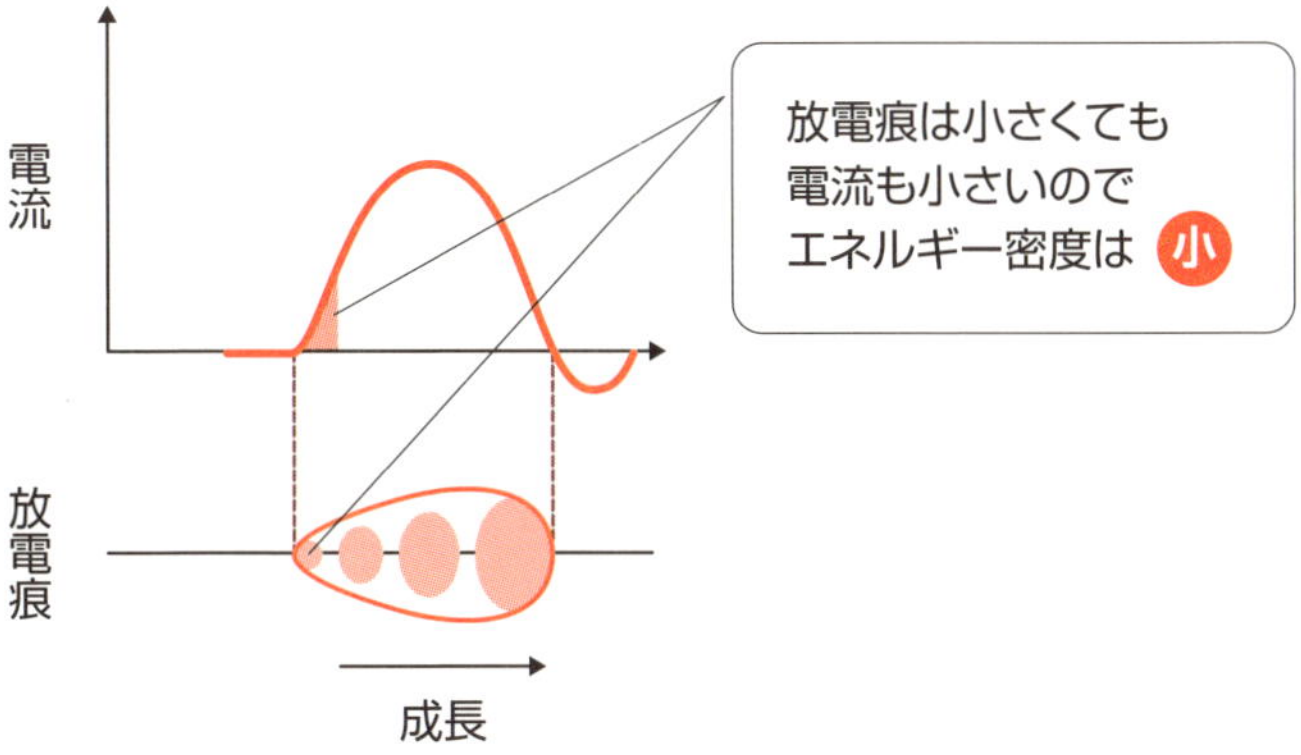

スロープコントロール回路

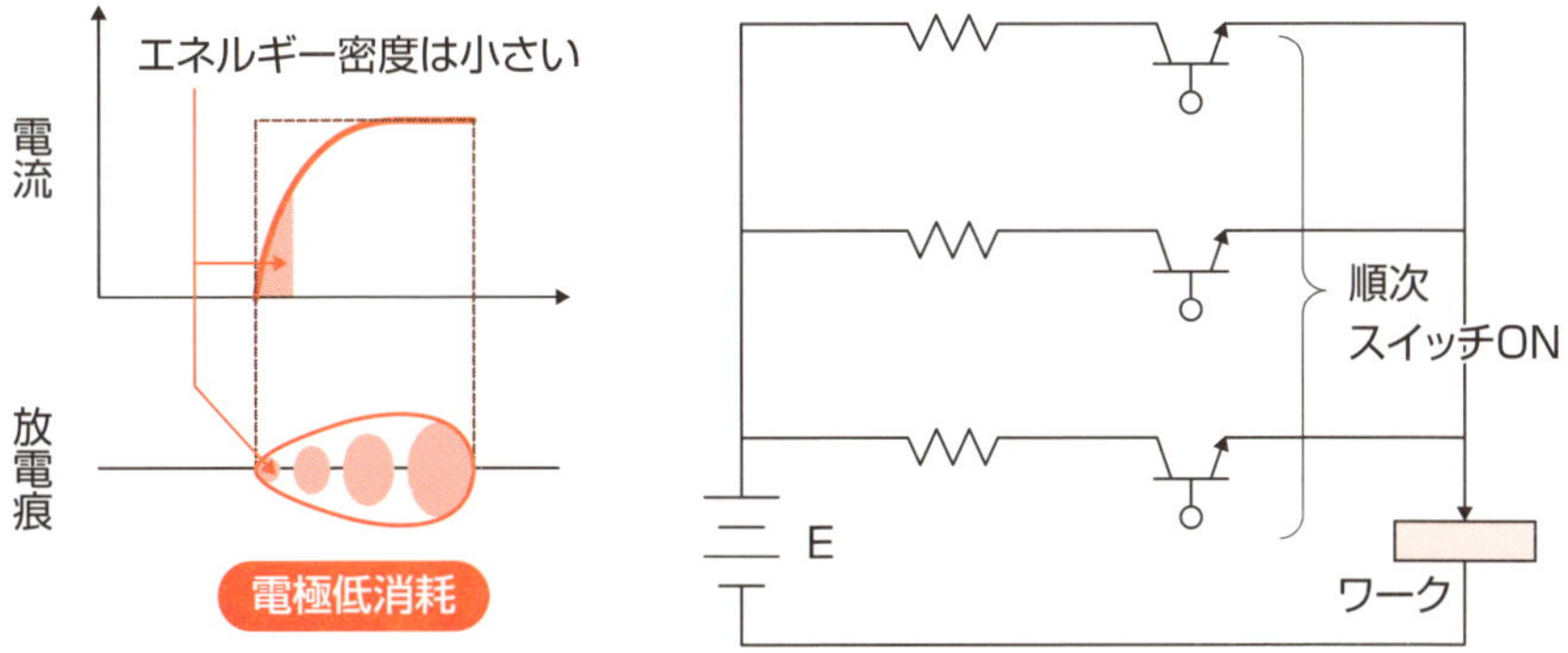

各種電流波形が可能

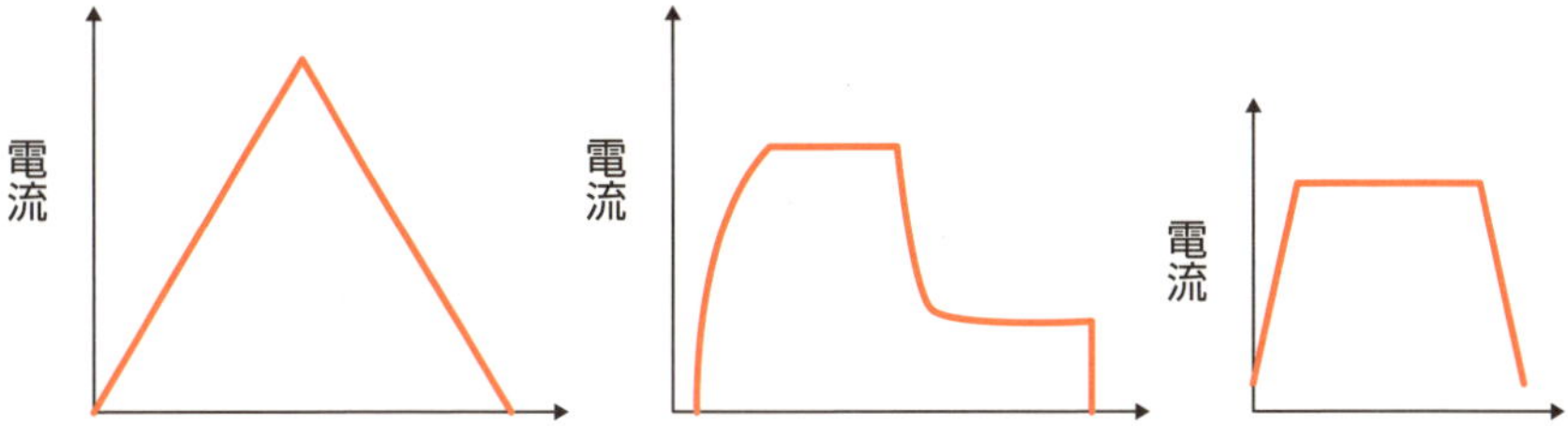

さまざまな電流波形が提案されている

注⑤:H.E. De Bruyn、Slope control、a great improvement in spark erosion、Annals of the CIRP、16, 1, pp.183-191 (1967)

33 加工面積と加工面品質の関係

電極の面積効果

形彫り放電加工は、直径100μ程度以下の細穴加工から、自動車のボンネット程度の金型加工までその大きさは多岐に渡ります。では、放電条件が同じであれば加工面積が異なっても同様な加工面品質が得られるのでしょうか。実は、経験的に加工面品質は変化することが知られています。特に、加工面積が大きくなると仕上げ条件で加工しても、加工面粗さが面積の小さい時に比較して悪化する傾向にあります。最近の加工機では、10㎜角程度の電極面積であれば、仕上げ条件を適切に選択すれば、加工面が光沢をなす鏡面加工に近い加工面を得ることが可能となっています。ところが、同じ加工条件でも100㎜角程度以上の面積になると、鏡面を得ることは難しくなります。

　このような違いの理由をあきらかとするために、ある加工実験が行われました「注⑥」。大きな電極の側面から鼻を突き出したような面積の小さな部位がある一体電極を製作し、仕上げ加工時の放電波形が観察されました。その結果、B部では設定した微小なエネルギーの放電でしたが、A部では設定した微小エネルギーの放電よりも大きなエネルギーの放電が発生していました。仕上げ条件になると、放電エネルギーが小さくなるため、電極と工作物は荒加工時よりも極間距離が狭くなります。つまり、より近づかないと放電が発生しにくくなるのです。

　極間が狭く電極面積が大きい場合は、対向する工作物との間で、あたかもコンデンサを形成し、電荷をため込む状態になっていると考えられます。電荷がある程度貯まり、エネルギーが大きくなると、何らかのきっかけで放電が発生し、そのときは貯め込んだエネルギーが一気に放出されるため、仕上げ加工条件ではなく、より大きなエネルギーの放電となります。そのため、形成される放電痕は大きくなり、面粗さは悪化することになるのです。

要点BOX

- 加工面積が大きくなると仕上げ条件で加工しても加工面品質は悪くなる
- その理由を明らかにした実験

加工面積で仕上げ粗さが変化する

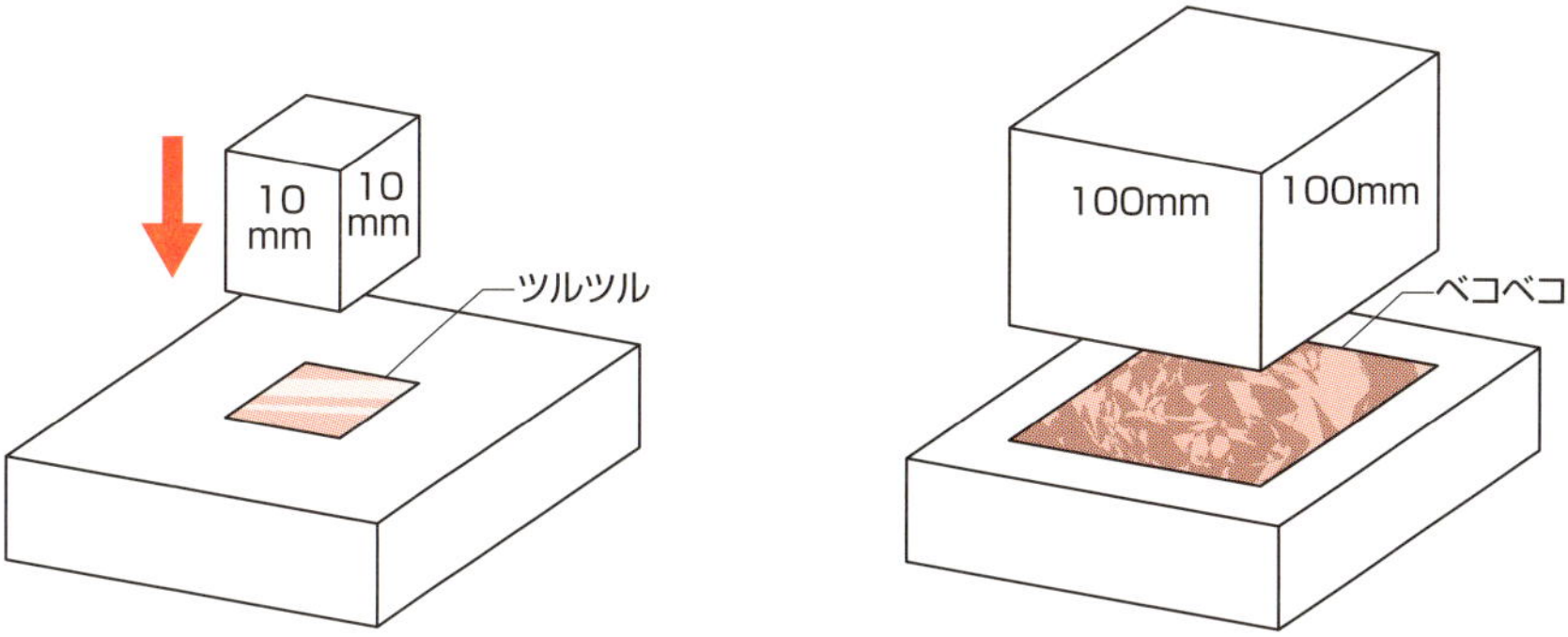

仕上げ加工で
鏡面も可能

なぜ?

仕上げ加工でも
鏡面は難しい

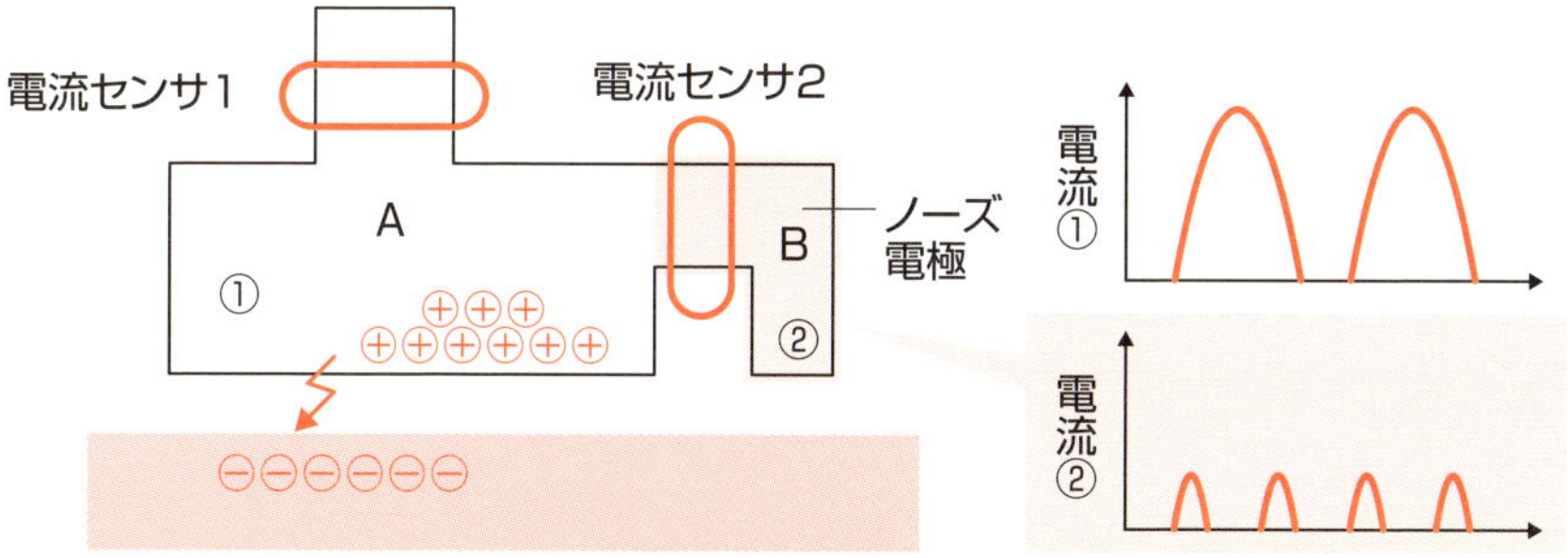

面積が大きいと電極と工作物が
コンデンサを形成してしまう

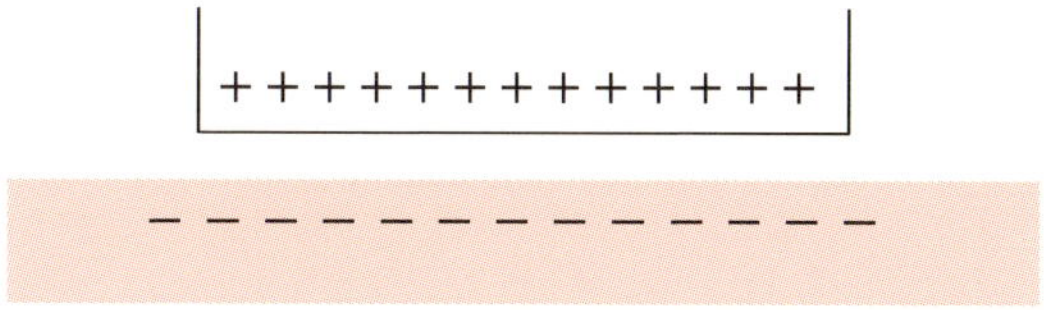

電極面積が大きくなると、仕上げ条件であっても加工面粗さが悪化することがあるので注意が必要。

注⑥:吉原 修ほか、大面積仕上放電加工、TOYOTA Technical Review、41, 1, pp.97-105 (1995)

34 オシロスコープによる放電波形の観察

極間で生じている加工現象を計測

放電加工は、液中において電極と工作物間でパルス放電が連続することで加工が進行しています。極間は数μと狭く、個々の放電時間も数十μsec程度と短いため、極間で生じている加工現象を直接観察することは簡単ではありません。

そこで、極間の放電電圧と放電電流を「オシロスコープを用いて計測する手法」が用いられてきました。

オシロスコープは、極短時間の電圧信号の変化を計測できる装置であり、2つあるいは4つの信号を同時に計測できる装置が一般的です。電圧信号の変化を画面に表示するだけの「アナログオシロスコープ」と、電圧の時間変化をデジタルデータとして保存できる「デジタルオシロスコープ」の2種類があります。

放電加工のように放電の発生や短絡など、放電波形が一定でない場合はデジタルオシロスコープを用いて計測すると、極間で発生している放電現象が理解しやすくなります。

オシロスコープには、周波数帯域という仕様があり、その周波数が高いほど高速な信号変化も正確に計測することができます。形彫り放電加工の現象を計測するのであれば１００MHz帯域程度以上あれば多くの放電条件に対応可能です。ただし、極短パルスの微細加工や、ワイヤ放電加工の現象を計測する場合はより周波数帯域の高い５００MHz程度あった方が安心です。ただ、帯域の低い20MHz程度のオシロスコープでも、おおよその放電現象は十分に計測可能です。

放電電圧は、電極と工作物に計測プローブを接続しますが、放電電流は電流センサを用いて計測します。電流センサは非接触のタイプが扱いやすく、給電線をセンサに通して計測します。電流センサはリング状のコアにコイルが巻かれており、給電線に電流が流れるとコイルに電圧信号が発生する現象を利用しています。非接触のため、放電電流に影響することなく正確に計測することが可能となっています。

要点BOX

- 極短時間の電圧信号の変化を計測
- 2～4つの信号を同時に計測できる
- 周波数帯域という仕様がある

短間隙・短時間の現象観察は難しい

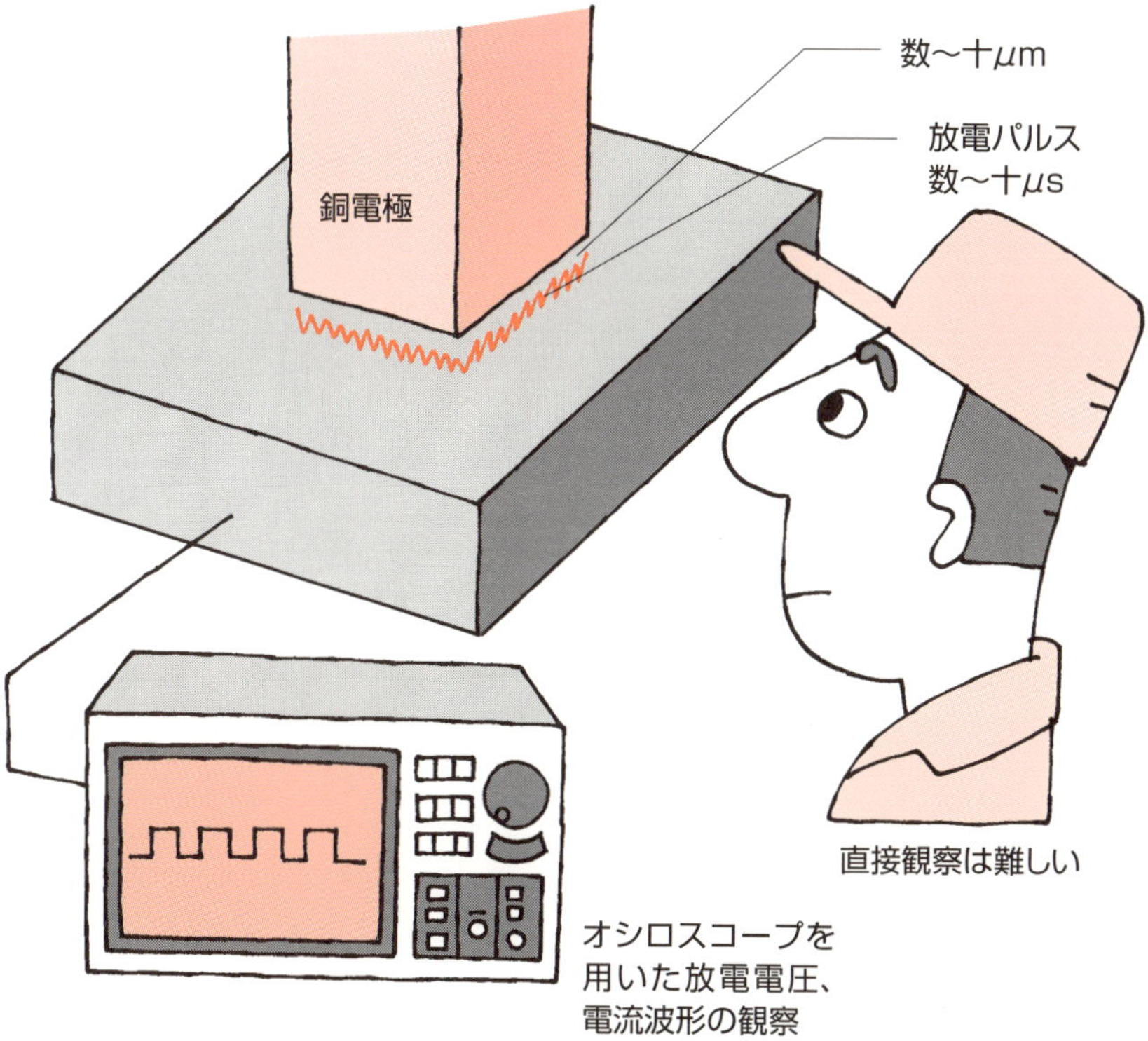

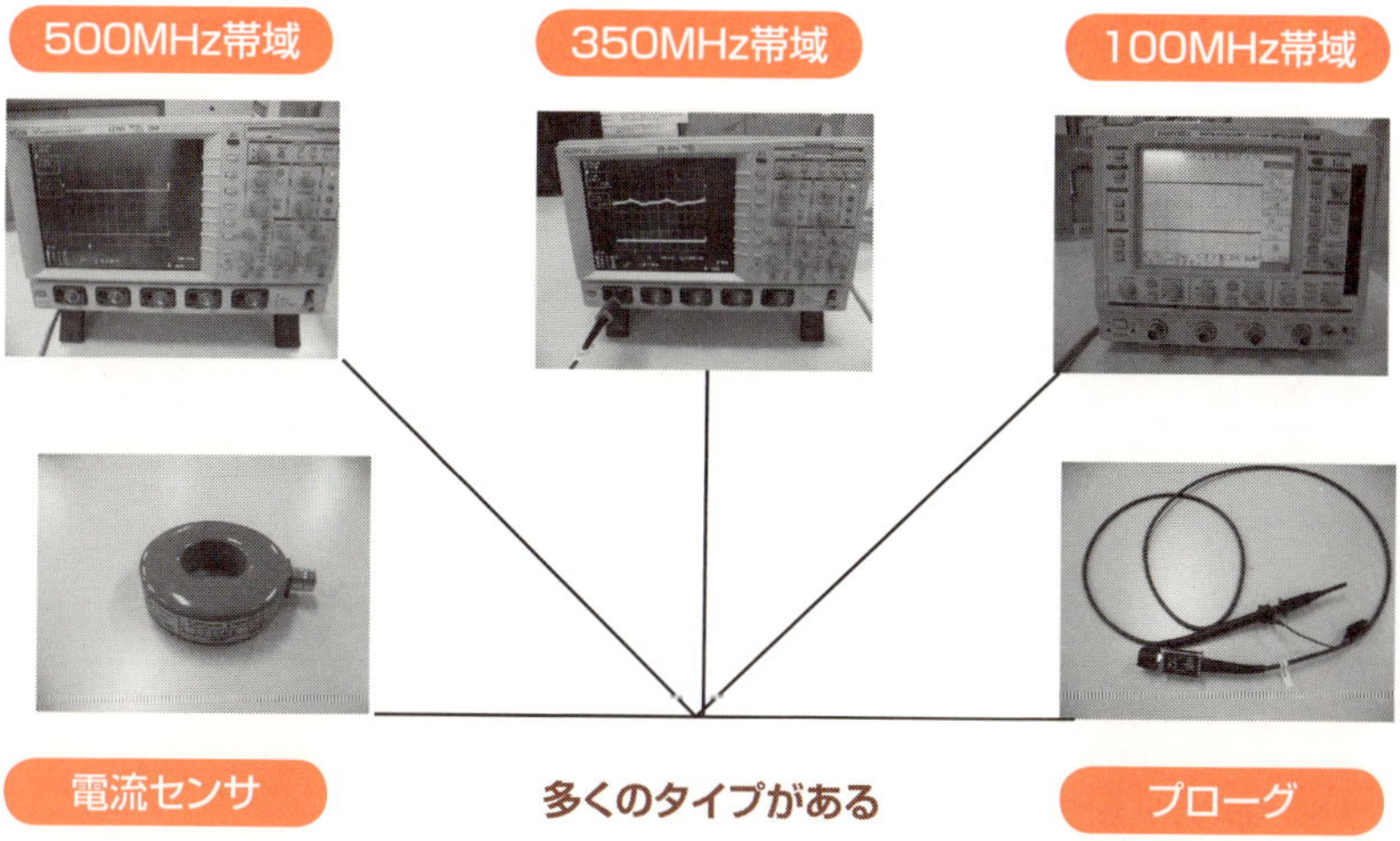

35 放電が不安定状態になる要因

加工粉の排出がうまくいかないことが主因

放電加工において、加工が安定して進行しない、電極が大きな上下動を繰り返し加工が進まないなど放電状態が不安定になることがあります。この放電の不安定状態というものはどのような状態なのか、極間ではどのような現象が生じているのか、その要因を含めてまとめてみます。

放電の不安定状態は、リブ形状などの加工で加工深さが深くなると頻繁にみられるようになります。あるいは、細穴加工でも穴直径に対して10倍程度以上の加工深さになると発生しやすくなります。この主要因として、加工粉の排出がうまくいかないことがあげられます。放電加工では、放電が連続して発生するために電極のサーボ制御が行われています。工作物が除去された分、電極を送り込み、適切な極間距離に保ち、加工が連続的に進行するための制御です。

これとは別に、放電条件では電極のジャンプ動作を指定する場合が一般的です。電極のジャンプ動作は、たとえば1秒間に1～2回、電極を数㎜程度引き上げる動作になります。このジャンプ動作により、極間にとどまっていた加工粉を極間の外に排出させ、きれいな加工液を極間に導き入れることを狙っています。ジャンプ動作を付与しないと、極間に加工粉がとどまってしまい、加工粉への放電が生じてしまうなど予期せぬ放電が発生します。

加工深さが深くなると、この通常のジャンプ動作だけでは加工粉を十分に排出することができなくなるため、放電状態が不安定になります。さらに、加工粉が工作物の表面まで排出される間に、電極の側面で放電が発生してしまうこともあり、側面クリアランスの増大要因にもなります。そのため、加工深さが深くなる場合は、通常のジャンプ動作よりも引き上げ距離を大きく設定する、電極の揺動加工を行い、側面クリアランスを大きくして加工粉の排出をよくするなどの対処がなされています。

要点BOX

- 加工距離が深くなると加工粉の排出がうまくいかない
- 加工粉の排出をよくするなどの対処方法

放電の不安定状態が発生

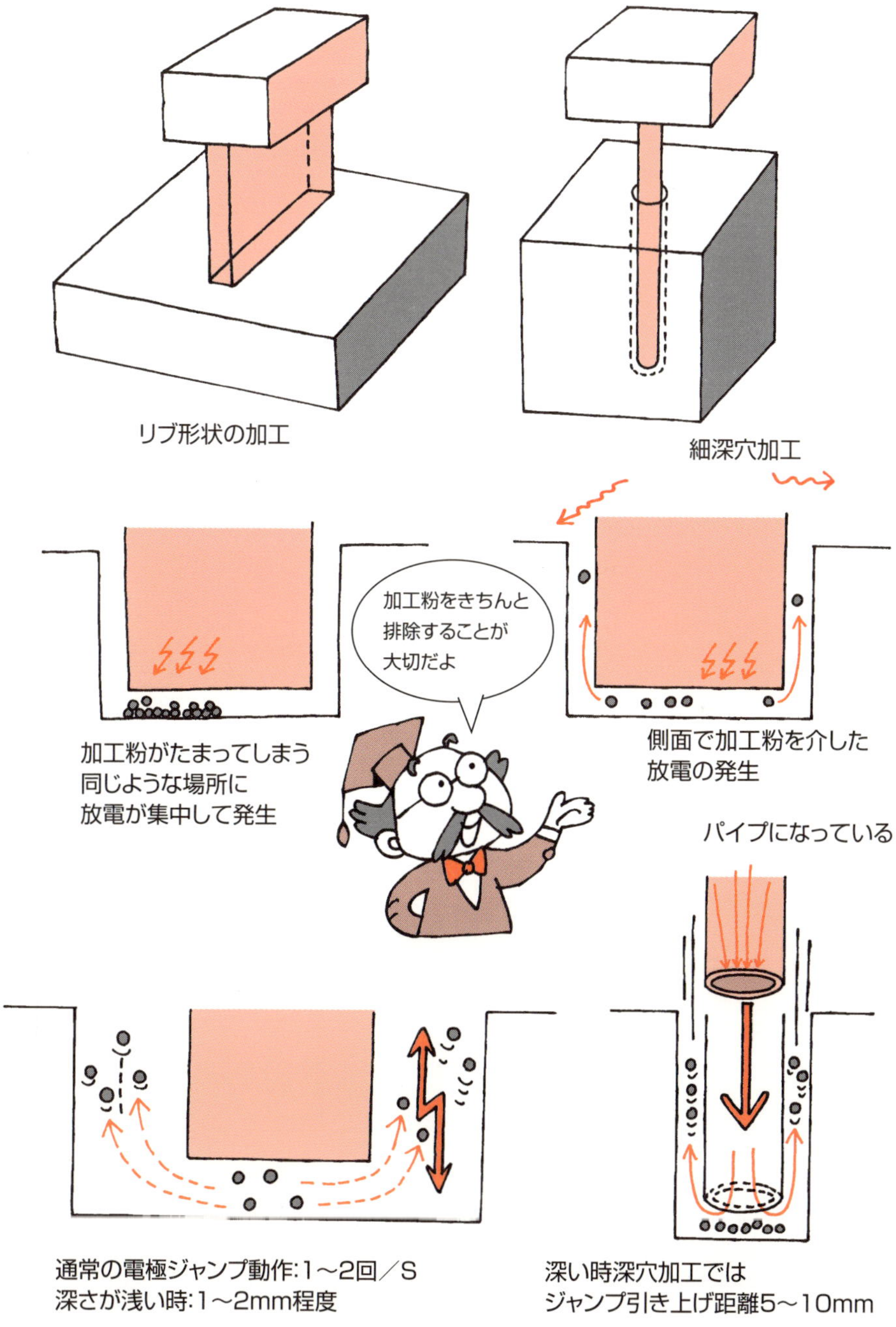
リブ形状の加工
細深穴加工
加工粉をきちんと
排除することが
大切だよ
加工粉がたまってしまう
同じような場所に
放電が集中して発生
側面で加工粉を介した
放電の発生
パイプになっている
通常の電極ジャンプ動作:1～2回／S
深さが浅い時:1～2mm程度
深い時深穴加工では
ジャンプ引き上げ距離5～10mm

36 放電の不安定状態を解消する電極の揺動運動

2次元揺動加工と3次元揺動加工がある

深穴加工などで発生する放電の不安定状態を解消するためには、電極の揺動運動が有効ですが、ここでは揺動運動やその効果について説明します。

電極の揺動運動とは、加工深さ方向の軸に垂直な平面上に電極を動かす2次元揺動加工と、送り方向も含めた3次元的に電極を動かす3次元揺動加工の2つに大きく分けられます。揺動加工の目的はいくつかありますが、1つは加工深さが深くなった際の加工粉の排出をよくするため、もう1つは角部や頂点部などエッジ部の形状をシャープに仕上げるためです。ただし、揺動パターンによっては角部形状が丸くなるなどの注意も必要です。

2次元揺動では、電極を水平面上に円運動や四角運動させながら、Z方向に加工が進行します。たとえば角9㎜の電極で加工する場合に、半径0・5㎜の円運動を指定した場合の加工形状を考えてみます。このとき、電極の各部位が半径0・5㎜の円運動を行っていて、結果として角9㎜の電極で片側0・5㎜太った形状に加工されます。電極は常に円運動をしているため、片側には1㎜の隙間が生じ、そのため加工粉の排出が良好になります。

ただし、角部も円運動を行うため、半径0・5㎜のR形状に仕上がります。もしもピン角が必要な場合は、寄せ幅0・5㎜の四角運動を指定します。円運動や四角運動の他にも、電極の揺動軌跡は各メーカにより各種準備されており、四角形の四隅に向かって動く揺動、あるいは3次元的に半球形状に動く揺動などさまざまあります。必要であればNCの動きを外部から入力し、独自の揺動パターンで加工することも可能です。3次元揺動パターンは種類も少ないので、独自の動きを必要とする場合には有効です。

揺動加工の場合、揺動した結果である電極の包絡体形状プラス放電ギャップが加工される形状となるので、それらを見こした電極の準備が必要となります。

要点BOX

- ●加工深さが深い時の加工粉の排出をよくする
- ●角部や頂点部などエッジ部の形状をシャープに仕上げる

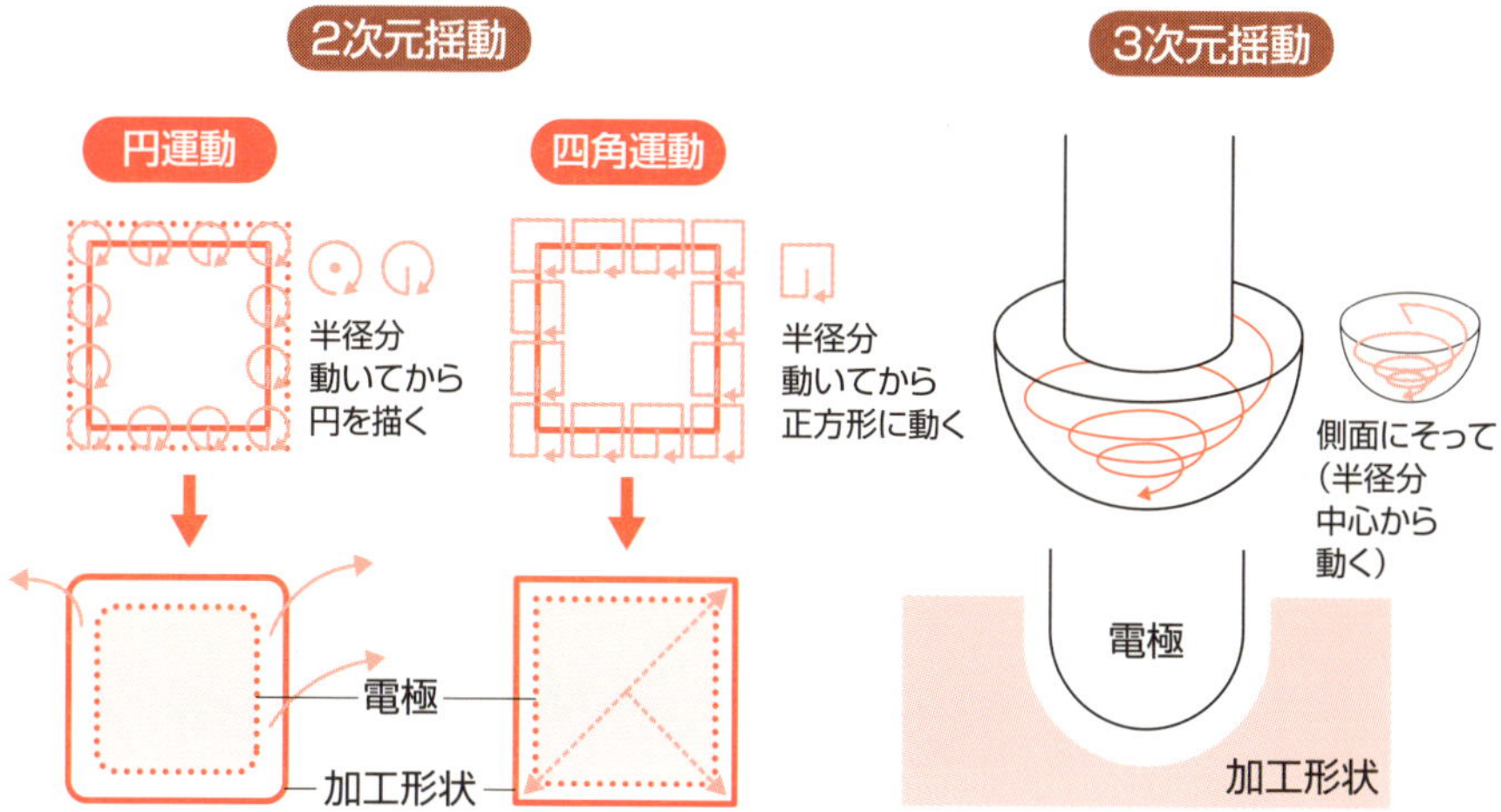

○加工粉の排出が良好
○ピン角をシャープに仕上げる揺動パターン有り

ただし形状精度を高めるには

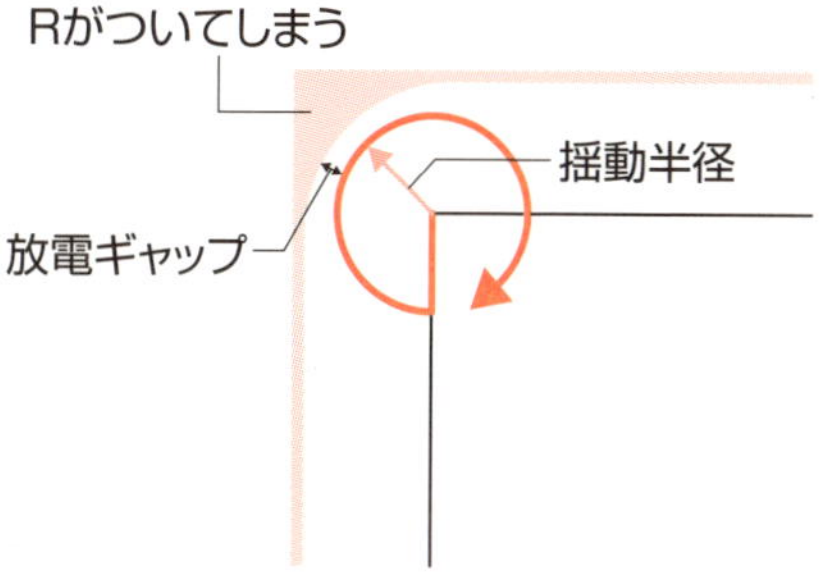

2次元揺動の場合は比較的容易だが、3次元揺動の場合は、CADを用いたシミュレーションが必要になるかもしれない。

37 放電発生位置の観察で試みられた手法

放電の発生位置

放電加工では、その多くの場合において放電の発生状態を直接観察することは困難です。形彫り放電加工であれば極間の横方向から観察しても、電極内部（奥側）で発生する放電は直接見ることはできません。ワイヤ放電加工でも、薄板を加工しないかぎり内部の状態はわかりません。

ここでは、これまでに放電発生位置の観察で試みられた手法や、その結果について紹介します。

①ガラス容器中において、薄い板状の電極を横長の状態に配置し、ガラス容器の側面から高速度ビデオカメラで放電の位置を観察するものです。

電極の奥行きは無視して、左右方向に移動する1次元的な放電位置の観察です。観察の結果、放電は1発1発がバラバラな位置で発生するのではなく、あるひと固まりの領域でまとまって放電が発生し、その固まりが左右に移動することが観察されました。このひと固まりが「放電圏」と呼ばれるものです。

②2次元的な放電の発生位置を観察する手法です。「分割給電法」と呼ばれ、現東京大学国枝正典教授のグループにより考案されています「注⑦」。

観察原理は、抵抗体電極であるグラファイトの平板電極を用い、4つに分けられた給電線を、電極の四側面に固定します。それぞれの給電線に電流センサを設置し、それぞれの給電線に流れた電流を測定できるようにします。放電が電極のある位置で発生すると、グラファイト電極が抵抗体であるため、それぞれの給電位置からの距離に比例して4つの電流センサの値が変化します。その変化の状態を、事前に取得しておいた校正値と比較することで放電発生位置が把握できます。加工中にリアルタイムで放電の発生位置を把握することは難しいのですが、放電波形を記録しておき、解析することにより、放電圏が2次元平面上をどのように移動しているのかなどが明らかとなった観察手法です。

要点BOX

●放電の発生状態を直接観察できない
●「放電圏」と呼ばれる領域
●「分割給電法」と呼ばれる手法

放電発生位置の観察は難しい

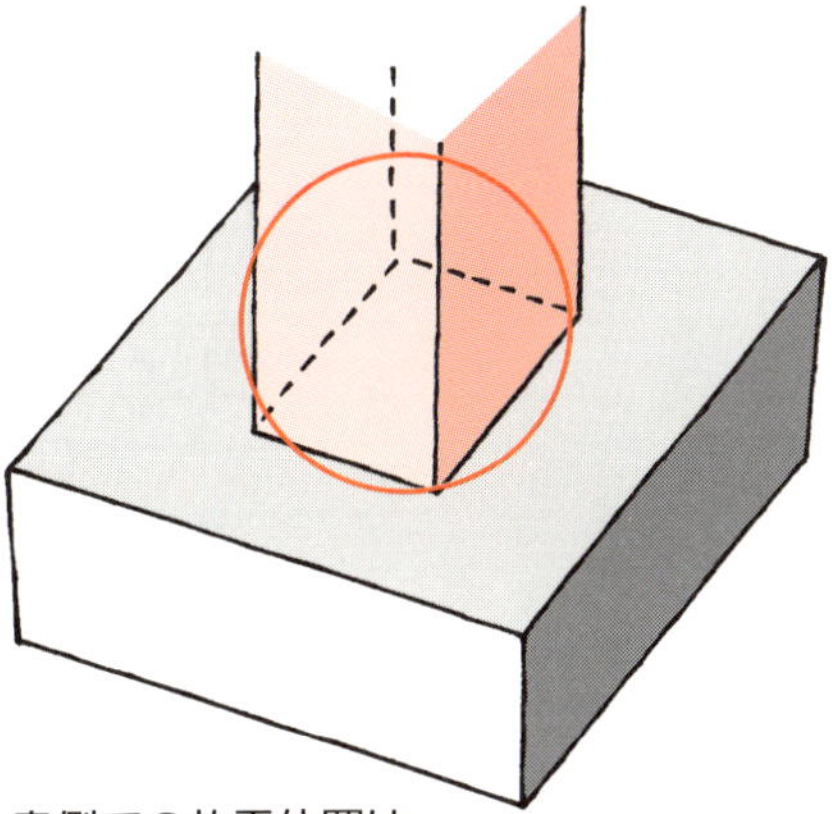

奥側での放電位置は
わからない

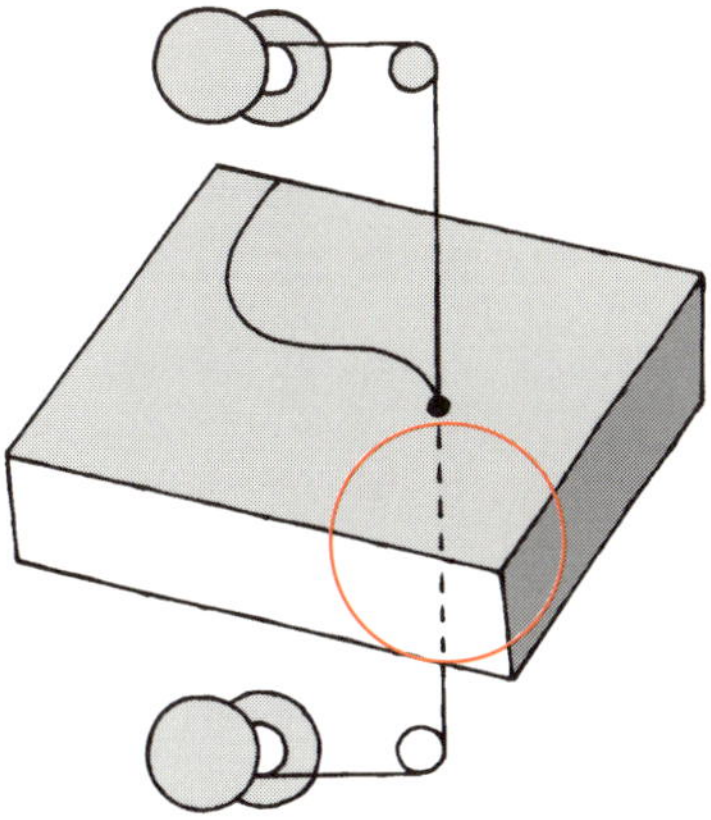

板の中の状態はわからない

どこで放電が発生しているのか？

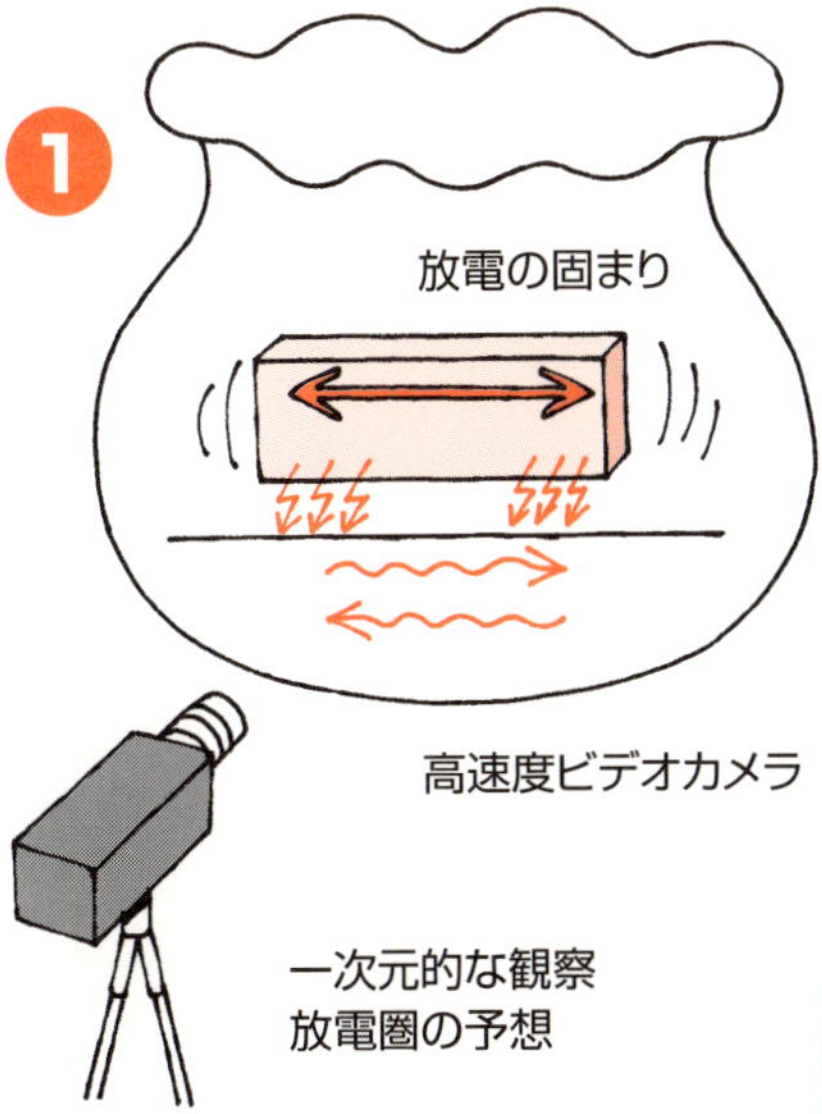

放電の固まり（放電圏）が左右
に移動

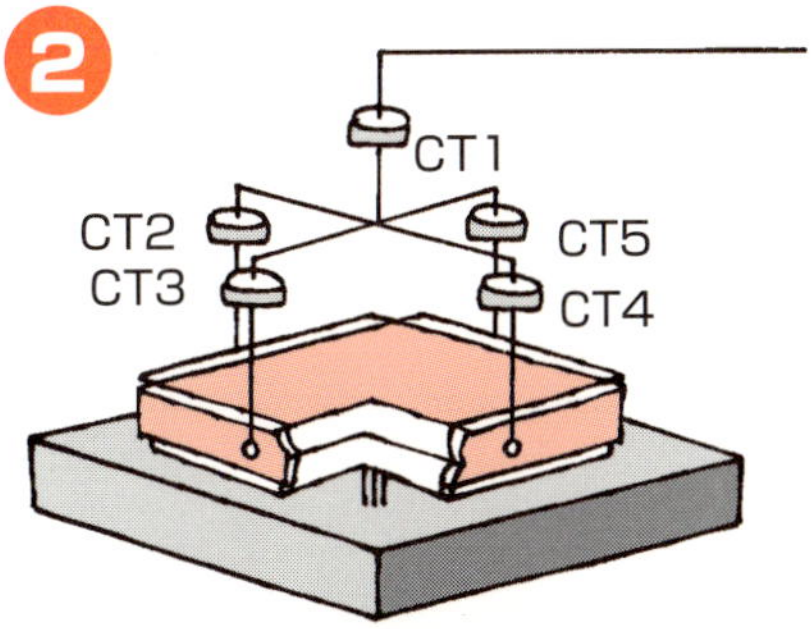

放電圏が2次元的に加工面全
体を移動

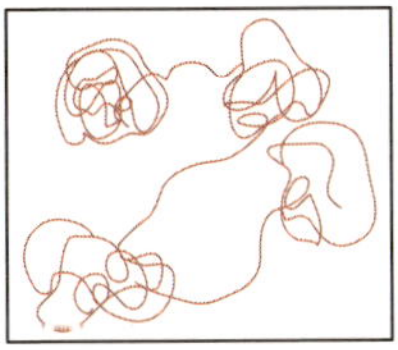

2次元的な発生位置

注⑦:本谷真芳ほか、電極上の電位差測定によるEDM放電点の検出、精密工学会誌、Vol.58, No.11, pp.73-78 (1992)

38 放電痕が連なった放電面に形成される加工変質層（白層）

加工面品質の悪化の要因

放電が発生した工作物の表面では材料が溶融し、その一部が加工液の飛散作用や溶融部自身の突沸現象により飛散します。形成された放電痕の周囲には、飛散する際に盛り上がった溶融部の溶け残りが残留します。また、放電痕の底部においてもすべての溶融部が飛散するわけではなく、一部は残留して再凝固層となります。再凝固層の下層には、溶融するにはいたりませんが温度上昇が発生しており、熱影響層として観察されます。

このような放電痕が連なった放電面では、最表面に溶融再凝固層が形成されており、放電加工ではこの層のことを「加工変質層」あるいは「白層」と呼んでいます。加工変質層は一度溶融した金属が、加工液により急冷され再凝固した組織となるため、一般的には引張りの表面応力が残留します。表面の組織同士が引張り合うため、その応力を解放しようとして一部にクラックが生じてしまいます。この表面クラックは、硬度の低下や腐食の起点になるなど加工面品質の悪化の要因となります。

また、溶融再凝固層は鉄鋼系材料の場合、油系加工液の熱分解カーボンと反応して炭化物を形成し、硬度の高い組織となります。分析によれば、マルテンサイトや残留オーステナイト組織が確認されています。白層の下層にある熱影響層も焼き入れ硬化層となっており、形彫り放電加工した鋼材表面は硬度が高くなります。その深さの領域は、表面粗さの2倍程度の深さまでは影響があることが報告されています。

一方、脱イオン水を加工液とするワイヤ放電加工でも加工変質層は観察されます。油の熱分解カーボンとの反応はないため、表面硬度は軟化する傾向にあります。また、脱イオン水を介してわずかながらも電界作用が生じるため、陽極酸化反応が工作物表面に発生します。これは、いわゆる錆の初期状態で、放っておくと腐食は拡大してしまいます。

要点BOX

- ●表面クラックは硬度の低下や腐食の起点になる
- ●形彫り放電加工では表面クラックの除去
- ●ワイヤ放電加工では表面軟化層の除去

放電痕

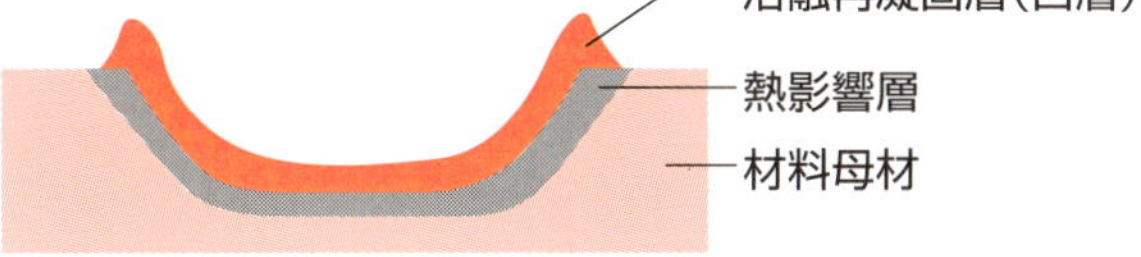

連続加工面

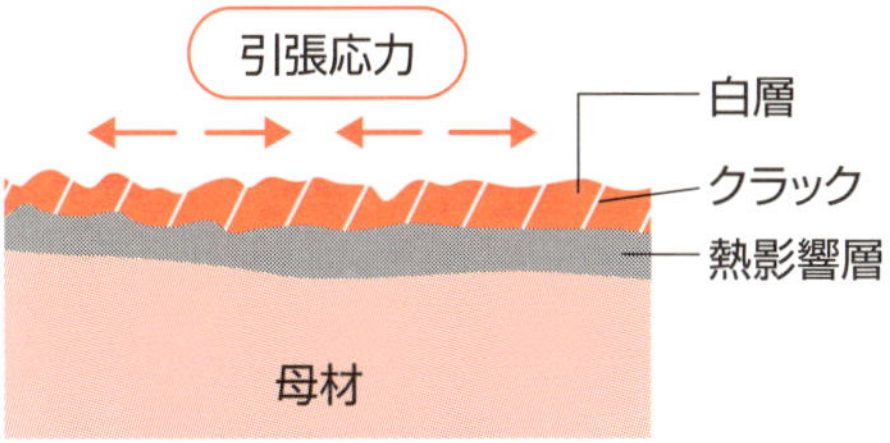

形彫り（油中）

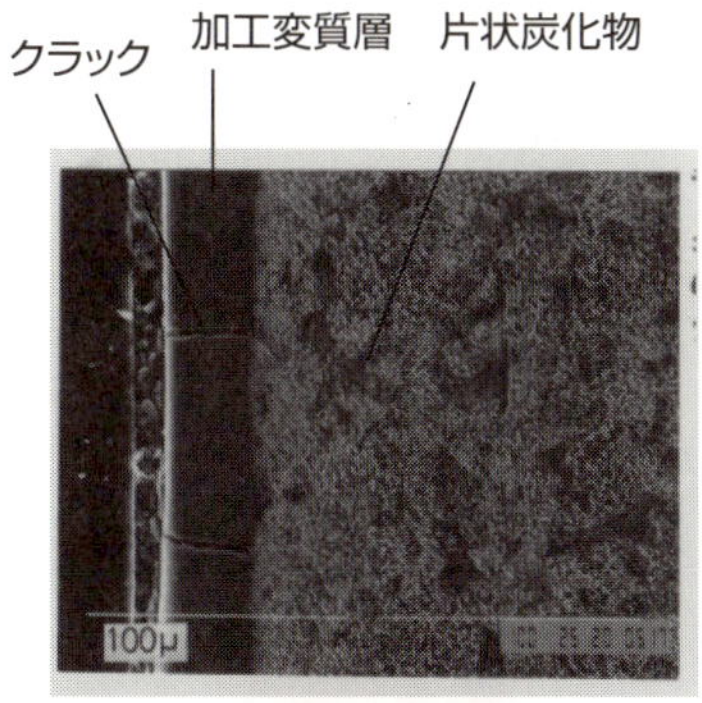

形彫り

（写真提供：九州工業大学、日原政彦客員教授）

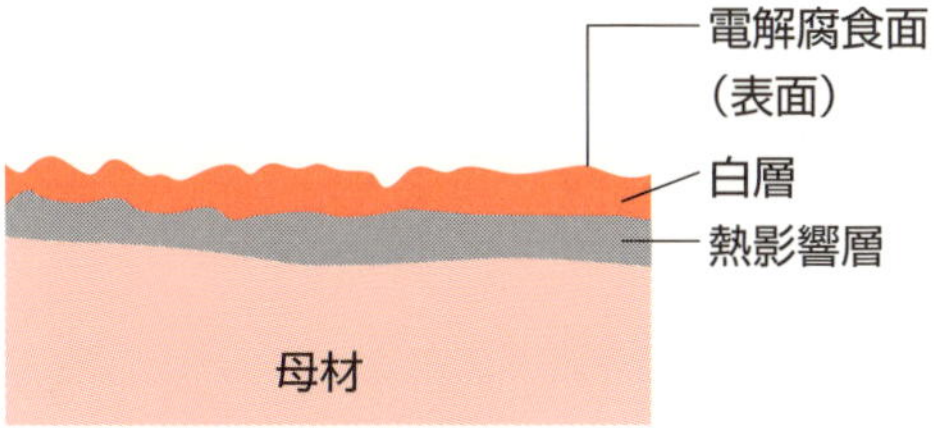

ワイヤ（水中）

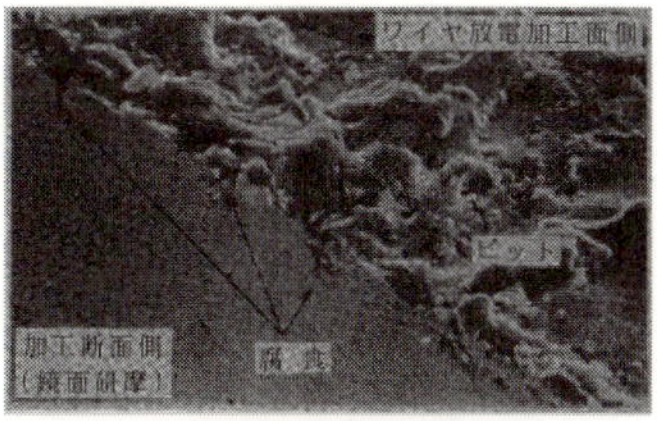

ワイヤ

（写真提供：九州工業大学、日原政彦客員教授）

形彫り放電加工では表面クラックの除去、ワイヤ放電加工では表面軟化層の除去と、研削加工や磨き工程などで加工変質層の除去が必要となる。

39

加工液による加工品質の違い

加工法によって異なる加工液

　形彫り放電加工では油系の加工液が、ワイヤ放電加工では脱イオン水を用いた加工が一般的です。これは、水系の加工液では概して加工速度は速いのですが、電極消耗や放電クリアランスが大きいことに起因します。ただし、ワイヤ放電加工においては、ICのリードフレーム金型の加工など、より加工精度の高い要望が多くなり、最近では油加工液によるワイヤ放電加工機も各メーカより市販されています。

　また、形彫り放電加工においても過去には無人運転が可能なことや、加工速度が早い点を優先し、水系加工液を用いたタイプが市販されていましたが、やはり加工精度の面で問題があり、最近では多くのタイプで油系加工液が用いられています。

　ところで、加工精度や加工速度のほかに脱イオン水中で加工を行うワイヤ放電加工では、加工面の品質が問題視されてきました。これは、適当な極間距離で放電が安定的に発生するように、脱イオン水の比抵抗を100kΩcm程度以下に設定していますが、わずかながら漏れ電流が流れてしまい、工作物の加工面に電解作用が生じてしまうことです。一般的な加工対象である鉄鋼材料の場合、電解作用の発生は加工面に錆が生じていると同じ状況となり、加工後に研削加工や、ショットピーニングなどで除去する場合もあります。さらに、脱イオン水の比抵抗もイオン交換樹脂により一定に制御していますが、加工粉の濃度などによっても変動してしまいます。そのため、電解作用をゼロにすることは難しい課題でした。

　しかし、放電回路の改良によりワイヤ電極をマイナス、工作物をプラスの単一極性の加工ではなく、1パルスごとに極性を入れ換える両極性回路が開発され、見かけ上は無電解加工が可能となっています。加工速度が若干犠牲になることがあるかもしれませんが、それよりも加工面品質の向上が優先され、多くのメーカで両極性回路が採用されています。

要点BOX

- 形彫り放電加工では油系の加工液
- ワイヤ放電加工では脱イオン水
- 多くのメーカで両極性回路を採用

一般的な加工液

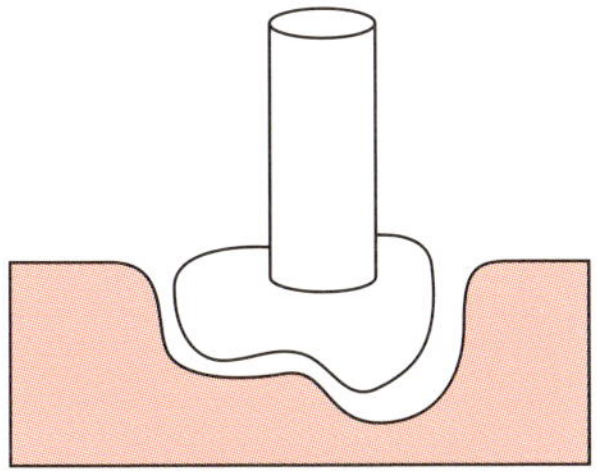

形彫り(油)

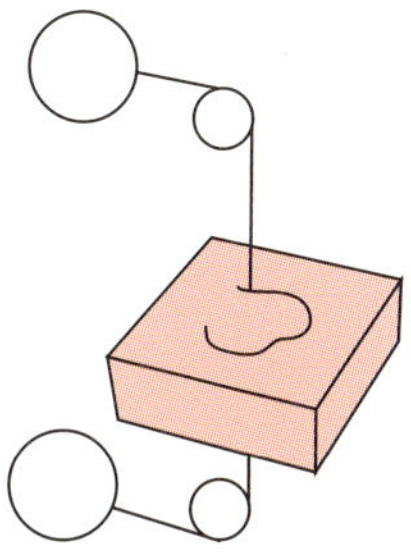

ワイヤ(水)

一般的なイメージ図

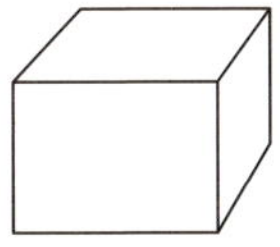

両方水分に浸っている

最近のワイヤ放電加工では油加工液も普及(精度要求が高くなったため)

刃先の拡大

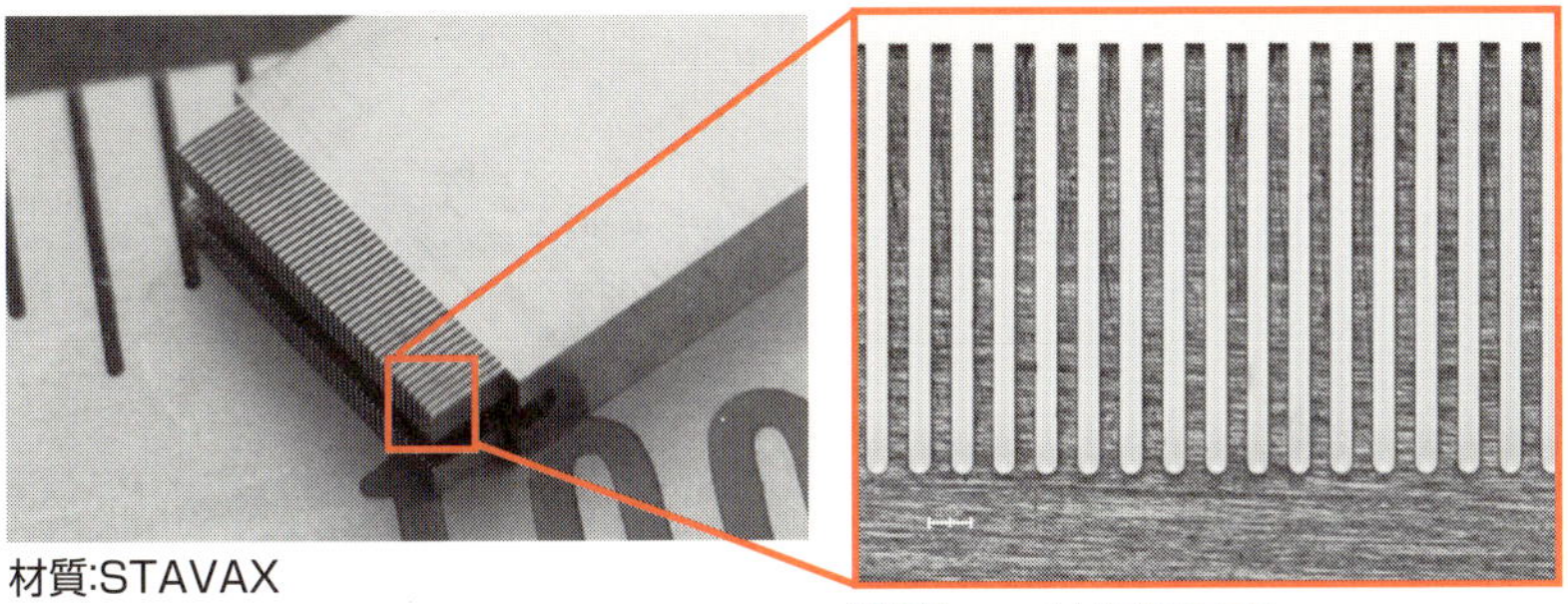

材質:STAVAX

歯長1mm × 歯幅0.05mm
ピッチ0.1mm

(写真提供:(株)ソディック)

水加工液の課題点

単極性回路では電解作用が発生　　両極性パルスで電解作用なし

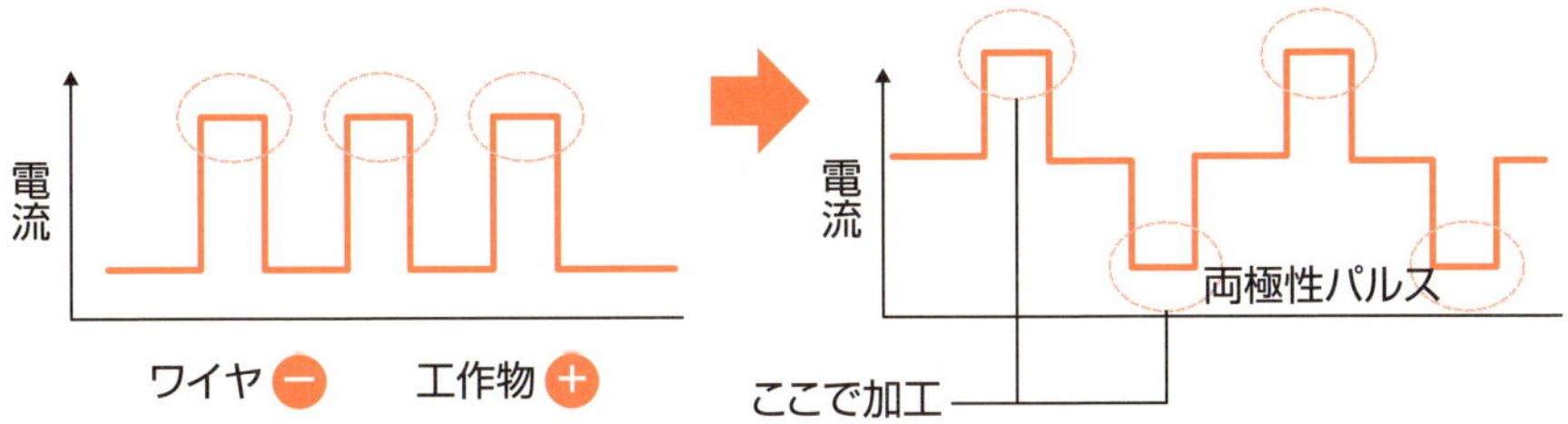

両極性パルスではイオンが極間を移動するだけ

40 ワイヤ放電加工における切り残しと切り離し

難しい切り残し部位の扱い

ワイヤ放電加工では、板状工作物から形状を切り抜くことを得意としていますが、その際、切り離した内側（パンチ側）を加工品として使用するのか、切り離した外側（ダイ側）を利用するのかで、ワイヤの走行経路が異なります。最近の放電加工機では、2次元CAD図面を入力すると、パンチ側、ダイ側を選択することにより、ワイヤ経路であるNCデータを出力できる仕様のものが多くなっています。

古くは、APT（Automatically Programmed Tools）と呼ばれるNCテープ出力装置を用いて、ワイヤ経路のプログラムを作成していました。その場合、ワイヤのオフセット量やその方向など、作業者がそのつど指示する必要があったようですが、最近ではCADデータを用いることで非常に作業が楽になっています。

それでも、加工する形状により作業者のノウハウ、あるいはNCデータ作成時のノウハウが必要となる場合はいまだに残ります。もっとも問題となるのが3dtカット、4thカットのような仕上げ加工を行う場合、板材から切り離さずに一部を未加工の状態で保持させておくことが必要となる状況です。このときの、切り残しの位置やその長さによっては、切り離した部材が傾いたり、振動が発生し、加工精度が悪化する要因となります。また、仕上げ加工後に切り残し部位を最終的に切り離す加工を行いますが、そのまま切り離すと加工部位が板材の下方に落ちてしまい、最悪の場合、ワイヤ駆動部と干渉し、駆動部位の破損にいたることがあります。そのため、切り残し部の切断前に、加工部品を母材の板材に固定することが必要になります。マグネットバーを利用したり、加工溝に詰め物をするなど多くのノウハウがあります。

薄板材料であればそれほど気にする必要はありませんが、厚板からの切り出しの場合は、切り残し部の切り離し方で形状精度が大きく変化してしまうことはよくあります。

要点BOX

- ワイヤ放電加工は形状を切り抜くことが得意
- 切り離した部材の傾きや振動の発生は加工精度が悪化する要因

パンチ利用

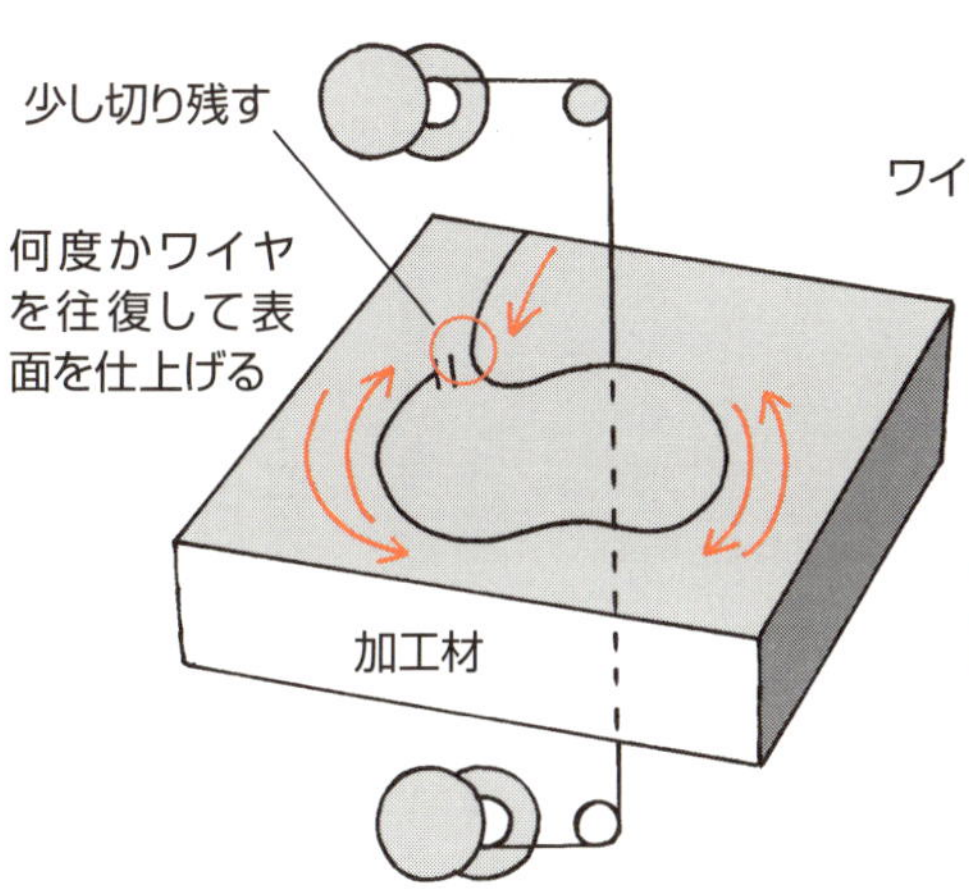

ダイ利用

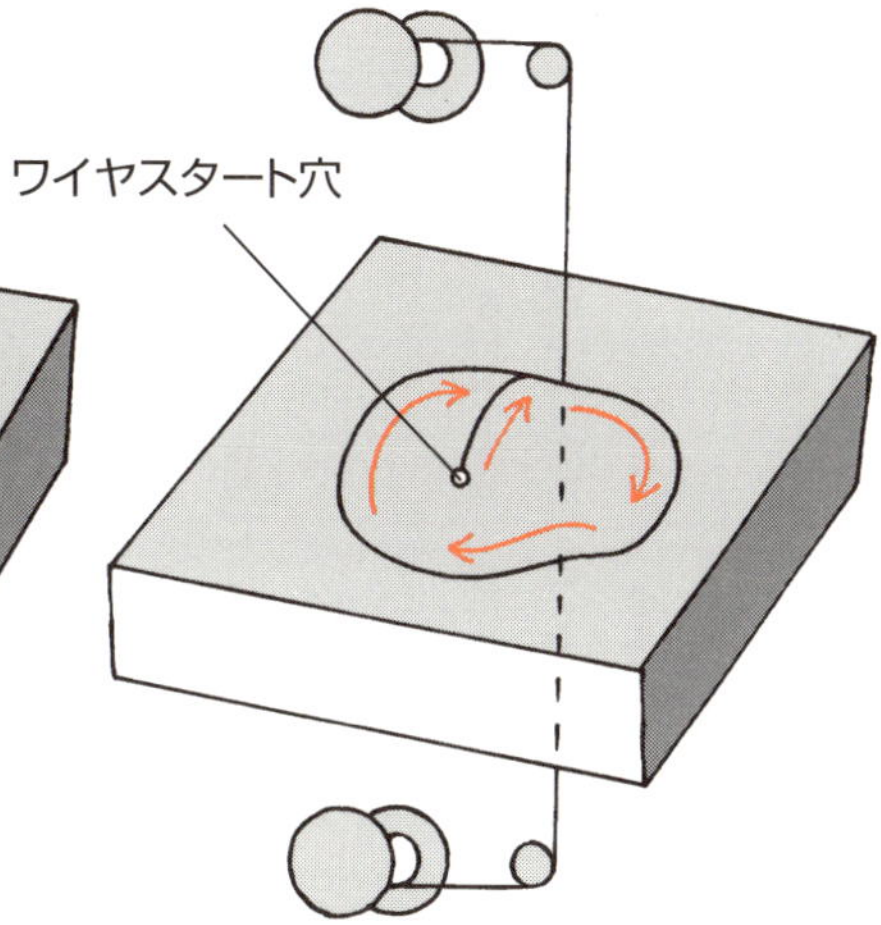

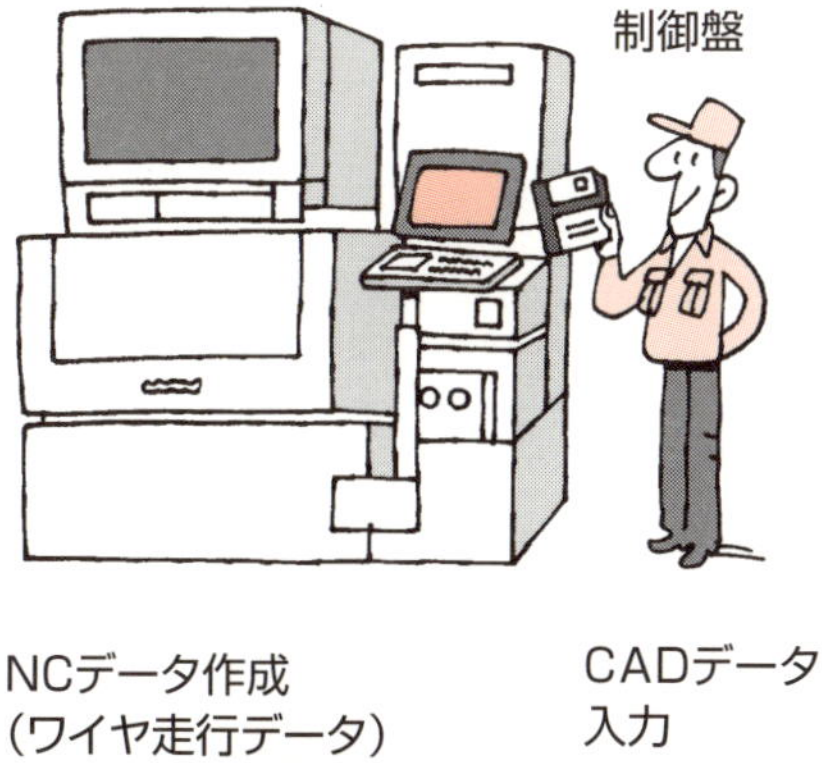

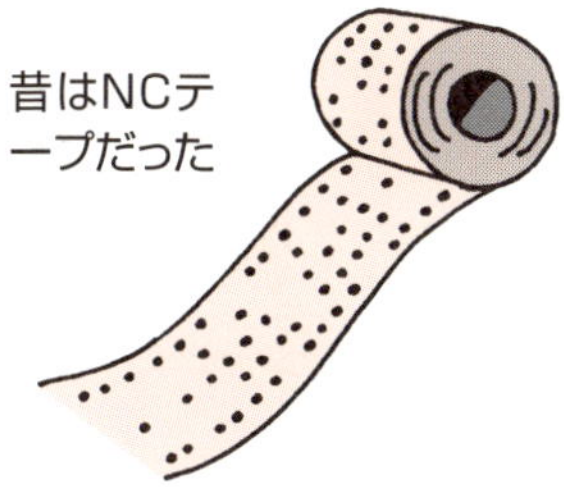

ダイ加工例

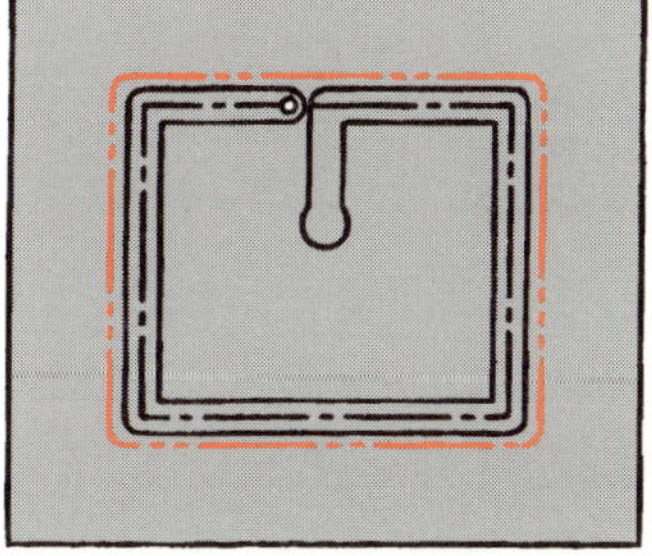

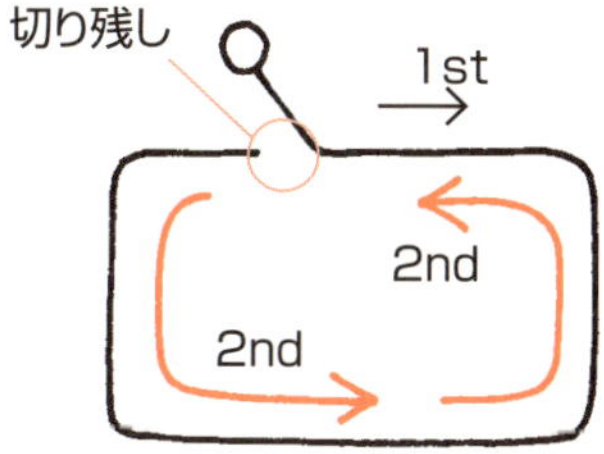

41 電極と工作物の自動交換と各種位置決め治具

放電加工でも利用できる各種治具が必要

放電加工は、微細精密加工以外は比較的加工時間が長くかかります。時には数時間から十数時間かかる場合もあります。

油系加工液を用いる形彫り放電加工では、無人運転はできませんが、ワイヤ放電加工は水系加工液を用いているため長時間の無人運転が可能です。休日前の仕事終わりに加工機をセットし、休日明けまで連続して加工を行うことがあります。その場合、いくつかの工作物を自動で交換する、あるいはＮＣテーブル上にいくつものワークをセットしておく必要があります。

マシニングセンタなどでは、加工工程に従い工具を自動交換する装置が付いるタイプが多いですが、放電加工でも長時間連続加工に対応するための工作物、あるいは電極の自動交換装置が用意されています。

ワイヤ放電加工の場合は、工作物の自動交換が主となりますが、細穴放電加工機の場合は電極消耗が激しいため、電極の自動交換装置が必要となります。工業的には細穴になればなるほど、流量を確保するために穴数を多く加工する必要があります。１つの工作物に対して数十穴を加工することも珍しくはありません。そのため、４００～５００㎜程度ある細穴用電極でも、消耗の結果、交換が必要になります。

電極や工作物の自動交換装置の他に、小物の部品の一部にワイヤ放電加工で追加工を行う場合など、小物の工作物を保持する治具が必要となります。あるいは、形彫り放電加工においても、電極に対する水平や垂直の位置合わせをする治具を用いると、加工の段取りが格段に容易になる場合があります。切削加工や研削加工と組み合わせた工作物の仕上げにおいては、各加工行程で同一となる加工基準が必要であり、放電加工でも利用できる各種治具が必要です。最近では、ワイヤ放電加工において工作物を回転・割り出しするためのＣ軸の活用も増えています。

要点BOX

- ●形彫り放電加工は無人運転できない
- ●ワイヤ放電加工は長時間の無人運転が可能
- ●C軸の活用も増えている

放電加工で用いる各種治具

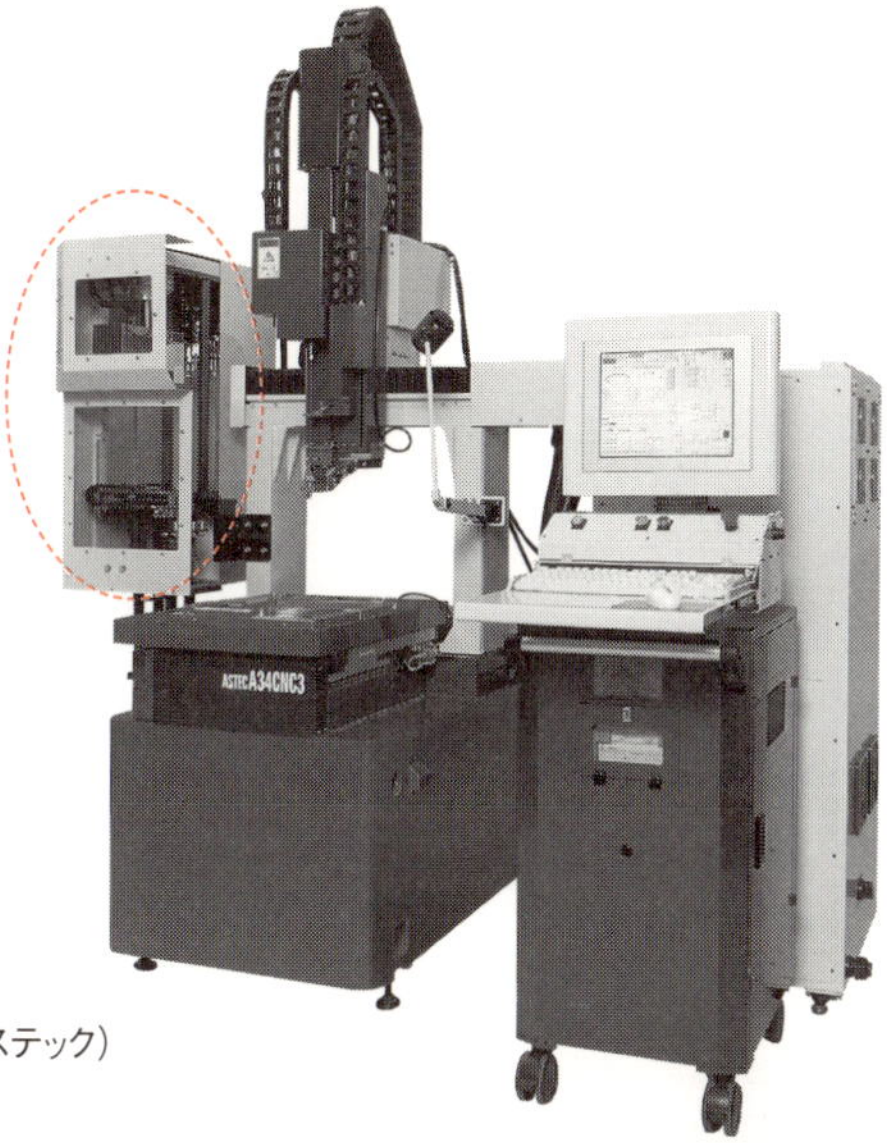

細穴放電加工機に電極交換装置が付属した外観

（写真提供:㈱アステック）

ワイヤ放電加工用で用いられる位置決め装置

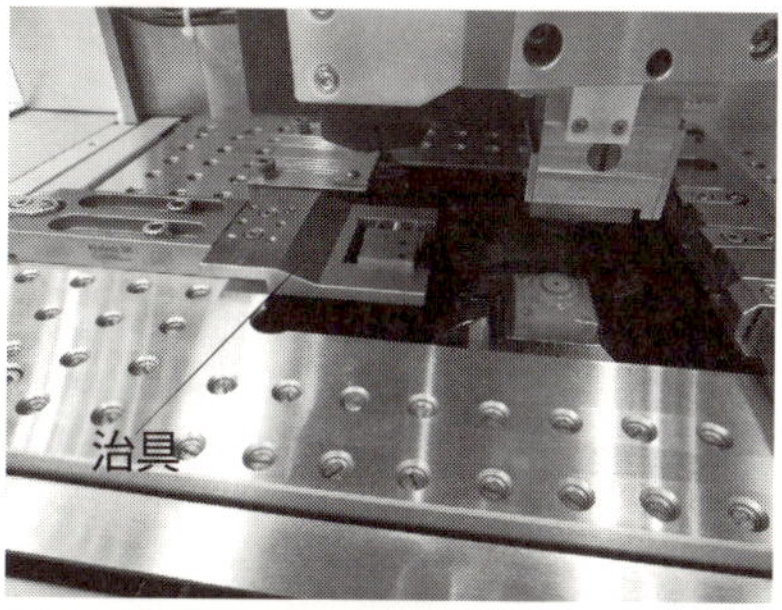

ワイヤ放電加工用の治具

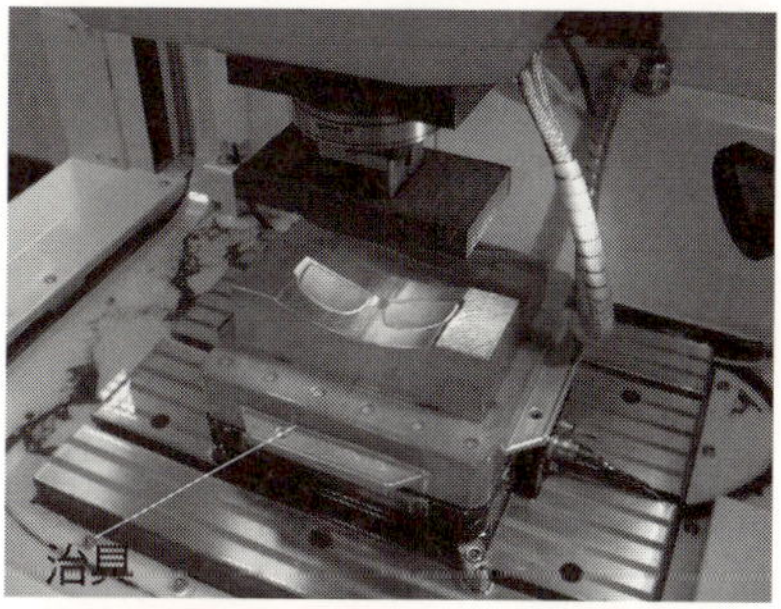

形彫り放電加工用で用いられる位置決め装置

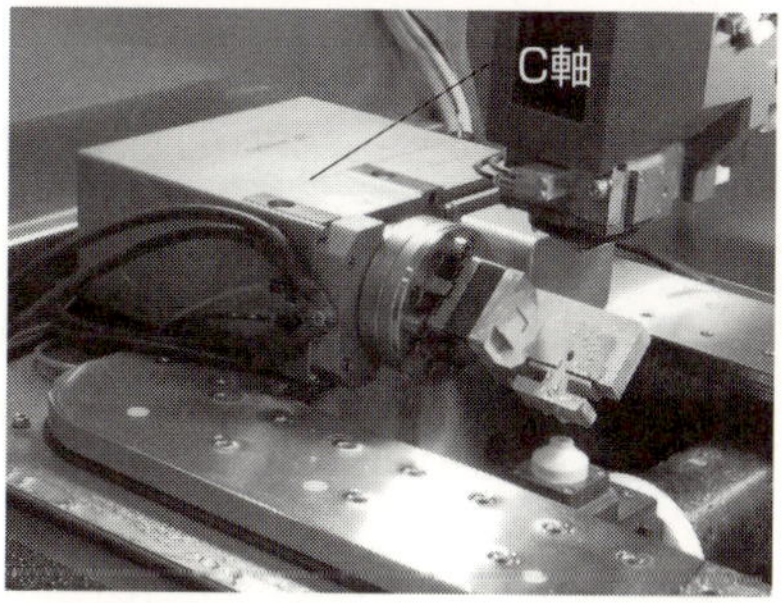

ワイヤ放電加工用C軸（ワーク回転）装置

（写真提供:システム・スリーアール日本㈱）

Column

放電加工に不可能はない？

放電加工は、電気の通る材料しか加工できないという常識が、絶縁性セラミックスの加工により覆りました。

あるいは、圧粉体電極を用いた放電表面処理により堆積加工、今はやりの言葉を使えば、3Dプリンタと同様、「Additive Manufacturing」も可能となり、除去加工しかできないという常識は覆りました。

このように、当初の常識がいくつも覆される加工法は珍しいのではないでしょうか。その理由は、実はまだまだ放電加工の加工現象そのものが完全に解明されていないからと思われます。

すべての加工現象、加工プロセスが解明されていれば、あとはシミュレーションや解析を駆使すれば、「所詮できることはこの程度」と自ら限界を悟ることは意外と容易なことです。

ところが、放電加工はいかんせん私を含め多くの技術者、研究者もよくわからないことが多いのです。

極短いパルス現象が、極狭い極間で、それも加工液の中で、高温高圧状態になる複雑な現象の重ね合わせで加工が進行しており、すべてをひっくるめて理解することは一筋縄《ひとすじなわ》にはいきません。

そのため、これまでわからなかった現象や手法が見つかれば、従来の常識などいとも簡単に覆ります。そのような意味では、放電加工に不可能はないのかもしれません。

この先も、放電加工における非常識が大いに見つかることを期待していますし、その一翼を担えるように携わっていきたいと思っています。言い換えれば、未発見のお宝がゴロゴロ埋まっている加工法ですので、新規研究者の皆さんにもチャンスはあると思います。

是非、放電加工を研究してみてはいかがですか。

ワタシニ
フカノウハ ナイ
なんでもできる？
放電加工

第5章

用途広がる微細放電加工

42 広がる微細加工への応用

容易に細穴加工を行うことが可能

金型の形状仕上げ加工を主としてきた放電加工ですが、非接触加工のため加工反力が小さい特徴を活かして、微細加工への応用が広がっています。特に細穴放電加工がその代表格になります。

直径100μ程度以下で、深さが直径(φ)の10倍程度以上の深穴加工では、非接触加工である放電加工が有利です。数十μ(ミクロン)の極細径のドリル加工では、工具破損の心配があり、さらに穴端面におけるバリの発生など穴品質の懸念も生じます。また、細いドリル径になればなるほど工具回転数を高くしないと周速が上がらずドリル加工が進みません。

一方、放電加工では加工穴直径よりも放電クリアランス程度小径の工具電極さえ準備できれば、比較的容易に細穴加工を行うことが可能です。

細穴加工の用途として、自動車の燃料噴射ポンプの細穴や、繊維押し出し金型の細穴、航空機のジェットエンジンの細穴など各種産業機器において多数必要とされています。身近なところでは、インクジェットプリンタのインク吐出穴なども放電加工です。

通常、細穴放電加工では加工粉の排出をよくするために回転をさせる場合が多いですが、回転をさせない場合もあります。繊維押し出し用のノズルにおいては、丸形状とは限らず、三角や星形など光沢やつやを出すためにさまざまな形状が用いられています。このような形状の細穴の場合、ドリル加工では対応できないので、放電加工が独壇場となります。

しかしながら、いずれの場合も必要な微細形状をして、ある程度の長さをもった電極を用意する必要があります。もしも市販品でない場合は、自ら電極を成形する必要があります。直径70μ程度までの円形電極であれば、ロッド状あるいはパイプ状の電極が市販されていますが、直径50μ以下になると、基本的には電極の成形後、微細放電加工を行うことになります。

要点BOX

- ドリル加工では工具破損の心配がある
- 非接触加工で加工反力が小さい特徴を活かす
- 三角や星形などの形状にも対応

非接触加工のため微細加工が得意

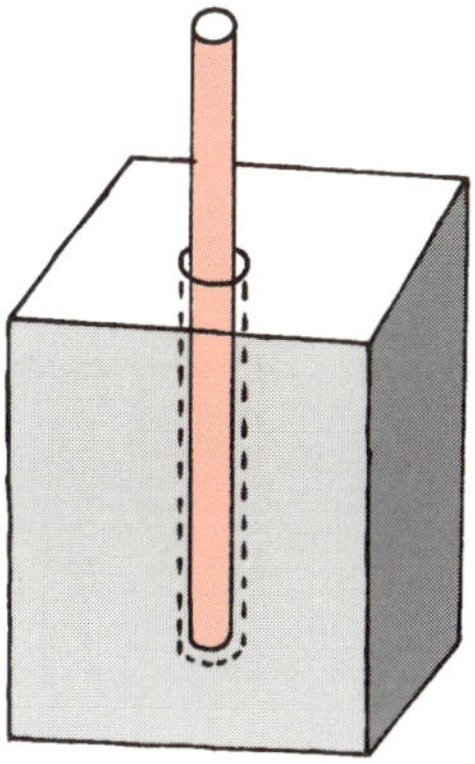

直径100μ以下
深さ1mm以上の細穴加工は放電加工が得意

ドリルだと破損の危険あり

細穴加工の用途

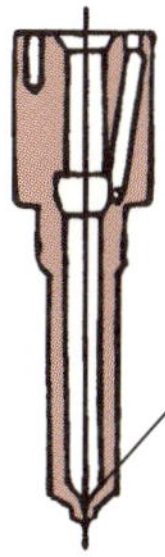
丸やスリット状など

自動車のエンジン吹出口

出典:トコトンやさしい「航空工学」の本

ジェットエンジン

直径50μ以下は放電加工で成形してから加工に利用

43 細穴放電加工の専用機

高速に多数個の細穴を加工する

汎用的な形彫り放電加工機でも、工夫をすれば細穴加工を行うことは可能ですが、段取りに時間を要し、加工時間がかかることが多くあります。ごくまれに加工する程度であれば我慢できますが、頻繁にあると大変です。そこで、細穴放電加工の専用機が各メーカにラインナップされています。多くの場合、100μ程度の直径までは、長さ200㎜から400㎜程度までの黄銅、あるいは銅製のパイプ電極が市販されています。

各直径の電極に合わせたセラミックスやサファイヤ製のガイドホルダを用いることで、電極の芯ぶれや取り付け誤差を極力排除しています。多くの細穴放電加工は、高速に多数個の細穴を加工することを目的に、水系加工液を用いて、パイプ電極の中心から加工液を噴出して加工を行っています。さらに、電極を回転させる機構も付いています。この方式により、直径100μの電極を用いて深さ10㎜以上の細穴加工が可能となっています。

細穴加工においては、電極の消耗が激しく、貫通穴を加工する場合でも、電極消耗を考慮した電極送り量（加工深さ）の指定をする必要があります。電極消耗が激しいため、細穴の止まり穴加工を精度よく加工することは試行錯誤が必要となります。また、長時間の連続加工に対応できる自動電極交換装置がオプションで準備されてたり、工作物の自動交換が可能なタイプもあります。水系加工液のため火災の心配がなく自動運転が可能なためです。

一方、より精度が高く穴品質のよい細穴加工を行うために、油加工液を用いた含浸タイプの細穴放電加工機もあります。ただし、加工速度は水系加工液を用いたパイプ電極からの噴出タイプに比較すると遅く、高速で多数個加工するのには不向きです。加工速度を優先させるか、穴加工品質を優先させるかにより使い分けがなされています。

要点BOX

- 深さ10mm以上の細穴加工が可能
- 水系加工液のため火災の心配がない
- 油加工液を用いた細穴放電加工機もある

細穴放電加工機の構成

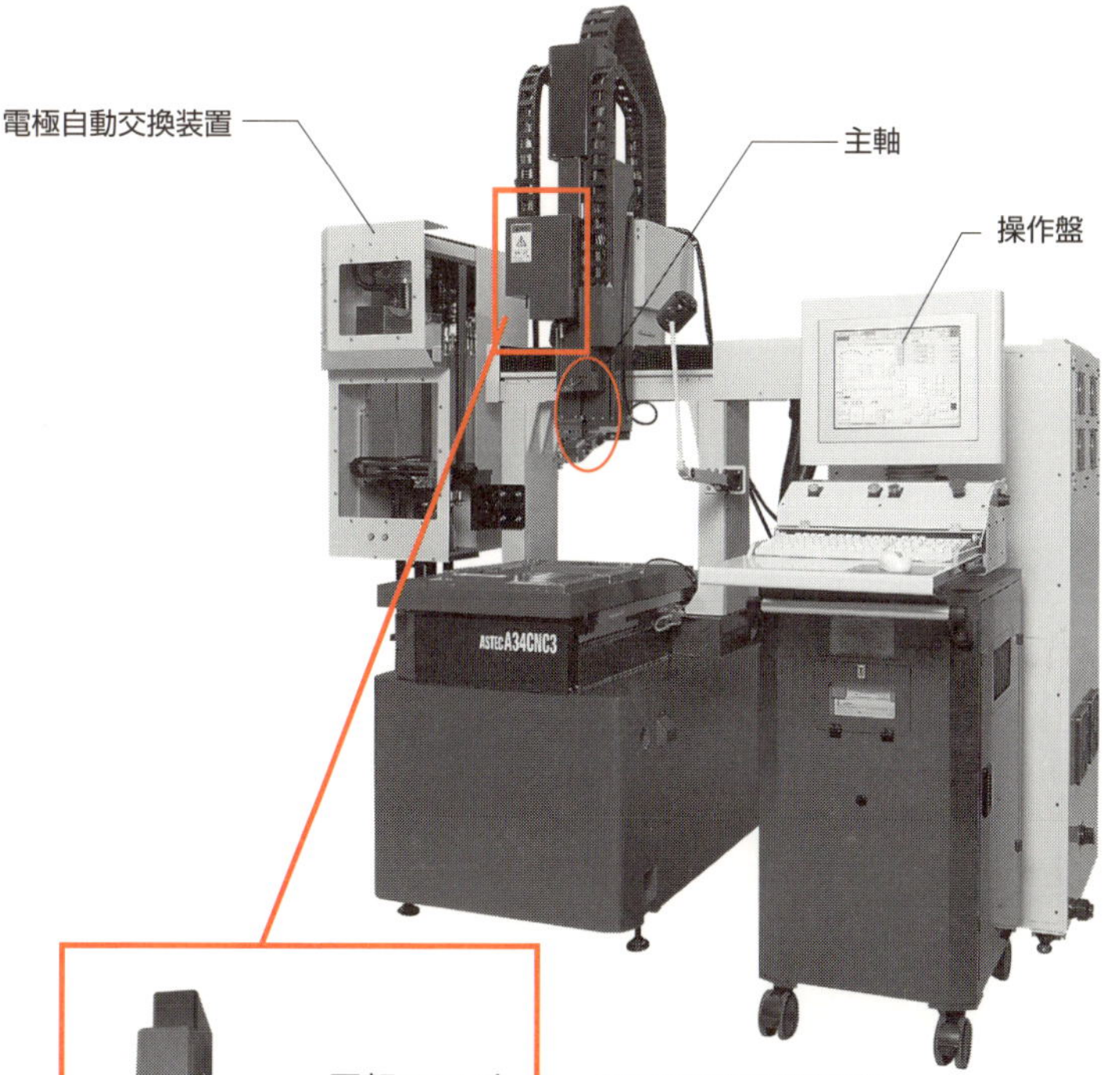

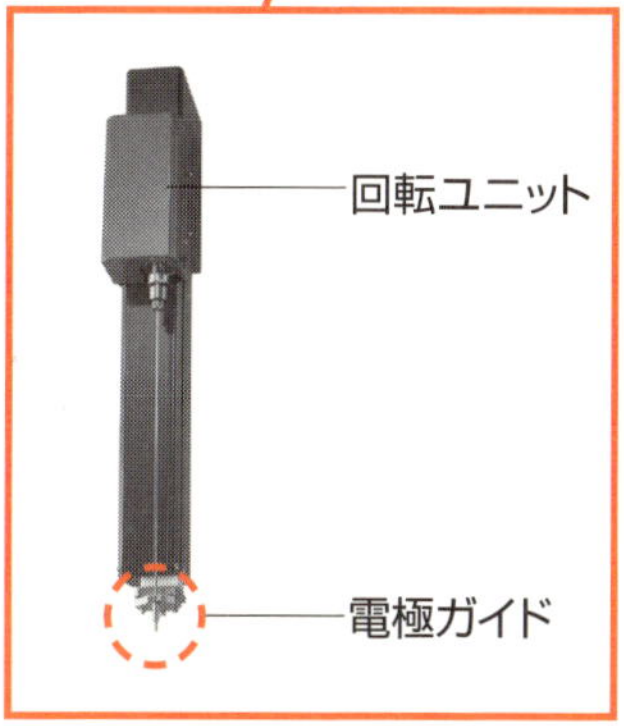

パイプ電極からの加工液噴出による加工の様子

加工サンプル

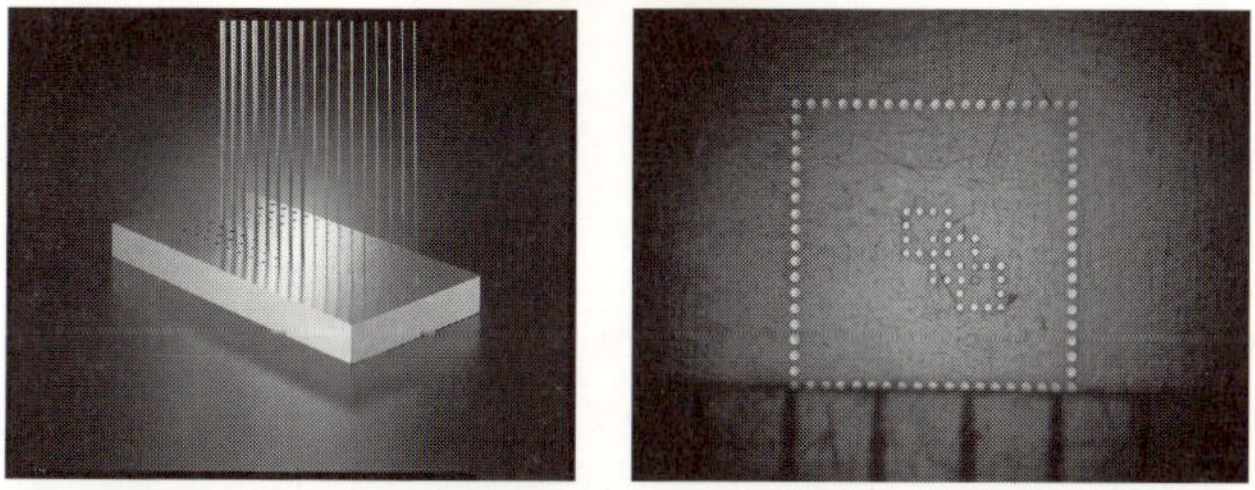

細穴放電加工例(多数個を連続的に加工可能)（写真提供:(株)アステック）

44 ワイヤの直線状を保持する手法

ブロック成形法

微細放電加工を行うためには、加工寸法よりも放電クリアランスを考慮して、若干小さな微細電極を用いる必要があります。

世の中には、直径1μ程度の極細ワイヤ線も市販されていますが、それらを微細放電加工用の電極として用いることは難しいのが現状です。その理由は、極細ワイヤ線は巻き癖がついており、真っ直ぐな状態を保ってくれません。そのため、極細ワイヤ線を電極ホルダに保持しても、先端が撚《よ》じれてしまい微細穴を加工するための電極としては利用できないのです。

微細穴放電加工用の電極としては、ある程度の剛性のある真っ直ぐな状態を保つ必要があります。

そこで、50μ程度以下の微細放電加工を行う際、多くの場合は加工機上で直径数百μの太い電極から、先端部のみを放電加工により微細軸に成形して、微細電極として使用しています。

この手法によれば、微細軸の根元側は直径が太いため十分剛性は保たれています。さらに、加工機上で主軸ホルダに保持した状態で微細電極を成形するため、別な場所で成形した微細電極を用いる際のホルダへの取り付け誤差を「ゼロ」にすることができます。通常、太い電極を回転させながら微細軸を成形するので、微細電極の回転中心（芯）も、機械精度で保たれます。

特殊な装置を必要とせずに、主軸の回転（割り出し機能でも可）が可能であれば、汎用の形彫り放電加工機でも微細軸の成形は可能です。それは、「ブロック成形法（逆放電法）」と呼ばれる手法であり、端面を研削加工などで仕上げた鋼材ブロックを用いて、その端面に沿って太い電極を回転しながら走査放電加工する手法です。このとき、電極側がより消耗するような放電条件を選択し、何度かブロック側に電極を寄せた加工を繰り返すことで、50μ程度以下の軸を成形することは可能です。

要点BOX

- 極細ワイヤ線は巻き癖がついている
- 先端が撚じれてしまう
- 微細で直線状を保持することを優先

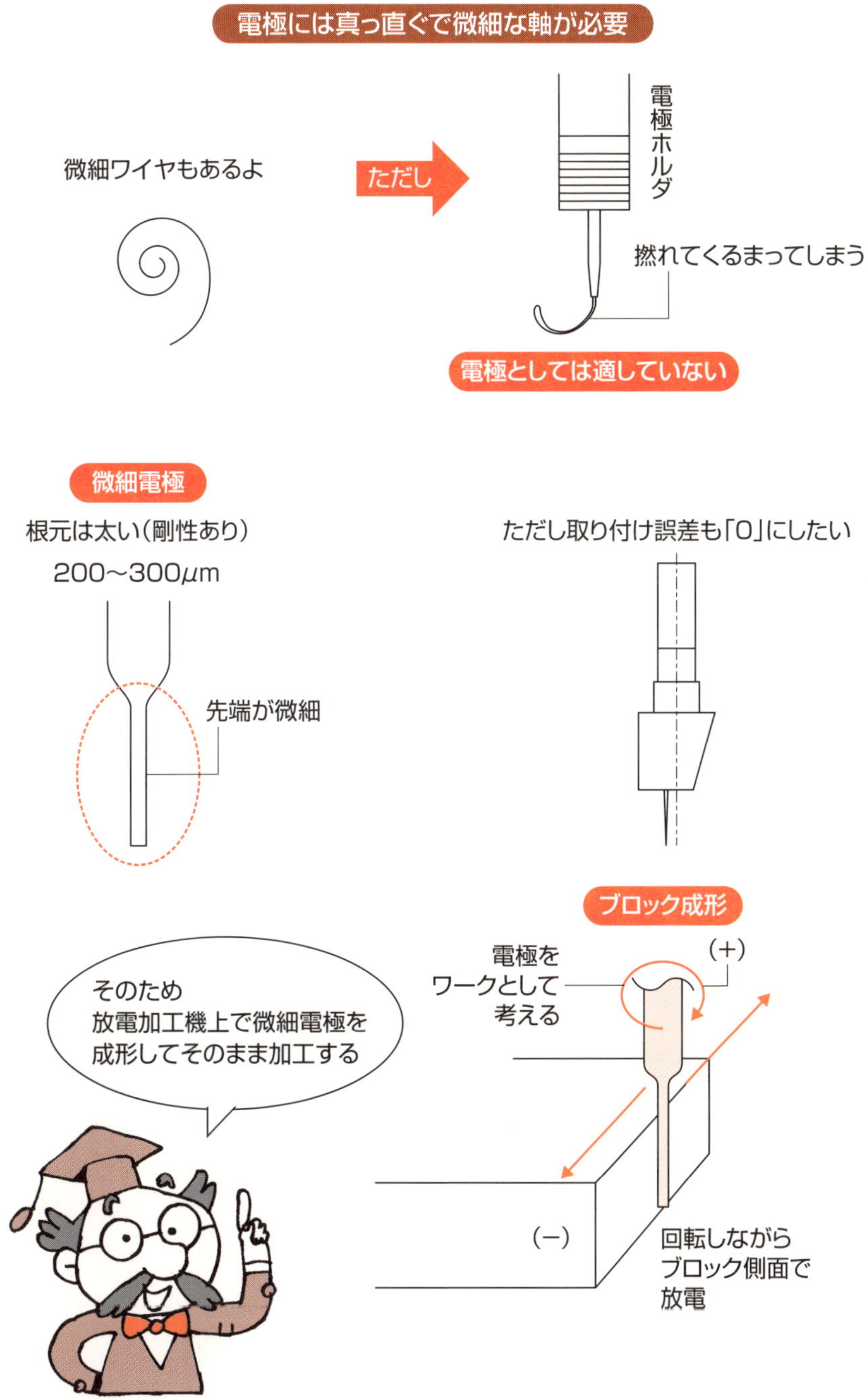

電極には真っ直ぐで微細な軸が必要
微細ワイヤもあるよ
ただし
電極ホルダ
撚れてくるまってしまう
電極としては適していない
微細電極
根元は太い（剛性あり）
200～300μm
先端が微細
ただし取り付け誤差も「0」にしたい
ブロック成形
電極を
ワークとして
考える
（＋）
そのため
放電加工機上で微細電極を
成形してそのまま加工する
（－）
回転しながら
ブロック側面で
放電

45 ワイヤ放電研削法（WEDG法）

軸の成形精度がよく自軸化が可能

44項のブロック成形法は、特別な装置がなくても、形彫り放電加工機で微細軸を成形できる点はよいのですが、成形時間が長く、またブロック側へのオフセット量など試行錯誤が必要であり熟練を要します。それに対して、30年近く前に東京大学の増沢隆久名誉教授により原理が提案された「ワイヤ放電研削法（WEDG法「注⑧」）」は、軸の成形精度のよさや自動化が可能などの理由から、いま現在でも有力な微細軸成形法の1つです。実際、WEDG機能を装備した微細放電加工機が市販され実用化されています。

WEDG法は、走行するワイヤと回転する電極との間で放電を発生させて、電極の側面を放電により消耗させ微細軸を仕上げる手法です。ブロック成形ではブロックの角部が消耗してしまうため、電極を何度も往復させると、成形される微細軸の軸直径や垂直度は、狙った形状からずれてしまうことが多くあります。それに対してWEDG法では、走行するワイヤを相手材として用いるため、ワイヤ放電加工と同様に、ワイヤの消耗による加工誤差を考慮する必要がありません。そのため、基本的には放電クリアランスを考慮すれば、希望する軸直径はミクロン単位で精度良く仕上げることが可能です。また、ワイヤを電極長手方向（軸方向）に往復させることにより、長さのある微細軸を成形することも可能です。

さらに、電極を回転させずに電極端面を平坦に仕上げ、その後電極をある角度回転させる手法を繰り返すと、円形の微細軸だけでなく、四角柱や三角柱など多角形の微細軸を成形できることも特徴の1つです。化繊押し出し用のノズル穴は、円形だけでなく多角形の穴形状もあり、そのような微細穴の加工には、WEDG法で成形した微細電極での加工が有効です。最近では放電電源を2つ準備し、電極の上方で微細軸を仕上げながら、下方では直接穴加工が可能となり、加工時間の短縮化も図られています。

要点BOX

- 30年近く前に提案されたWEDG法
- ワイヤの消耗による加工誤差を考慮する必要がない

ワイヤ放電研削法

(Wire Electrical Discharge Grinding, WEDG)

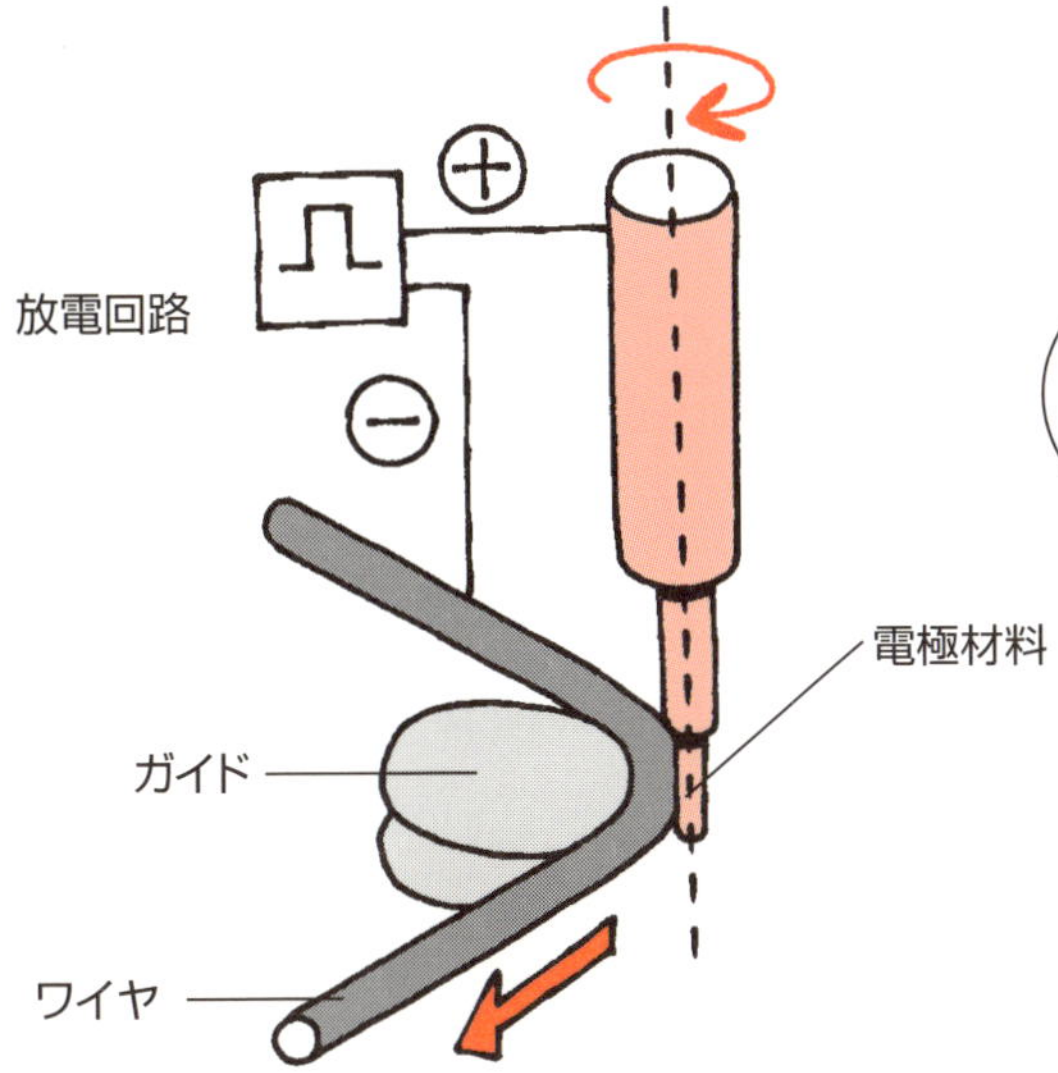

+
放電回路
−
電極材料
ガイド
ワイヤ

ワイヤは使い捨てと
考えるんだな

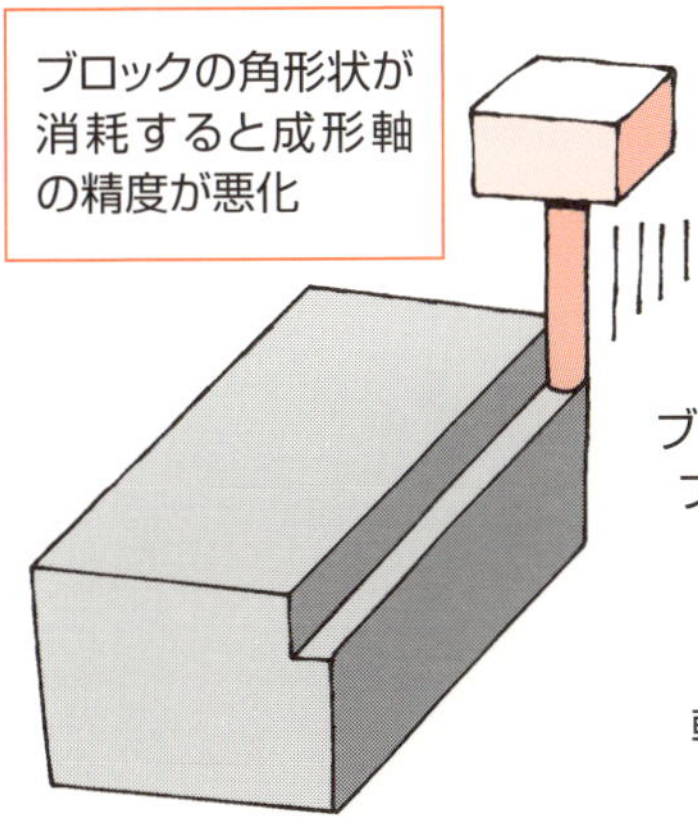

ブロックの角形状が
消耗すると成形軸
の精度が悪化

ブロック成形では
ブロックが消耗

↓

軸精度が悪化

↓

丸形状の電極しかできない

WEDG法による各種微細軸

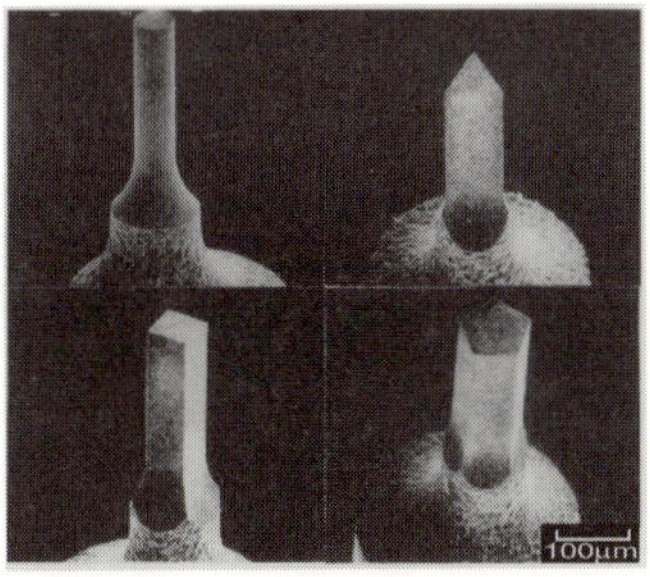

100μm

(写真提供:増沢マイクロ加工技術コンサルティング)

注⑧:T. Masuzawa et al.、Wire Electro-Discharge Grinding for Micro-Machining、Annals of the CIRP、34, 1, pp.431-434 (1985)

46

いろいろな微細電極成形法

「走査放電軸成形法」や「軸成形法」

WEDG法の他にも、微細放電加工のための微細電極成形法は各種提案されています。中には、専用の装置や制御装置が必要なものもありますが、いくつか紹介します。

1つ目は、平行平板の隙間を電極が走査することで、電極側面を消耗させ微細軸を成形する「走査放電軸成形法」です「注⑨」。この手法は、両側の板側面で放電が発生するため、放電面積が大きく微細軸の成形効率が良い点が利点です。

さらに、最近では2枚のプレートではなく、「単一のプレートの端面から電極を回転しながら走査加工を行う」ことでも、軸成形が可能なことがわかっています「注⑩」。この手法であれば、2枚のプレートを制御する必要はなく、電極の走査のみで簡易に微細軸の成形が可能です。

その他には、円形電極で適当な板厚の材料に穴加工を行い、軸位置をわずかに偏芯させ、電気条件を電極側が消耗する加工条件に変更して、電極の側面を消耗させる「軸成形法」があります「注⑪」。この手法も、特殊な装置など必要とせずに一般的な形彫り放電加工機で軸成形が可能です。偏芯量や使用する放電条件により軸直径を制御できます。

また、細線電極を用いて適当な条件で単発放電を発生させるだけで、電極先端が微細化する手法も見出されています「注⑫」。直径１００μ程度のロッド状のタングステン電極を用い、電極極性マイナス、電流値４０A程度、パルス幅２００～３００μsec程度の単発放電を発生させると、放電後の電極先端が微細化する現象です。放電を発生させる相手材料は問わず、成形時間はきわめて短いのが特徴です。成形原理は、電極先端の溶融部が、表面張力により軸上方に移動することで、溶け残りの芯が露出します。成形の繰り返し精度などに課題はありますが、単発放電さえ発生できれば瞬時に成形が可能な手法です。

要点BOX

- ●両側の板側面での放電が発生
- ●単一のプレートで走査加工する方法
- ●電極先端が微細化する手法

平行平板利用法

単一平板利用法

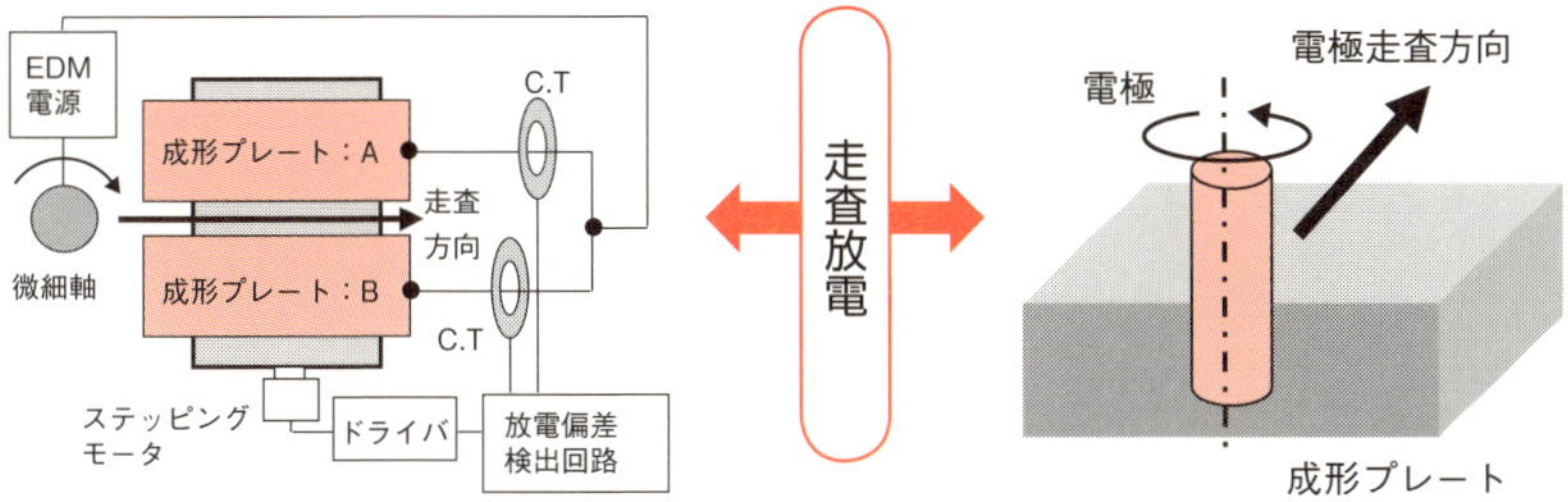

平行平板利用微細軸成形

単一平板利用微細軸成形

軸成形写真(単一平板)

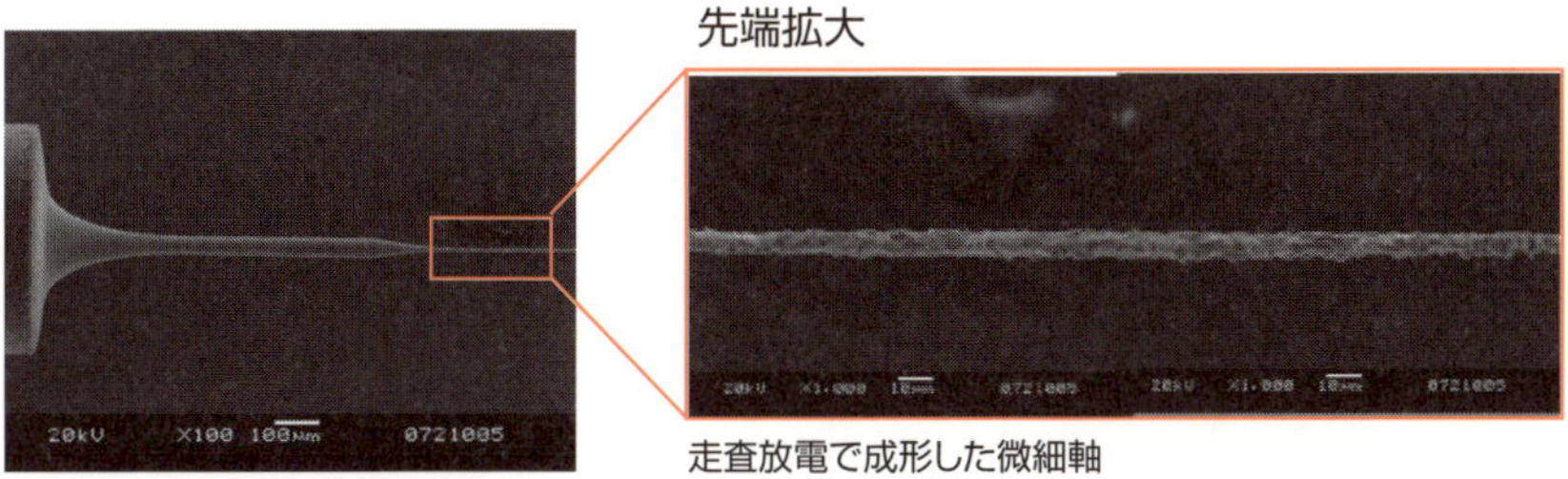

走査放電で成形した微細軸

加工穴利用法

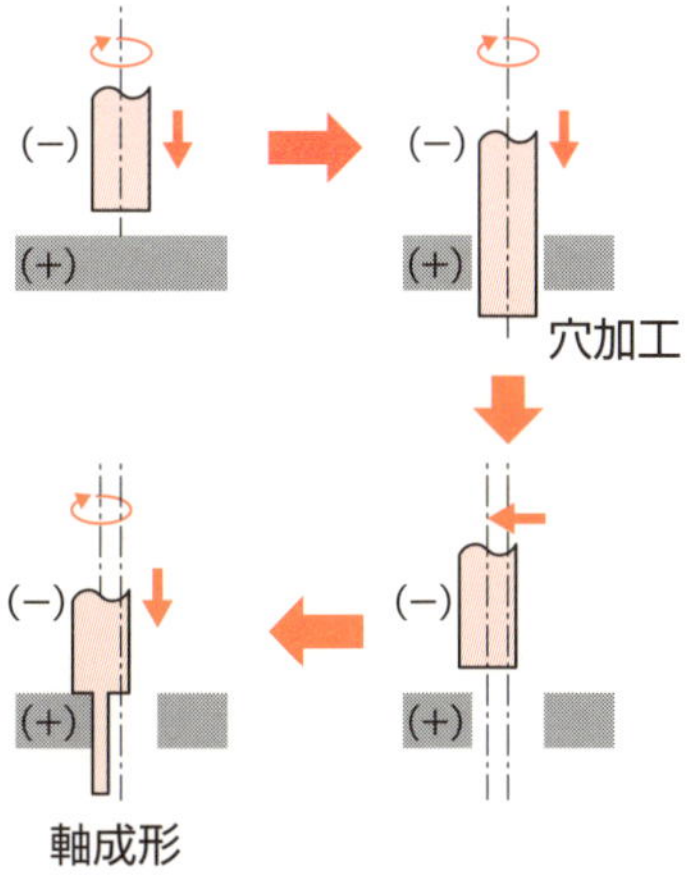

単発放電法

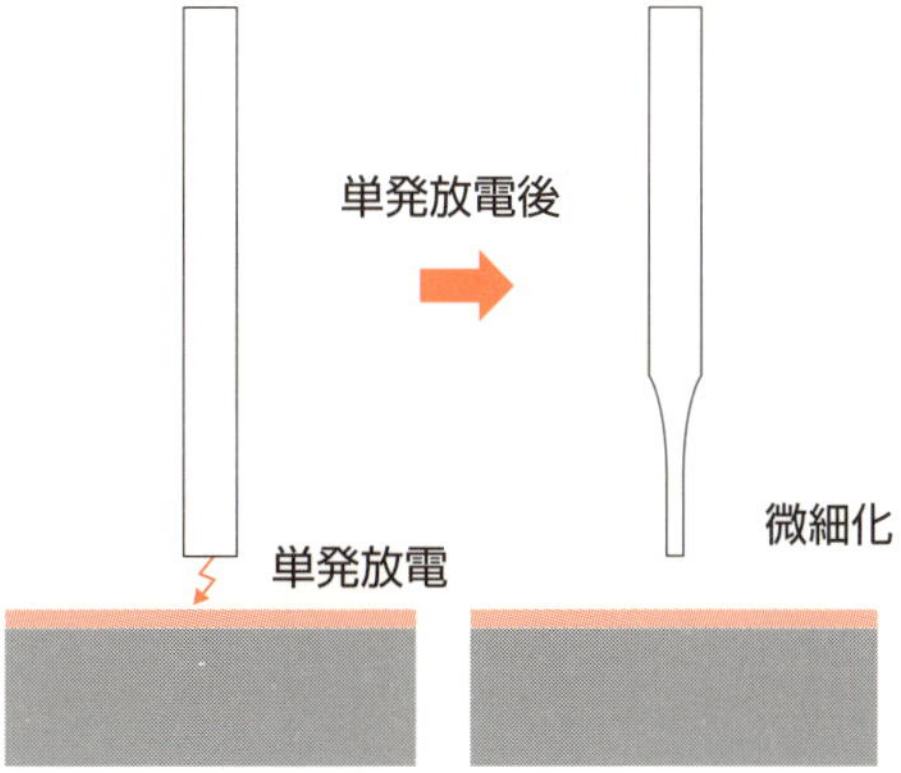

注⑨:谷 貴幸ほか、走査放電加工による微細軸成形法、電気加工学会誌、Vol.43 No.104, pp.187-193 (2009)
注⑩:平尾篤利ほか、走査放電軸成形法における軸直径と消耗比、電気加工学会誌、Vol.47 No.116, pp.163-168 (2013)
注⑪:山崎 実ほか、加工穴を利用した微細放電加工法の研究、精密工学会誌、Vol.72, No.5, pp.657-661 (2006)
注⑫:武沢英樹ほか、単発放電による微細電極の瞬時成形、精密工学会誌、Vol.67, No.8, pp.1299-1303 (2001)

47 連続した多数穴を加工する方法

亜鉛電極を使う

ここまでの微細電極の成形法は、１本の微細軸を成形する手法でした。決められた位置に微細穴の加工を行う場合では、単一の微細電極が必要となりますが、連続した多数穴を加工する場合では、加工効率がよくないことが欠点です。そこで、微細穴加工における加工効率を上げることを目的に、亜鉛電極を用いた多数個連続した微細電極の成形と、その電極を用いた微細穴加工が提案されています「注⑬」。

亜鉛は、放電加工における加工速度（除去速度）の目安となる融点と熱伝導率の積の値が小さく、放電加工されやすい材料として知られています。そこで、銅のメッシュ板を電極として、亜鉛ブロック材に放電加工を行うと、亜鉛ブロックの表面にメッシュ寸法で決まる微細な柱形状が多数連続して成形されます。このとき、亜鉛材料は放電加工されやすいため、銅メッシュ電極はほとんど消耗することなく加工が進行します。

亜鉛ブロックの表面に成形された微細な柱状突起を微細電極として、穴加工を行いたいステンレス板などに対して放電加工を行うことで、微細穴の多数個同時加工が可能となります。

ところがこの手法にはもう１つの利点があります。それは、銅メッシュ電極と穴加工を行いたい板材を重ね合わせた状態で、亜鉛ブロックとの間で放電を行えば、微細電極の成形と板材への穴加工が連続的に行える点です。加工用の放電電源は同一であるにもかかわらず、銅電極と亜鉛材料の放電では亜鉛材料が消耗し、ステンレス板と亜鉛材料の放電ではステンレス板が消耗するのは、放電加工における加工のされやすさが材料の熱物性により異なることが主要因です。

電気条件が同じであるにもかかわらず、亜鉛材料は一方の材料には自分自身がよく消耗し、一方の材料には自分自身よりも相手材料がよく消耗するという、熱特性の違いを利用した連続加工法です。

要点BOX

- ●亜鉛電極を用いる
- ●多数個連続した微細電極の成形
- ●亜鉛は放電加工されやすい材料

微細穴の多数同時加工

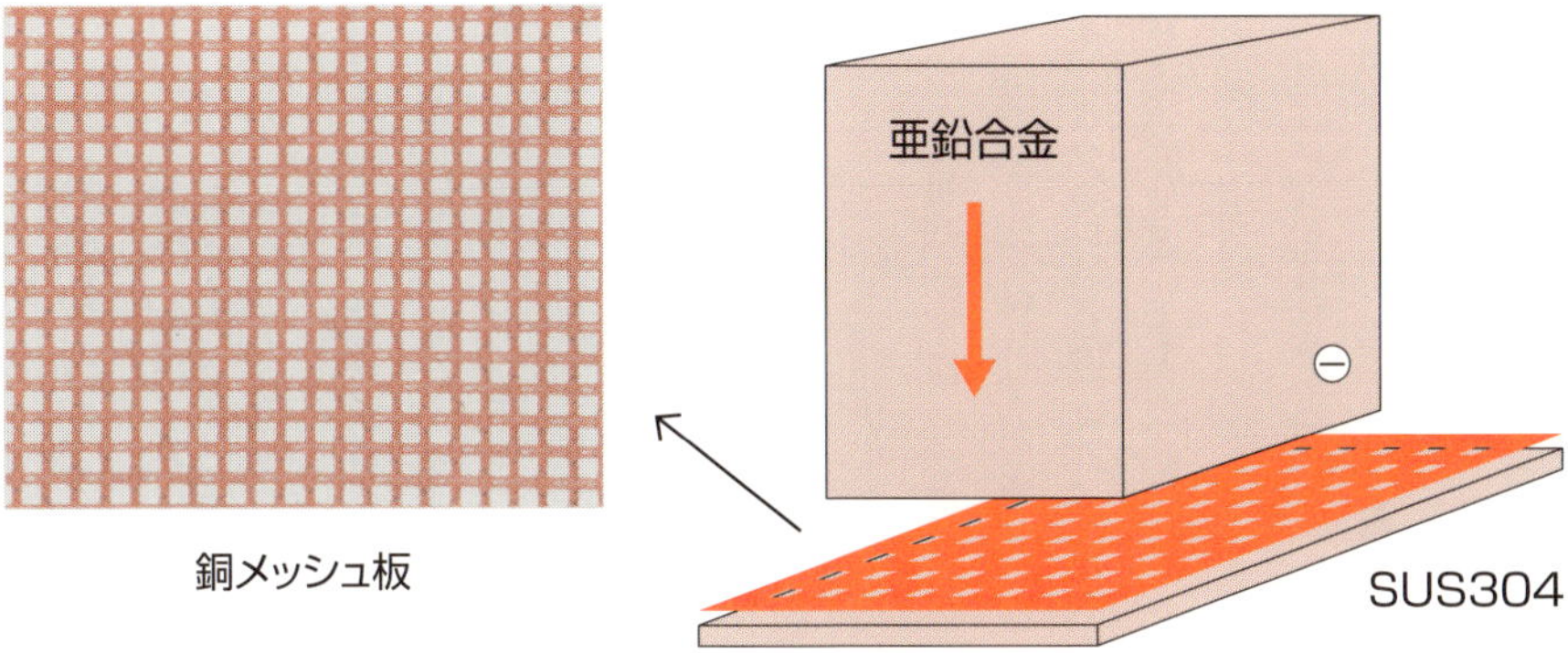

多数個の微細軸と穴加工の同時加工

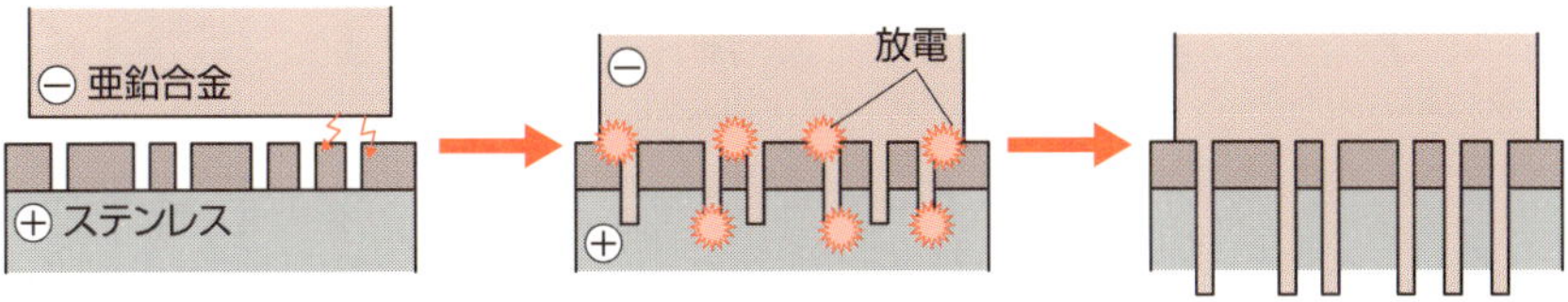

逆放電による亜鉛電極の成形

＋

亜鉛電極によるステンレスの微細穴加工

微細穴の加工例

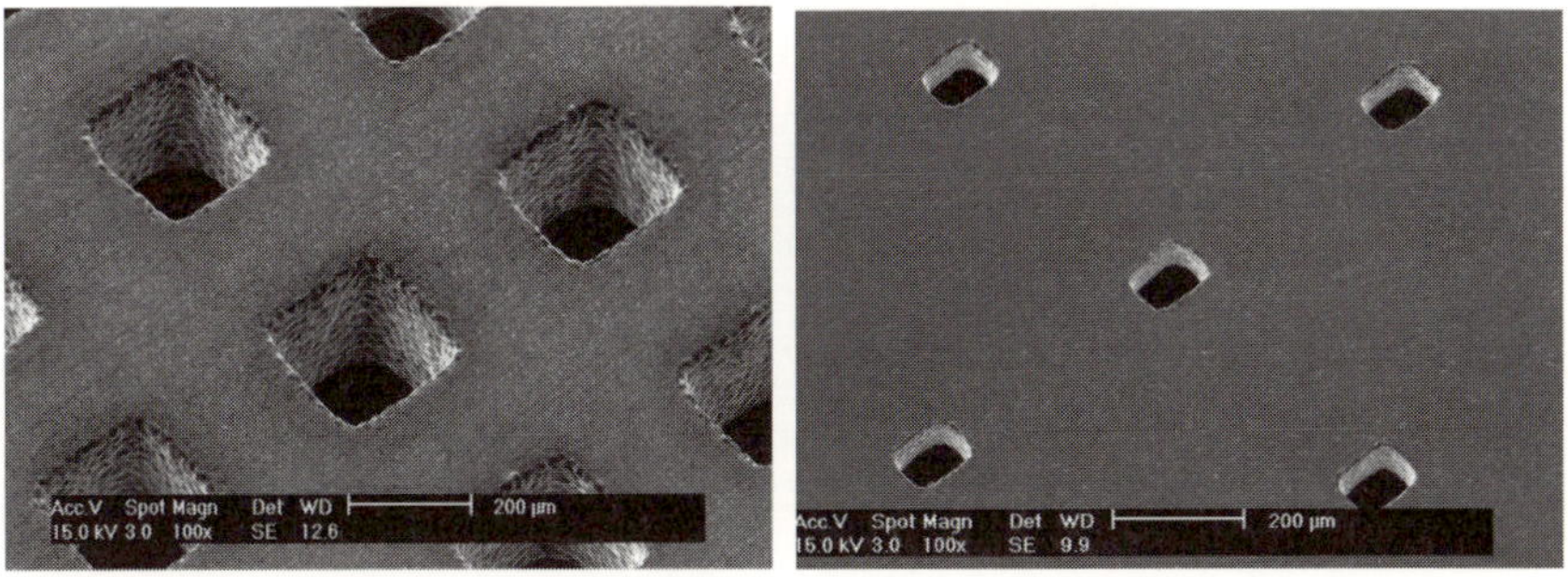

メッシュ電極による多数個微細軸の成形（左）とステンレスへの微細穴加工（右）

（写真提供：（地独）大阪府立産業技術総合研究所　南 久博士）

注⑬：南 久ほか、亜鉛電極による微細加工、2002年度電気加工学会全国大会、pp.65-66 (2002)

48 微細放電加工における放電回路

短いパルス幅を容易に実現するために

微細放電加工時の放電条件は、放電エネルギーを小さくした電気条件が選ばれます。電流値を小さく、パルス幅を短く設定した条件となります。ただし、一般的なトランジスタ放電回路では、電流値1A程度、パルス幅1μsec程度までは設定可能ですが、それより短いパルス幅を実現するにはひと工夫が必要です。そのため、短いパルス幅を容易に実現するために、微細加工ではコンデンサ放電回路がよく用いられます。

コンデンサ放電回路では、充電電圧とコンデンサ容量および放電回路に挿入される抵抗値、さらに放電回路のインダクタンスの値により、おおよその電流値、パルス幅を推定することが可能です。放電回路の配線を太くし、できるだけ配線長さを短く設定することでインダクタンスを小さくすれば(数μヘンリー以下)パルス幅数百nセコンド程度の放電は比較的容易に実現可能です。ところが、コンデンサの充電時間もあり、加工速度は当然ながら遅くなるのが欠点です。また、短パルスの放電なので、微細電極側のダメージも回避することはできないため、電極消耗は基本的に大きく、電極消耗を考慮した加工深さの指定や微細軸の成形を行う必要があります。

より電流値を小さくパルス幅を短くするために、コンデンサを挿入せずに配線のみを行い、配線内部にたまった浮遊容量により放電を発生させる手法も取られますが、配線を用いる以上、インダクタンスを排除することはできないので、電流値やパルス幅に限界があります。

一方、最近ではスイッチング素子としてのトランジスタの性能も向上しており、パルス幅数十nセコンドの時間で放電を制御することも実現されています。ただし、トランジスタ放電回路の24項で説明したような単純な放電回路ではなく、浮遊容量の排除やインダクタンスの低減など各種工夫を重ねないと短パルス放電は実現されません。

要点BOX

- ●微細加工ではコンデンサ放電回路が使われる
- ●インダクタンスを排除することはできない
- ●各種工夫が必要な短パルス放電

微細放電加工にはコンデンサ回路が容易

微細放電加工には低電流・短パルスの条件が必要

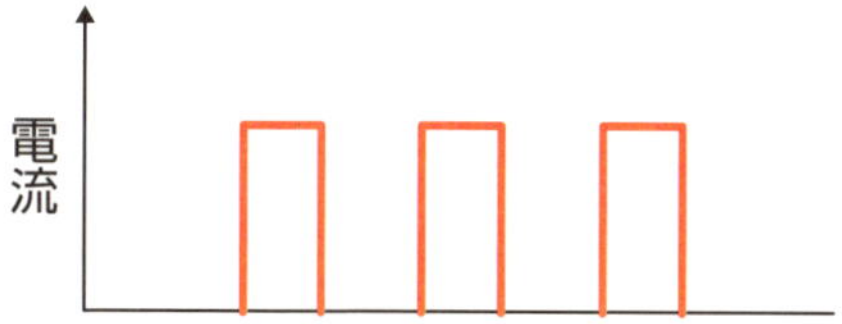

簡易的にはコンデンサ回路

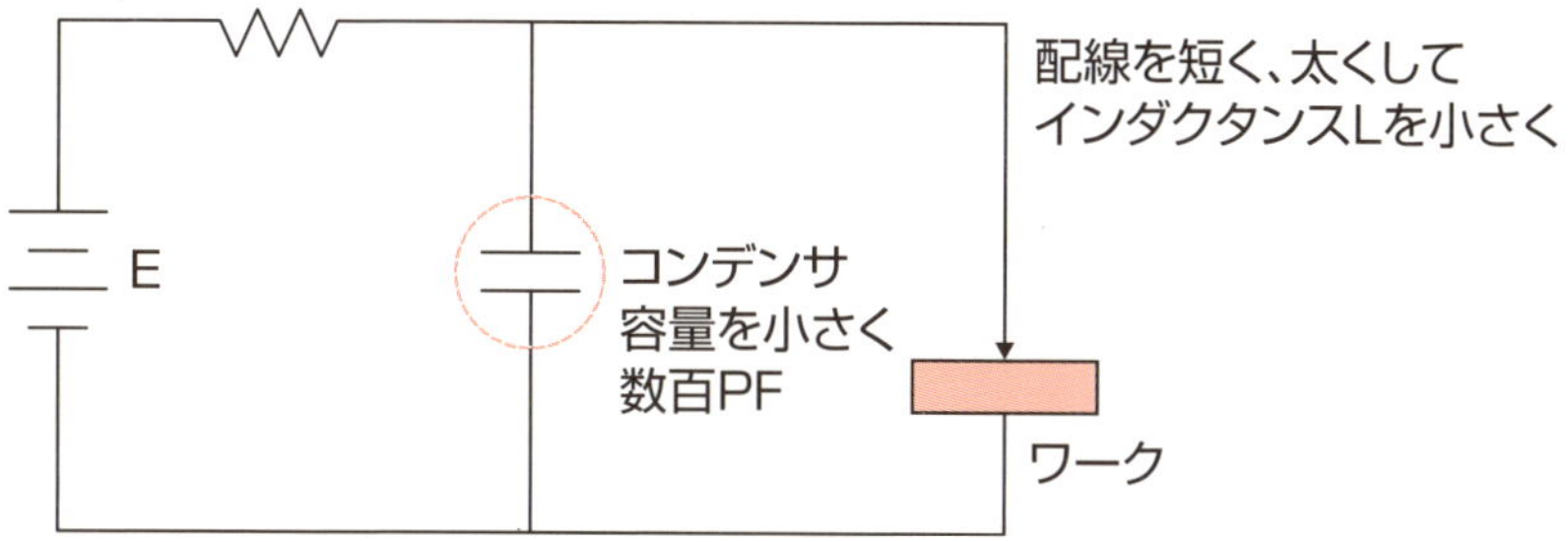

究極には

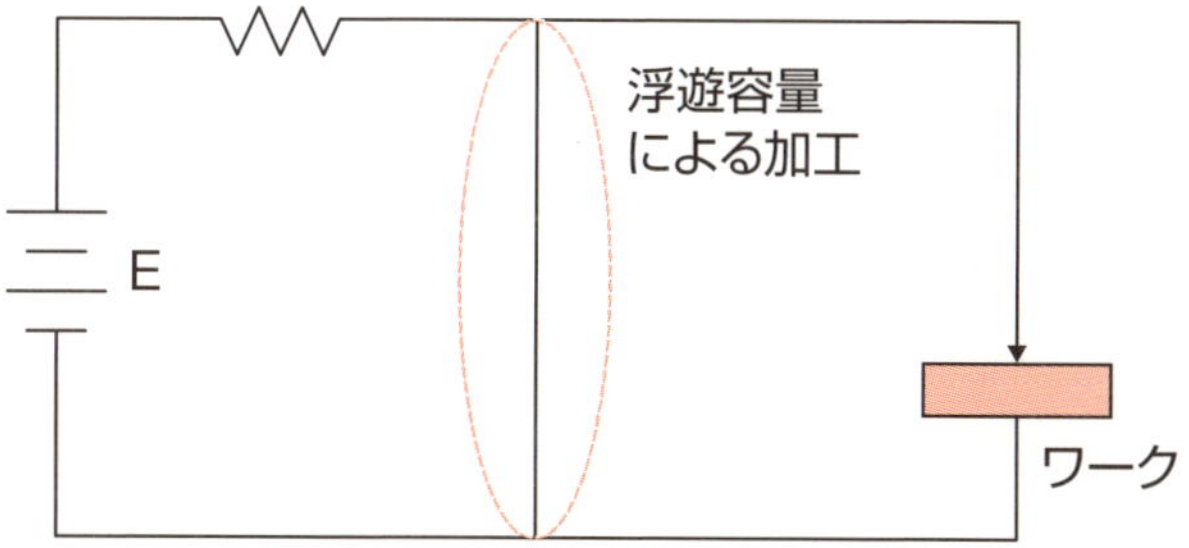

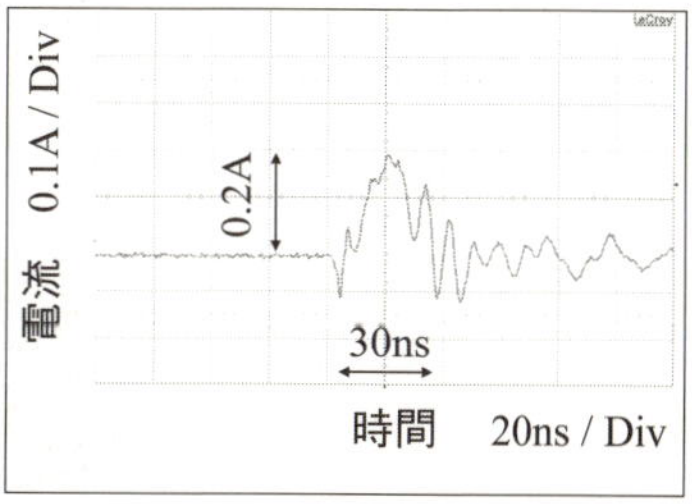

微細放電波形の一例

49 静電誘導給電法による微細加工用の回路

配線のみの浮遊容量で加工ができる

微細放電加工には、回路構成が簡単なためコンデンサ放電回路が用いられ、究極には配線のみの浮遊容量で加工が行われます。ところが、コンデンサ放電回路であるため放電の発生周期を高めることは難しく、加工速度が遅いことが課題として残ります。

さらに、浮遊容量を用いるにしても配線によるインダクタンスLをゼロにすることはできないので、パルス幅が長くなる傾向にあります。

このような課題を克服することを目的に、東京大学の国枝正典教授のグループにより、「静電誘導給電法による微細加工用の回路」が提案されています「注⑭」。原理的には配線によるインダクタンスLの影響を極力排除でき、また余分な浮遊容量もカットできます。

構造は次のようになっています。加工用電極の周りにリング状の給電用電極を配置させ、パルス電圧を印可します。両電極間でコンデンサが形成され給電容量を蓄え、また、電極と工作物間にも極間の容量が蓄えられます。それぞれの給電電圧が高まり、工具電極と工作物間が十分短い距離にあれば放電が発生します。

この給電回路では4つの状態を1サイクルと考え、その現象が繰り返されます。給電のための配線をまったく必要としないため、配線の浮遊容量を考慮せずに、微小エネルギーの放電を発生させることが可能となり、また、放電の発生効率を高めることができるため加工速度が向上します。

加えて、非接触による給電方法であるため、電極を高速回転させることが可能となり、従来のブラシによる給電では実現できなかった数万回転の回転を付与した加工も行われています。ただし、原理的に1回の放電ごとに電極極性が入れ替わる両極性加工となるため、加工面粗さなど加工品質を重視する場合はさらにひと工夫がなされています。

要点BOX

- 東京大学の国枝正典教授のグループが開発
- 配線によるインダクタンスLの影響を極力排除
- 余分な浮遊容量もカット

静電気誘導給電法による微細加工用の回路

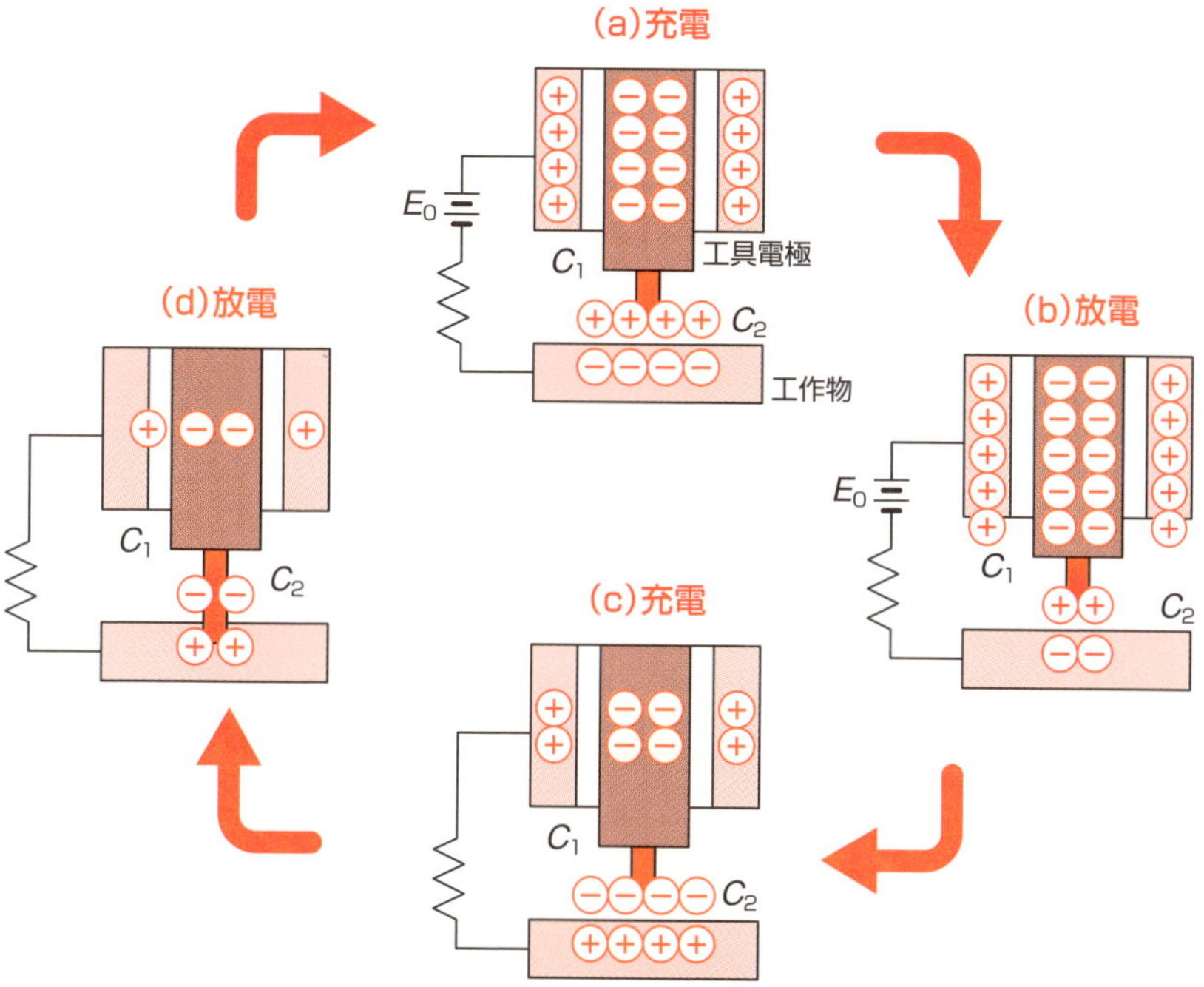

余分な浮遊容量とインダクタンスLを極力排除

電極の高速回転

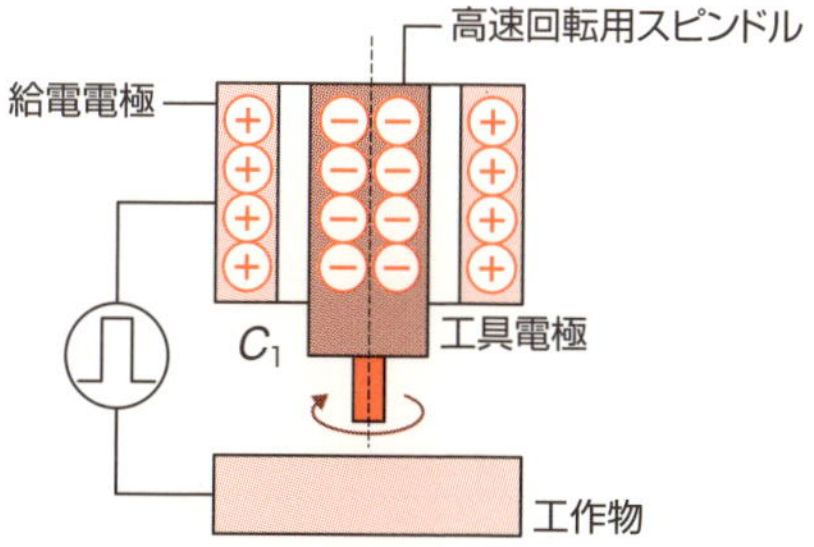

非接触線電のため
軸の高速回転が可能

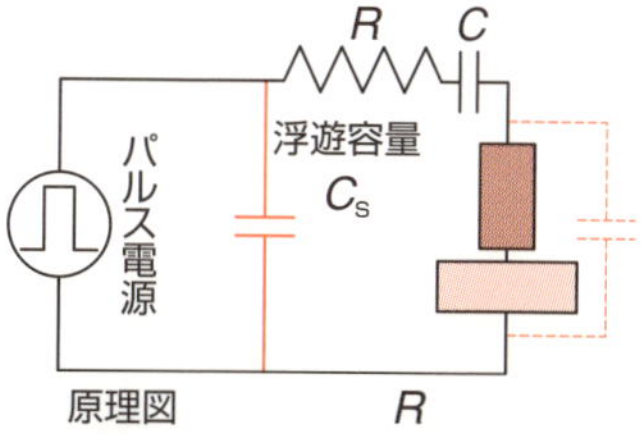

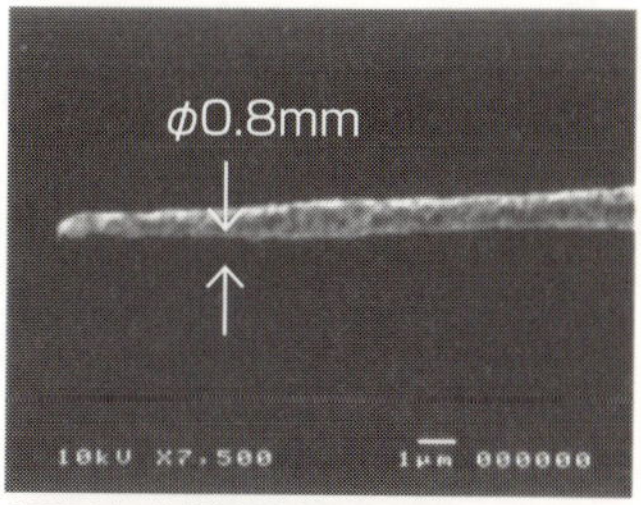

超硬合金微細軸の成形
(写真提供:東京大学 国枝正典教授)

注⑭:木森将仁ほか、静電誘導給電法を用いた放電加工の微細化、精密工学会誌、Vol.76, No.10, pp.1151-1155 (2010)

Column

Traditionalじゃない放電加工

放電加工の英語表記は「Electrical Discharge Machining」ですが、分類においては「Non Traditional Machining」に属します。いわゆる切削加工や研削加工などの機械加工が「Traditional Machining」になります。英語表記通りの理解では、非伝統的な加工法となりますが、ちょっと違和感を覚えるのは私だけでしょうか。

日本語では、特殊加工の分野ととらえられ、レーザ加工などと同様の扱いです。たしかに、研削加工は古代から宝石の研磨や刃物を研ぐ作業を通して使われてきているので数千年の歴史があり、Traditionalな加工法なのでしょう。その次にはやはり切削加工でしょうか。ただ、金属に対する切削加工の歴史は比較的新しいと思うのですが・・・。

それでも、放電加工の歴史である60年程度の時間ではTraditionalな加工法とは認識されないのでしょうね。

放電加工の祖と言われるラザレンコ夫妻により考案された放電加工法ですが、日本における先駆者をご紹介しておきましょう。

東京大学電気工学科の鳳《ほう》誠《せい》三《さぶ》郎《ろう》教授が日本における放電加工の先駆的研究者です。放電加工を中心として研究発表を行っている(一社)電気加工学会の初代会長として長らく放電加工の研究を続けられました。その他、加工機メーカの技術者や大学研究者などが、ドイツやスイスの研究者と切磋琢磨しながら研究を続けてこられ、今現在の状況があります。

いつか放電加工もTraditionalな加工法と認識されることを密かに願いながら、一方で、Non Traditional Machiningの発展を願いながら今後も放電加工に携わっていこうと思います。

第6章

その他特殊な放電加工
（気中放電、絶縁性材料の放電加工、放電表面処理など）

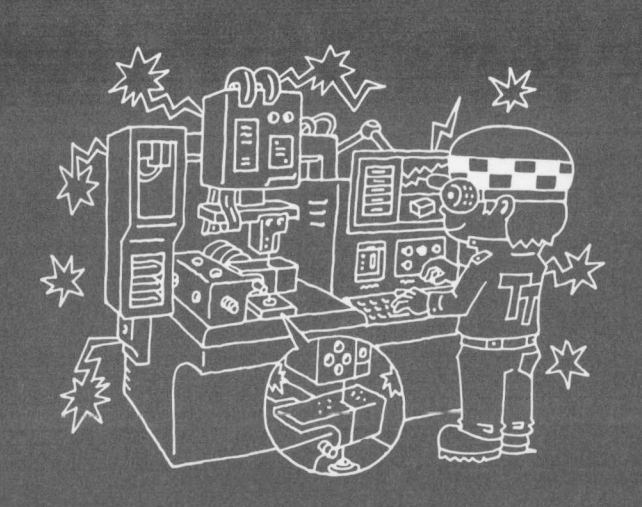

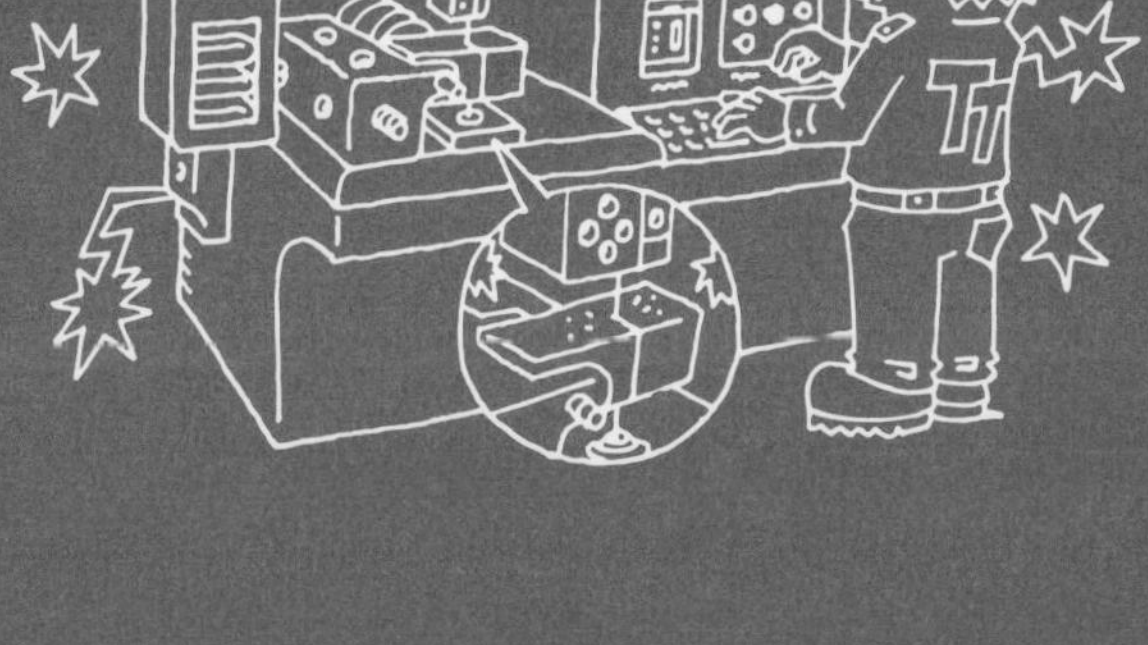

50 粉末混入放電加工

大面積でも容易に面粗さを改善

高硬度材料の精密形状加工が得意な放電加工ですが、仕上げ面粗さの向上が常に望まれてきました。金型の仕上げ加工においては、「鏡面」と呼ばれる状態まで仕上げることが要求される場合が多く、放電加工の後に手作業による磨き行程が必要となっています。しかし、手磨きは時間がかかり、熟練作業者の確保の問題や、価格的に高価になるなど、磨き工程を排除することが望まれています。

放電加工において、仕上げ面粗さを良くする対策として、微小な放電エネルギーの仕上げ条件で加工することがあげられます。ただし、加工面積がある程度以上になると、面積効果により設定した仕上げ条件で放電が発生しないことが多々あります。

そこで、大面積の放電加工においても容易に面粗さを改善し、さらには鏡面が得られる「粉末混入放電加工」が提案されています「注⑮」。

この手法の発見は、電極に電荷を蓄えないように、半導体材料であるシリコンを電極に用いた加工実験に端を発しています。半導体シリコンは消耗が激しかったため、消耗したシリコンの粉末が極間に多数浮遊する状態を想定して、加工液にシリコン粉末を混入させることを着想しています。その結果、銅電極による仕上げ加工でも、鏡面状態の仕上げ面を得ることに成功しました。

その後の研究により、シリコン粉末に誘発され、放電の分散が生じていることも鏡面化に重要な役割を担っていることがわかっています。

加工液を工夫するだけで、仕上げ面粗さの向上、並びに加工面の鏡面化が得られる粉末混入放電加工は、加工槽の設置などに気を付ければ誰でも利用できる加工法として重宝されています。ただし、粉末混入放電加工では極間距離が広がる傾向にあります。そのため、形状仕上げにおいては、クリアランスを考慮した寸法管理が必要になります。

要点BOX

- 仕上げ面粗さの向上が常に望まれていた
- 鏡面も得られる
- クリアランスを考慮した寸法管理が必要

はじめの狙い

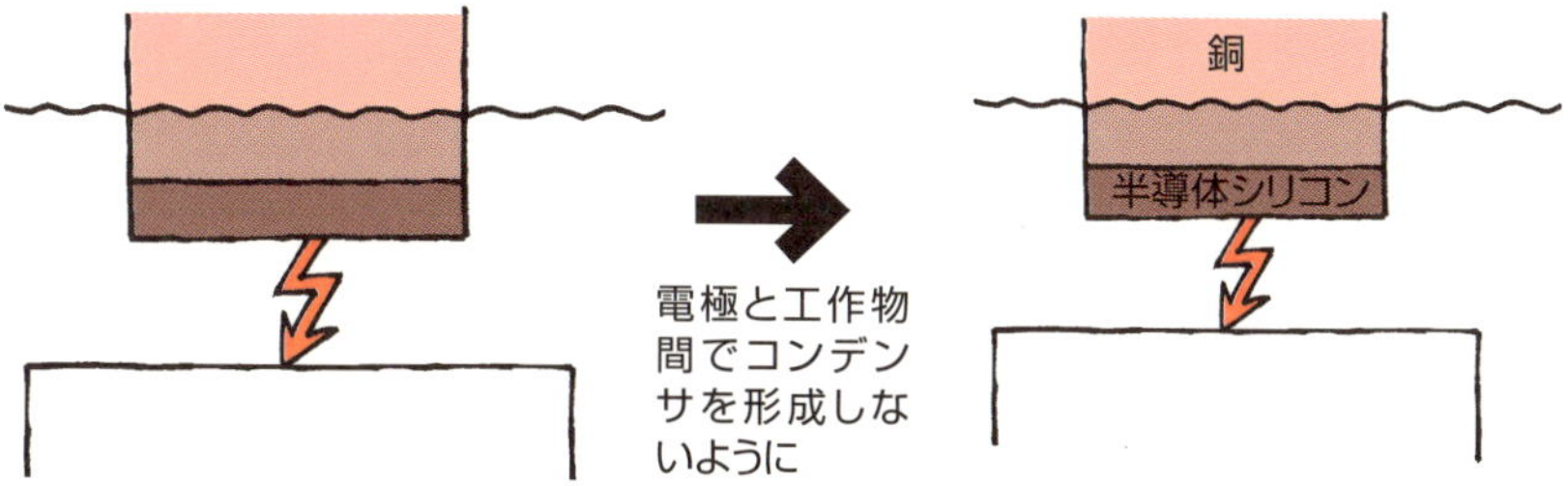

その結果…

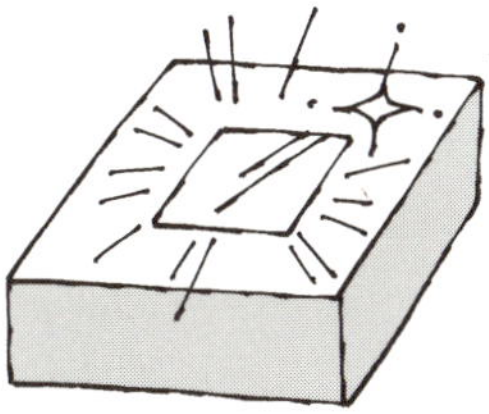
鏡面化を実現

シリコン電極は消耗が激しいよ!

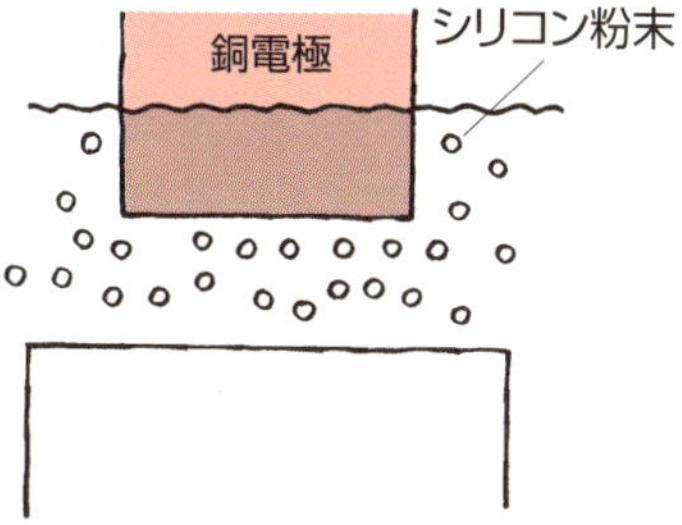

加工液にシリコン粉末を混入させても鏡面化

放電図

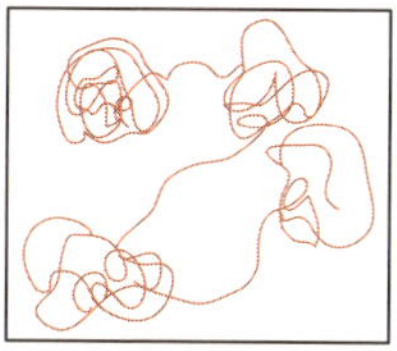
通常油

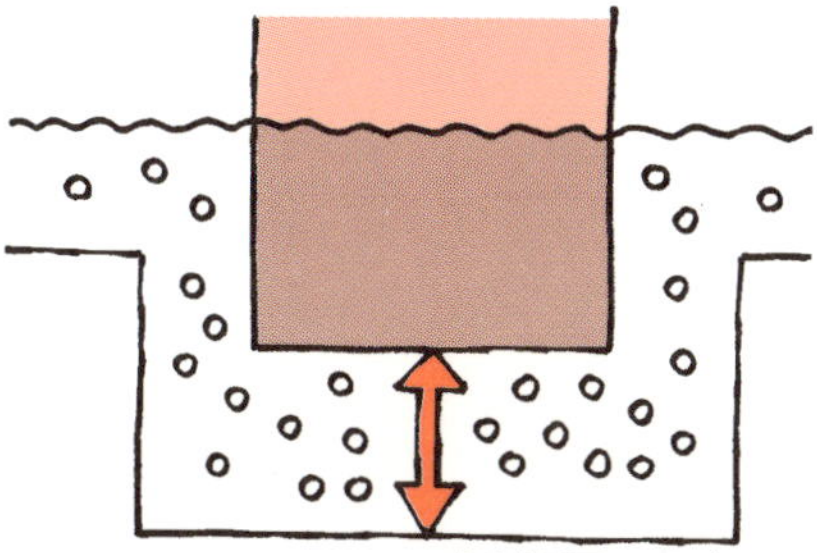
クリアランス大

放電分散

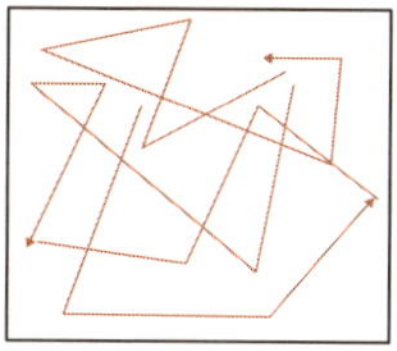
シリコン粉末混入液

放電クリアランスが大きくなるので注意してね

注⑮:毛利尚武ほか、粉末混入加工液による放電仕上加工、電気加工学会誌、Vol.25 No.49, pp.47-60 (1991)

51 放電表面処理の工夫

電極を大量に消耗させる対策

放電加工における材料の加工速度（除去速度）は、材料物性では経験的に、熱伝導率と融点の積の値に比例することがわかっています。単純に考えると、両者の積が小さいと加工がされやすく（消耗しやすく）、大きいと加工されにくい（消耗しにくい）材料といえます。

一方、放電加工の極間では、高温、高圧状態となるため、何らかの材料が極間に存在すれば、工作物表面に付着することが考えられます。材料が外部から流入しなくても、電極材料が大量に消耗すれば、工作物表面に移行堆積する可能性が十分あると推察されます。

これまで、電極消耗を極力抑える工夫がとられてきましたが、電極を大量に消耗させるためには、どのような対策があるでしょうか。1つの試みは、前述の材料物性において見かけの熱伝導率を小さくする手法があります。その観点から、銅の粉末を圧縮成形して、見かけの熱伝導率を小さくした圧粉体電極で放電加工したところ、相手材料表面が銅色に変化したことが放電表面処理のきっかけとなります「注⑯」。

表面を硬くする、耐食性をもたせるなどの各種目的から、各種粉末を圧縮成形した圧粉体電極で実験が繰り返され、超硬材料の圧粉体電極では、鋼材の加工面に厚さ数百μ（ミクロン）の硬質膜が成形されました。

このとき、放電加工機側の改造はまったく必要なく、圧粉体電極と適切な放電条件の設定だけで実現可能です。放電条件で重要な点は、電極極性をマイナス、工作物極性をプラスとする点です。これは油の分解カーボンがプラス極面へ付着するのと同じ考え方です。

その他、チタンカーバイドの粉末を用いることで、鋼材面にチタンカーバイド膜の生成が実現されています。最近では、圧粉体を仮焼結した電極により堆積効率を向上させるなどの工夫がなされています。この技術も、放電表面処理加工機として市販されています。

要点BOX

- 材料の加工速度（除去速度）は熱伝導率と融点の積の値に比例
- 相手材料表面が銅色に変化した

除去加工だけでなく堆積加工も可能？

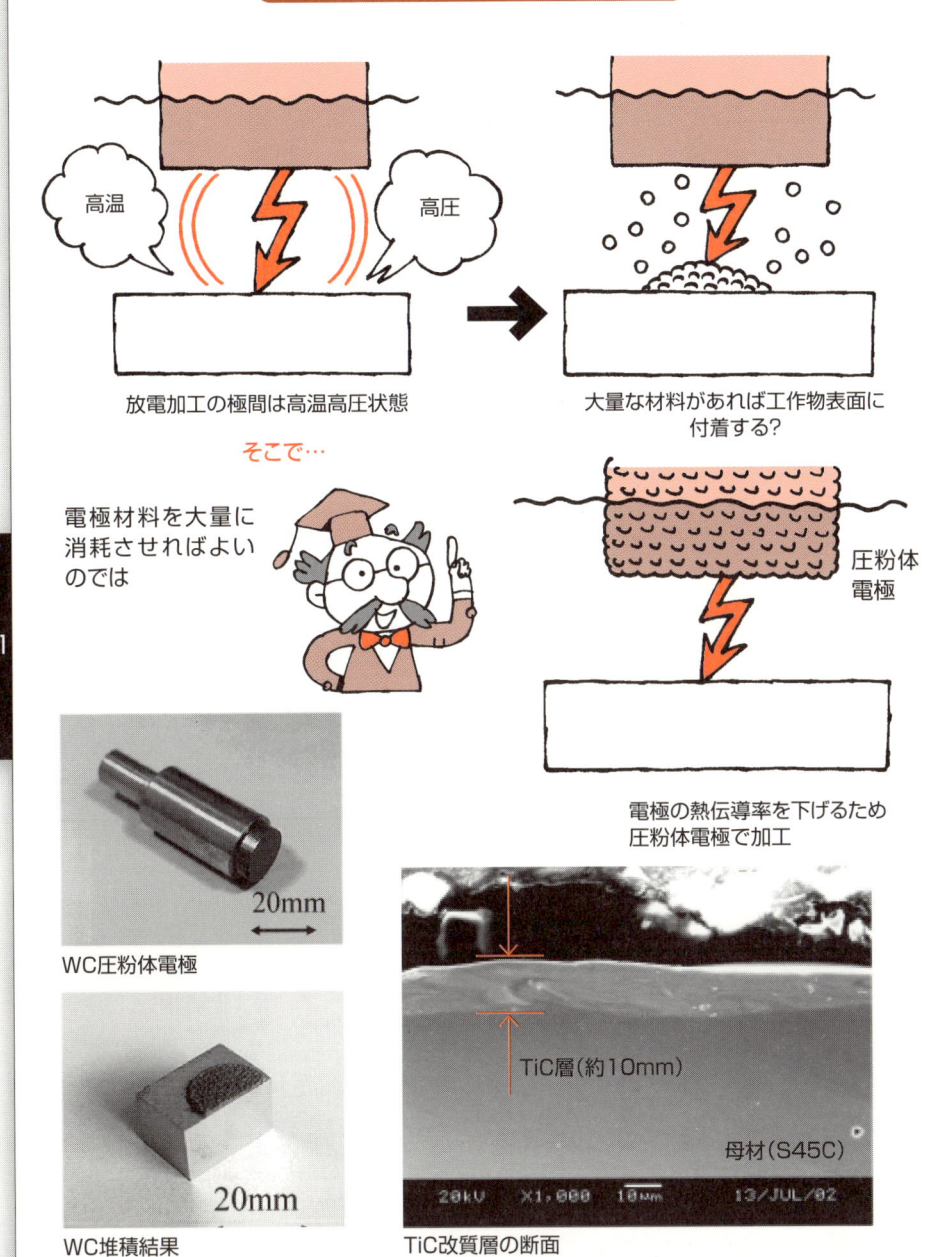

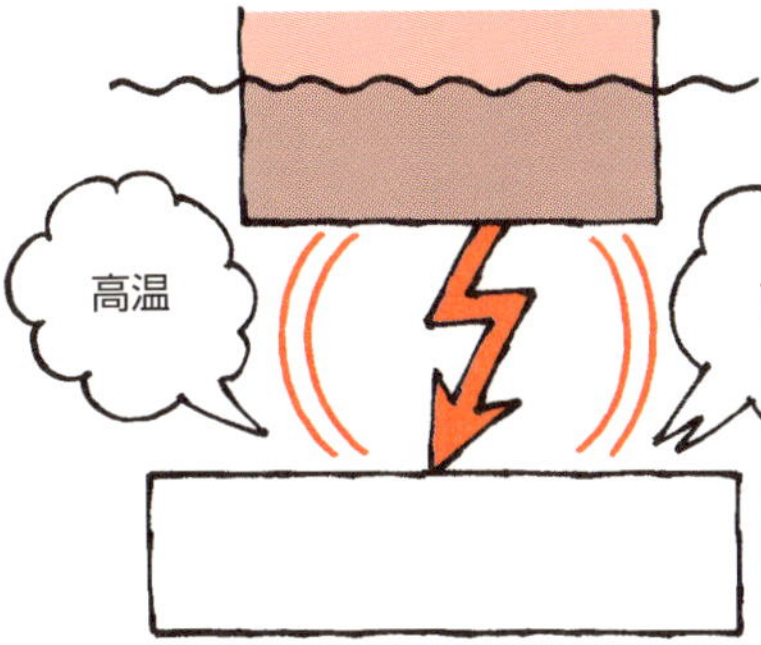

放電加工の極間は高温高圧状態

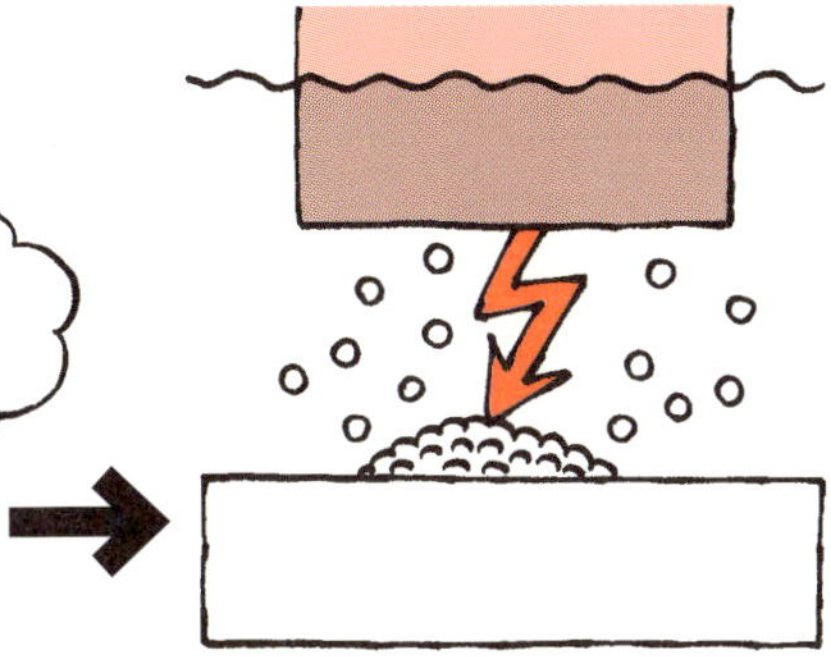

大量な材料があれば工作物表面に付着する？

そこで…

電極材料を大量に消耗させればよいのでは

電極の熱伝導率を下げるため圧粉体電極で加工

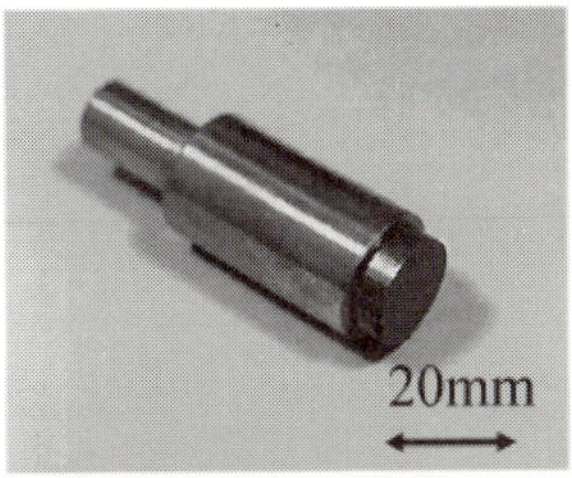

WC圧粉体電極

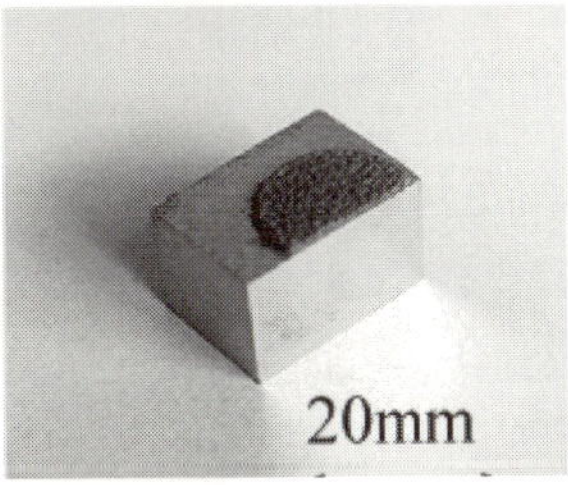

WC堆積結果

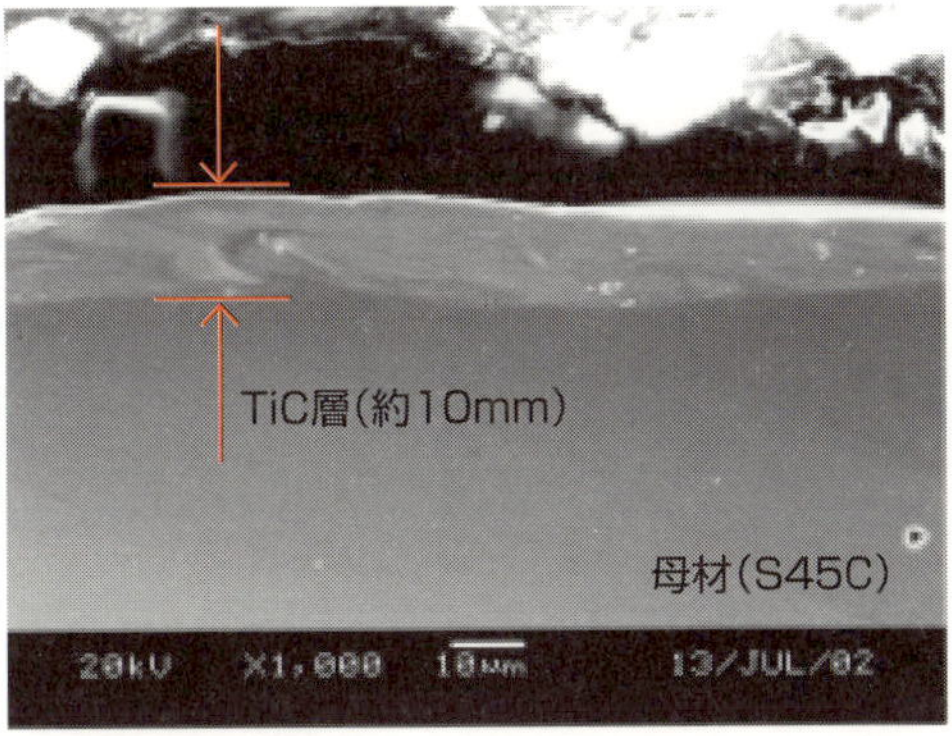

TiC改質層の断面

注⑯:毛利尚武ほか、放電加工による表面処理、精密工学会誌、Vol.59, No.4, pp.93-98 (1993)

52 絶縁性の材料でも放電加工を可能にした大発見

放電加工は導電性のある材料であれば、硬度などの機械的強度に依存せずに精密加工が可能なことが、これまで利用されてきた最大の理由であり、一般的な加工に関する教科書においてもそのような説明がなされています。

ところが、最近の放電加工の分野では、電気の通らない絶縁性の材料であっても放電加工が可能であることは常識となっています。この技術は、絶縁性セラミックスと金属の接合界面を観察する手法を模索する過程において発見されました「注⑰」。従来のと石を用いた切断では接合界面でセラミックスが割れる、あるいは界面から剥離するなどの問題があり、他の手法が検討されました。その中で、放電加工を試してみたらと紹介されたのがきっかけです。

当初は、導電性のない絶縁性セラミックス側は加工されないと思われていましたが、金属側は少なからず加工がなされ、接合界面の一部でも露出するのではとの期待があったようです。銅丸棒電極で、界面をまたぐように形彫り放電加工機で加工を行ったところ、予想に反して絶縁性セラミックス側も材料の除去が進行しました。しかし、加工面をよく見ると黒光りした加工面となっており、前述の電極極性プラスの際に銅電極表面を覆う油の分解カーボン膜のような膜が観察されました。

実は、このとき加工条件として電極極性マイナスで行っていたことが、その後の大発見につながるとは運命とはまったくわからないものです。また、カーボン被膜が加工の進行を担っているため、油系加工液での放電加工が重要となります。

その後の詳細な研究により、加工初期は金属面への放電が発生しますが、その後、油の分解カーボンがセラミックス側に広がり、そのカーボン膜に対して放電が生じることで、セラミックスの除去加工が進行することがわかっています。

要点BOX

- 世紀の大発見
- 絶縁性セラミックス側も材料の除去が進行
- 加工条件として電極極性マイナスで行っていた

絶縁性材料でも放電加工は可能

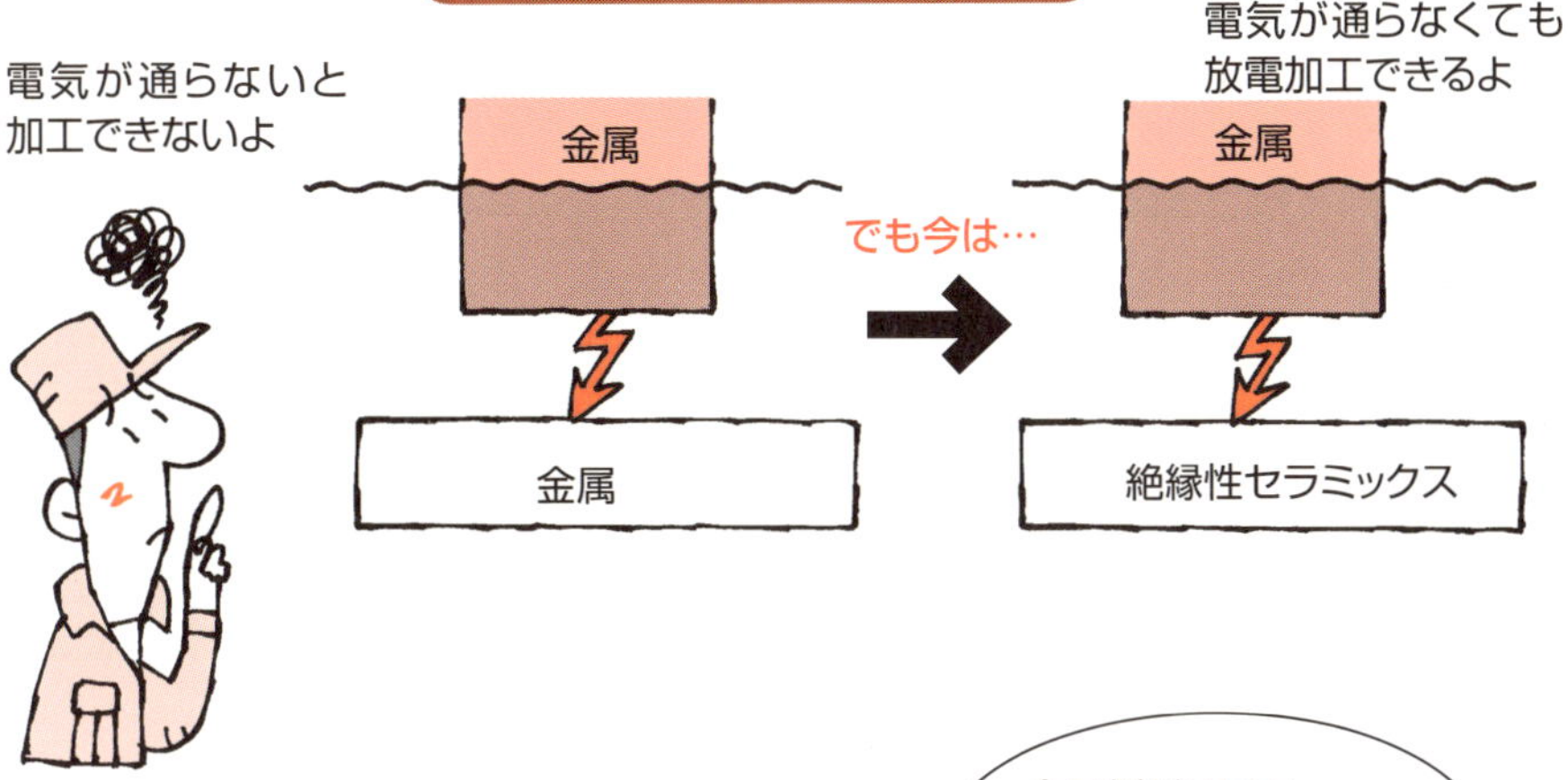
電気が通らないと
加工できないよ
金属
金属
でも今は…
電気が通らなくても
放電加工できるよ
金属
絶縁性セラミックス

きっかけは、セラミックス金属界面の観察

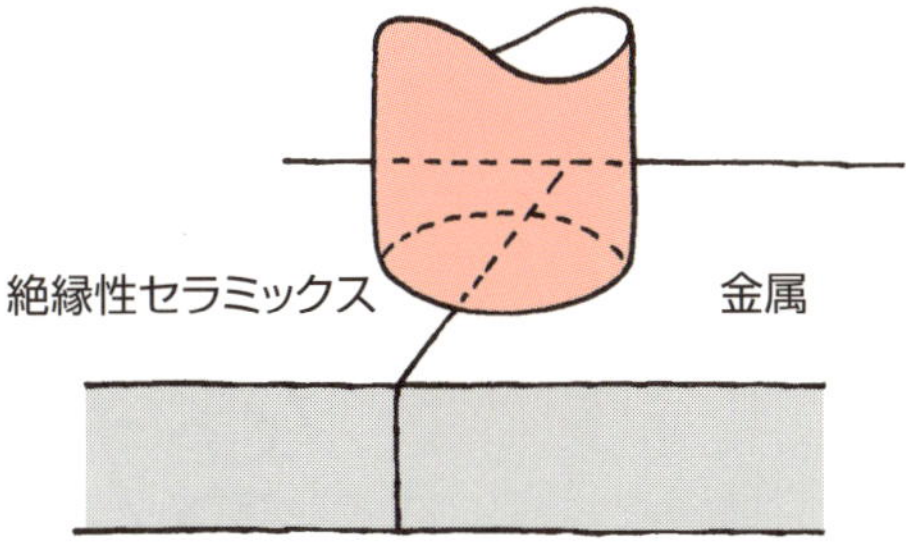
絶縁性セラミックス
金属

接合界面を露出するために放電加工

金属側だけでも
加工できればいいかも
試してみよう!

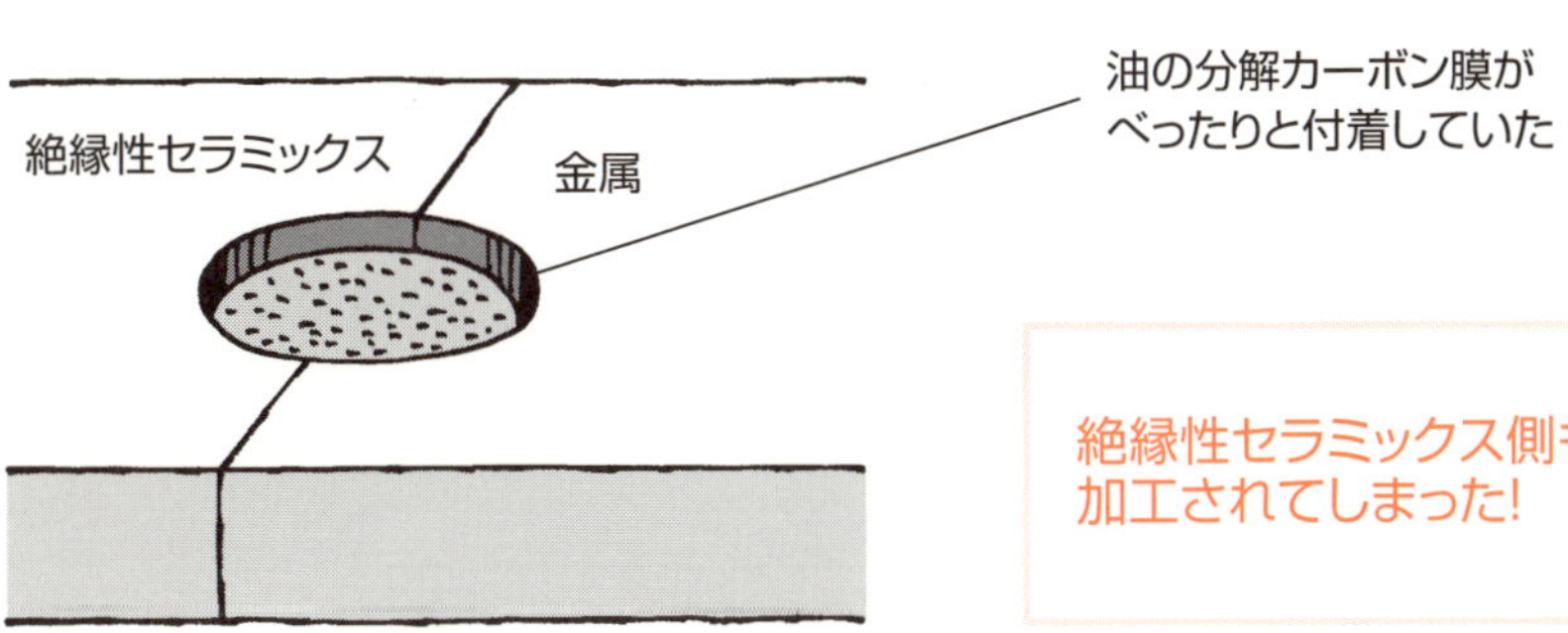
絶縁性セラミックス
金属
油の分解カーボン膜が
べったりと付着していた

絶縁性セラミックス側も
加工されてしまった!

注⑰:福澤 康ほか、放電加工機を用いた絶縁性材料の加工、電気加工学会誌、Vol.29 No.60, pp.11-20 (1994)

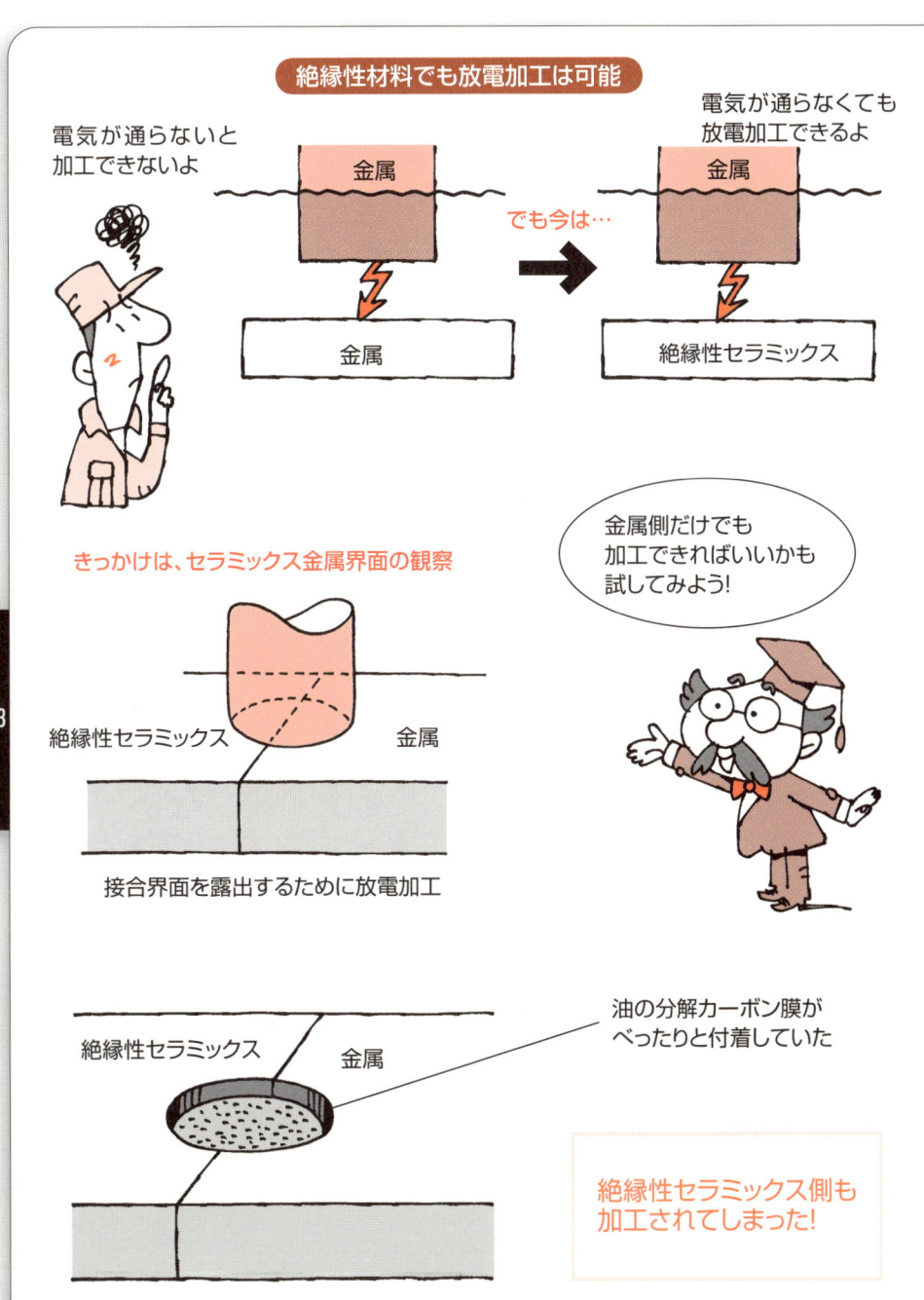

53 セラミックスがなぜ放電加工可能なのか

「長パルス放電」と呼ばれる現象

絶縁性材料であるにもかかわらず、セラミックスがなぜ放電加工可能であるのかを解明するため、各種実験が行われました。

その結果、設定した放電パルス幅よりもはるかに長い放電がときどき発生していることがわかりました。後に「長パルス放電」と呼ばれる現象です。放電の発生は、付着したカーボン被膜に対して生じますが、導通があるといってもその厚さは極薄く、抵抗は高い状態です。

抵抗が高い材料に放電が発生すると、放電電圧は通常金属の場合の20Ｖ程度と異なり、70Ｖ程度から徐々に低下します。このとき、電流値は設定電流値よりも小さく、徐々に増加します。

放電加工機は、絶縁破壊の検知を、つまり放電が発生したという認識を、極間電圧が設定電圧よりも低下し、その時に電流が立ち上がっていることで判断しています。

ところが、絶縁性材料の放電加工では、薄いカーボン被膜に対して放電が発生すると、抵抗が大きいため、電流は設定値まで上昇しきらず、放電電圧も基準値よりも高い状態が持続します。

このとき、放電加工機側では放電は発生していないと勘違いし、アイソパルス回路のタイマスイッチがＯＮになりません。ただし、長い放電が発生すると放電点の周りに油の分解カーボンが成長し続けます。その結果、被膜抵抗は低下し、放電電圧は設定値を立ち下がり、絶縁破壊したことが認識されます。その後、設定のパルス幅の時間が経過して放電が終了します。

現在、絶縁性材料の加工においては、事前に、加工される材料表面に導電性材料を付着させておく方法がとられています。「補助電極法」と呼ばれる手法で、物理蒸着（ＰＶＤ）などにより導電性の薄膜を付着させておけば、油中で放電加工が可能となっています。

要点BOX

●設定した放電パルス幅よりもはるかに長い放電がときどき発生していた
●約20年前の発見

長パルス放電で導電性被膜が成長

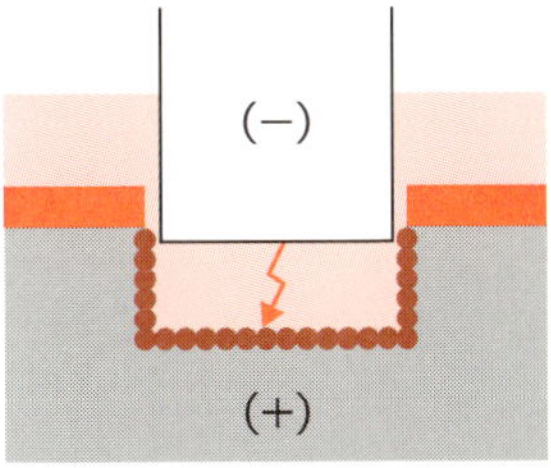

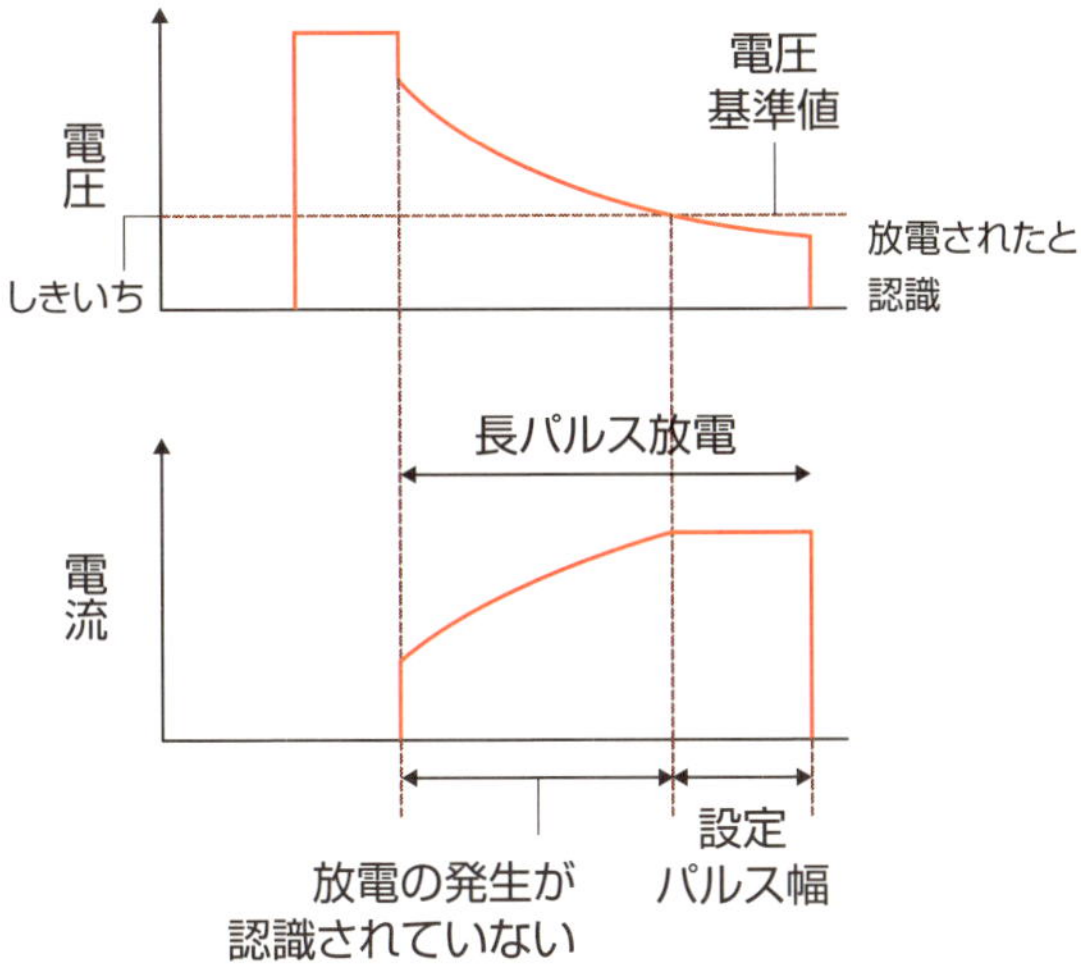

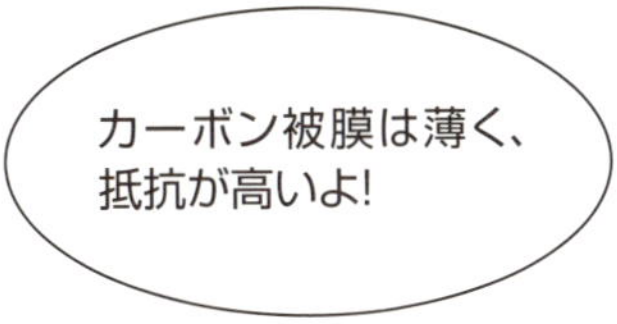

絶縁性材料の放電加工現象が見出されてから20年以上がたつが、その間、各種実験が繰り返され、今では油中であればワイヤ放電加工でも加工が可能となり、仕上げ面粗さや加工速度の改良がなされている。

加工サンプル(Si_3N_4材)

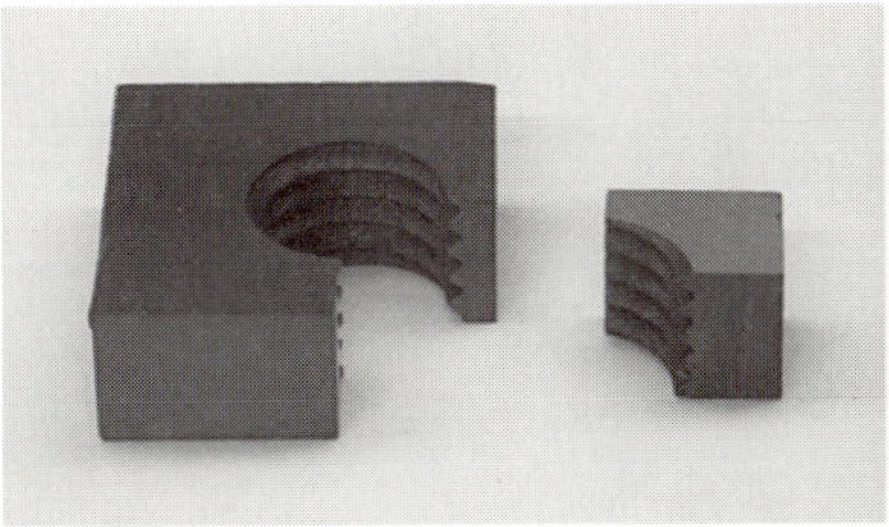

形彫り放電加工の加工サンプル

ワイヤ放電加工の加工サンプル

(写真提供:長岡技術科学大学　福澤 康研究室)

54 単純電極を用いた走査放電加工

単純形状の銅材やグラファイト材を電極として利用

形彫り放電加工では、加工したい形状を反転させた形状の電極を事前に切削加工などで準備する必要があります。この点が切削加工や研削加工のように工具を購入すれば加工に取りかかれる加工法との違いであり、デメリットとなっています。

そこで、丸棒や角棒など単純形状の銅材やグラファイト材を電極として用い、それらを走査放電加工することで3次元形状の加工を行う方法が提案されています「注⑱」。単純電極は容易に入手可能であるため、電極を成形する時間が省かれ、トータルの加工時間の短縮につながります。

走査放電加工の加工原理の基本は、放電クリアランス以下程度に電極を工作物に近づけ、その高さを保ったまま、水平方向に移動させ、工作物を1層ずつ加工していく手法です。そのため、比較的加工時間が長くかかってしまいます。

加工除去量が少ない場合はよいのですが、加工深さが深く、比較的大きな面積を加工する場合は通常の形彫り放電加工による加工速度にはかないません。そのため、比較的加工形状が小さく、除去量自体が少ない微細加工で用いられることが多くなっています。

ところで、その昔には加工速度を向上する目的で「くり抜き放電加工」という手法も提案されていました「注⑲」。材料をすべて放電で溶融除去するのは加工時間がかかるため、針金などで形づくった電極を、材料をくり抜くように移動させることで、大きな固まりとして一気に除去する手法です。形状の最終的な仕上げは通常の電極で仕上げる必要があるかもしれませんが、荒加工における加工時間は大幅に短縮されます。

電極材料や電極の走査速度などが検討されたようですが、鋼材を加工する場合、電極の消耗が大きく、くり抜き加工の途中で電極が消耗してしまい、なかなか実用にはいたらなかったようです。

要点BOX

- ●単純電極は容易に入手可能
- ●電極を成形する時間が省かれる
- ●トータルの加工時間の短縮につながる

単純電極の走査加工で1層づつ除去加工

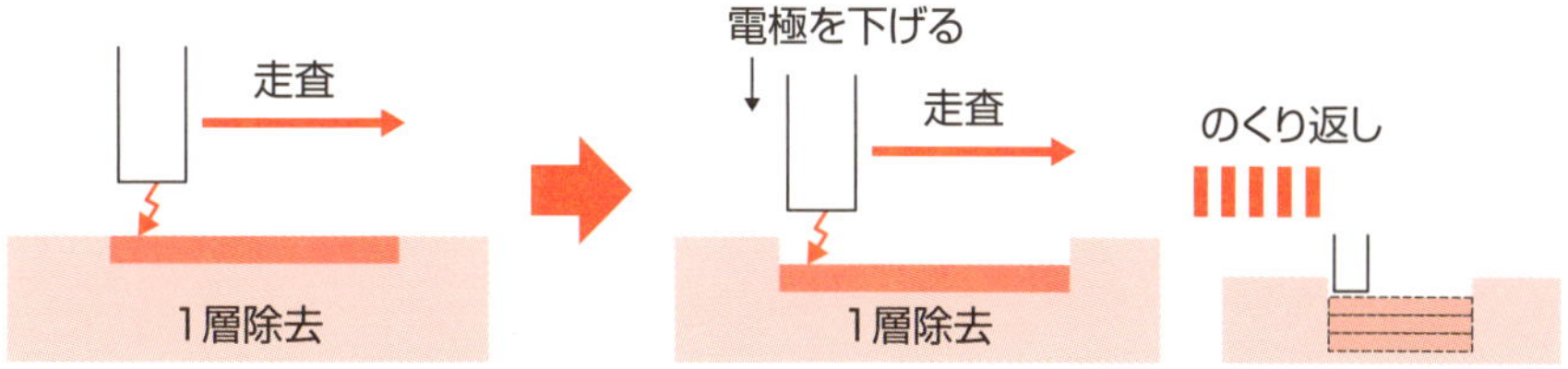

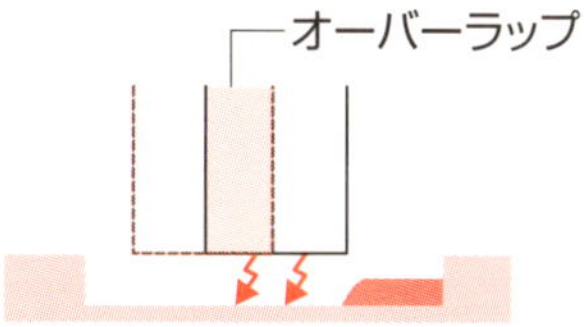

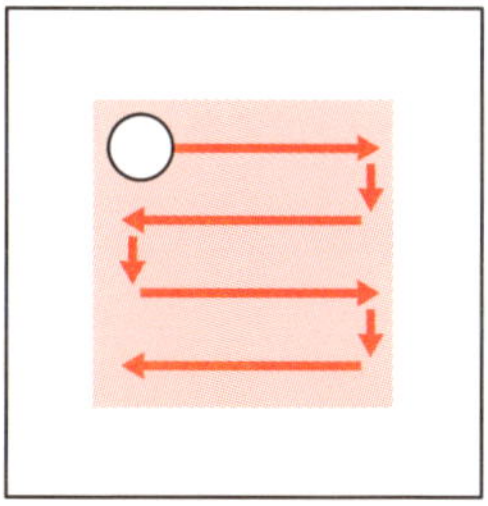

水平方向の電極走査パターン例

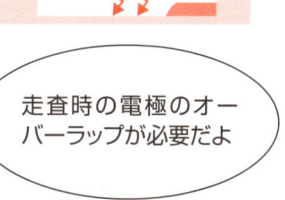

くりぬき放電加工の概念図

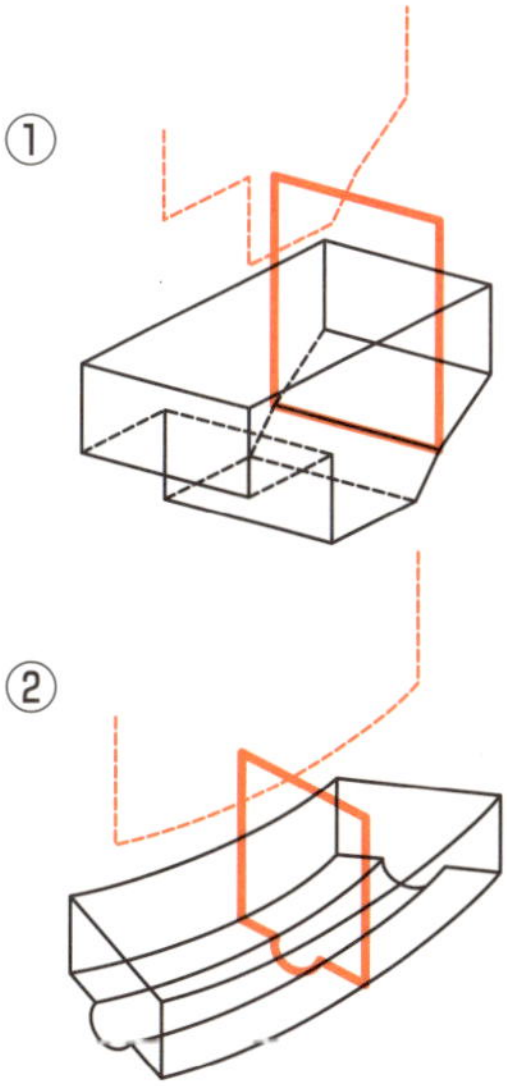

走査放電加工写真

微細加工への適用例

（写真提供:増沢マイクロ加工技術コンサルティング）

注⑱:余 祖元ほか、単純成形電極による三次元微細放電加工（第1報）、電気加工学会誌、Vol.31 No.66, pp.18-24 (1997)
注⑲:今野 廣ほか、多軸NC放電加工機による形状創成加工法に関する研究(第2報)、精密機械、Vol.50, No.8, pp.1261-1266 (1984)

55 絶縁液を用いない気中での放電加工の実現

静電気の「ビリッ！」と同じ現象

絶縁液中で電極と工作物を対向させ、微小な放電を連続的に発生させて加工が進行する放電加工ですが、絶縁液を用いない気中での放電加工も実現しています「注⑳」。

放電加工で用いる100〜200V程度の印可電圧においても、気中にて放電を発生させることは可能です。この場合、概して液中放電加工よりも絶縁破壊距離は短くなり、数μ程度以下と考えられます。ところが、中荒加工条件のような電流値が比較的大きく、パルス幅も数十μsec以上の条件では、工作物側の材料除去はほとんど発生せずに、材料が溶融再凝固した跡が観察される程度です。

パルス幅が短い条件では蒸発作用により、放電痕形成がなされる場合もありますが、溶融部を飛散させる作用が気中放電では小さく、飛散したとしても材料表面に再付着してしまうことが懸念されます。

そこで、溶融部を飛散させる効果を高めるため、パイプ電極の中空部から数気圧の高圧気体を噴出させながら気中放電する方法が提案され実際に除去加工が確かめられています。パルス放電により材料を溶融させる作用は液中放電加工と同じですが、溶融部の飛散は高圧気体の噴出に頼る加工原理です。使用気体に酸素を用いれば、化学反応による作用も加わり、除去速度が上昇することがわかっています。

気中放電加工では、パイプ電極を用いた加工となるため形状加工を行うにはパイプ電極の走査加工が必要となります。当初は先の単純電極による走査放電加工と同様に、1層づつ除去加工を行うことが提案されましたが、斜面形状を仕上げる際には高圧気体の噴流が効率よく斜面に導かれないため、除去加工が進まないことが課題でした。ただし、最近では5軸加工の手法が提案され、任意の斜面に対しても垂直にパイプ電極を対向させることで効率よく加工が可能となっています。

要点BOX

- ●パイプ電極を用いた加工となる
- ●パイプ電極の走査加工が必要
- ●5軸加工の手法も提案されている

気中放電では高圧気体で溶融部を飛散

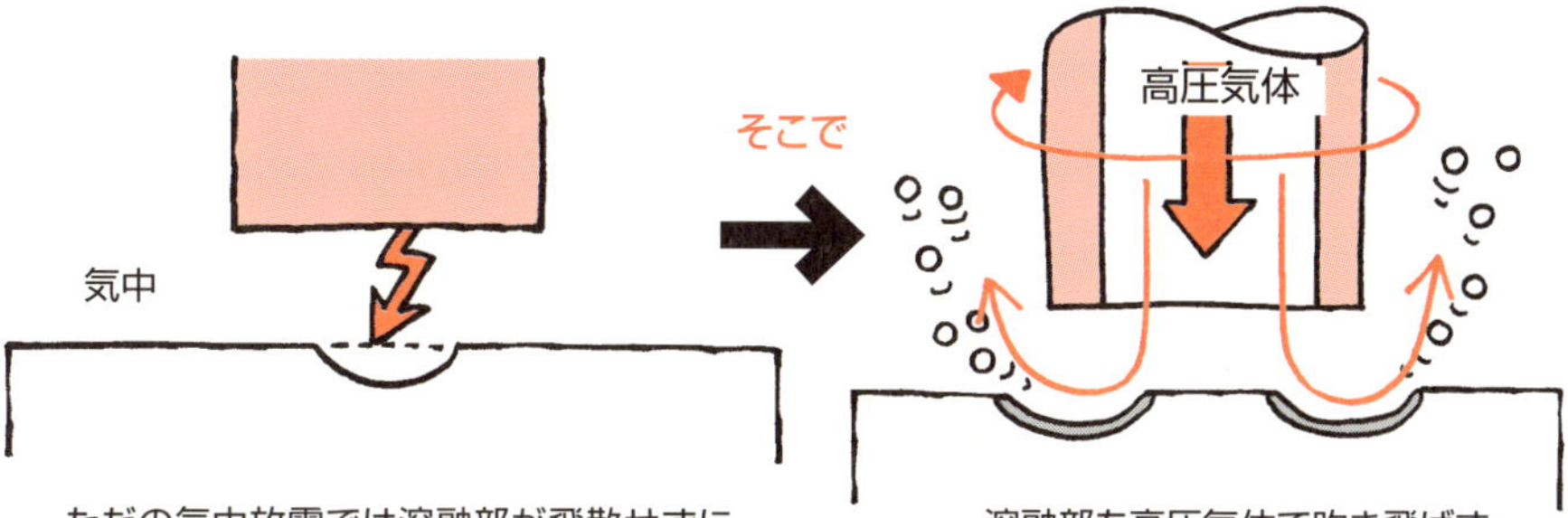
気中
そこで
高圧気体

ただの気中放電では溶融部が飛散せずに溶け固まるだけ

溶融部を高圧気体で吹き飛ばす

気中放電加工の特徴

①極間距離が小さい(短い)
②溶け残り(白層)が少ない
③パイプ電極を用いた走査加工

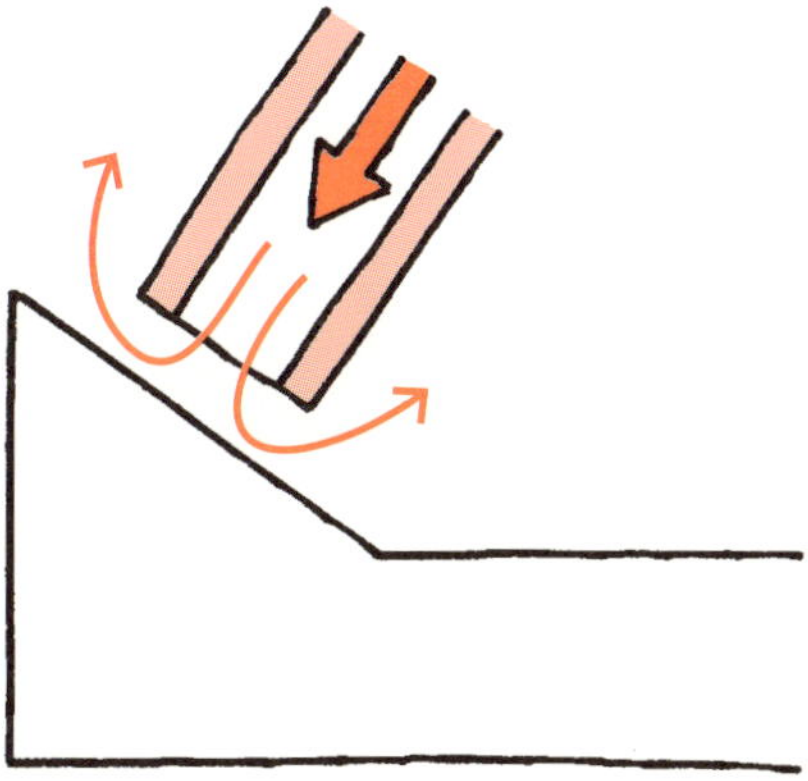

5軸加工を行えば斜面も加工可能

ただし、高圧気体の噴出や5軸化の改造は大変で、一般的な利用は難しいかも

注⑳:吉田政弘ほか、気中放電加工における工具電極微消耗のメカニズム、精密工学会誌、Vol.65, No.5, pp.689-693 (1999)

56 ワイヤ放電加工での電解作用の活用

電解作用を効果的に利用する手法の提案

脱イオン水中で加工を行うワイヤ放電加工では、一般的にワイヤ電極がマイナス極、工作物をプラス極として加工が行われます。このような単極性加工の場合、少なからず加工面に電解腐食が生じてしまいます。ところが、この電解作用を効果的に利用する手法が提案されています。

1つは、チタン合金をワイヤ放電加工した際に発見された現象であり、加工条件をうまく選択すれば加工面をある程度狙った色に着色可能という技術です「注㉑」。チタン合金の特徴として、その表面は非常に活性であり酸素と結合して酸化膜をすぐに生成します。この酸化膜の厚さの違いによりチタン表面が発色することが知られています。チタン合金のワイヤ放電加工において、ワイヤ電極のオフセット量や電気条件を選定すれば、電解作用により形成される酸化膜の厚さを変化させることができます。その結果、ほぼ任意の着色面を形状加工と同時に仕上げることが可能となります。加工条件を連続的に変化させれば、グラデュエーションがついた加工面を得ることができるわけです。

もう1つの技術は、超硬合金のワイヤ放電加工における表面欠陥の除去を行うものです「注㉒」。超硬合金の放電加工においては加工面の溶融再凝固層内に、クラックや微小穴などの表面欠陥が存在し、その除去のために後工程が必要になることが課題としてあげられます。この手法は、脱イオン水中で超硬合金を加工した後に、同一軌跡を、放電は発生せずに電解作用が進行する加工条件に適切にセットし、再度走査するものです。その結果、溶融再凝固層のクラック部位から電解作用が進行し、変質層が母材から脱落するため、表面欠陥が除去されます。

両者とも、ワイヤ放電加工機を用いた表面処理の一種とも考えられ、放電加工の新たな利用価値が見出された技術といえます。

要点BOX

- チタン合金をワイヤ放電加工
- 酸化膜の厚さの違いによりチタン表面が発色
- 超硬合金のワイヤ放電加工

チタン合金の着色

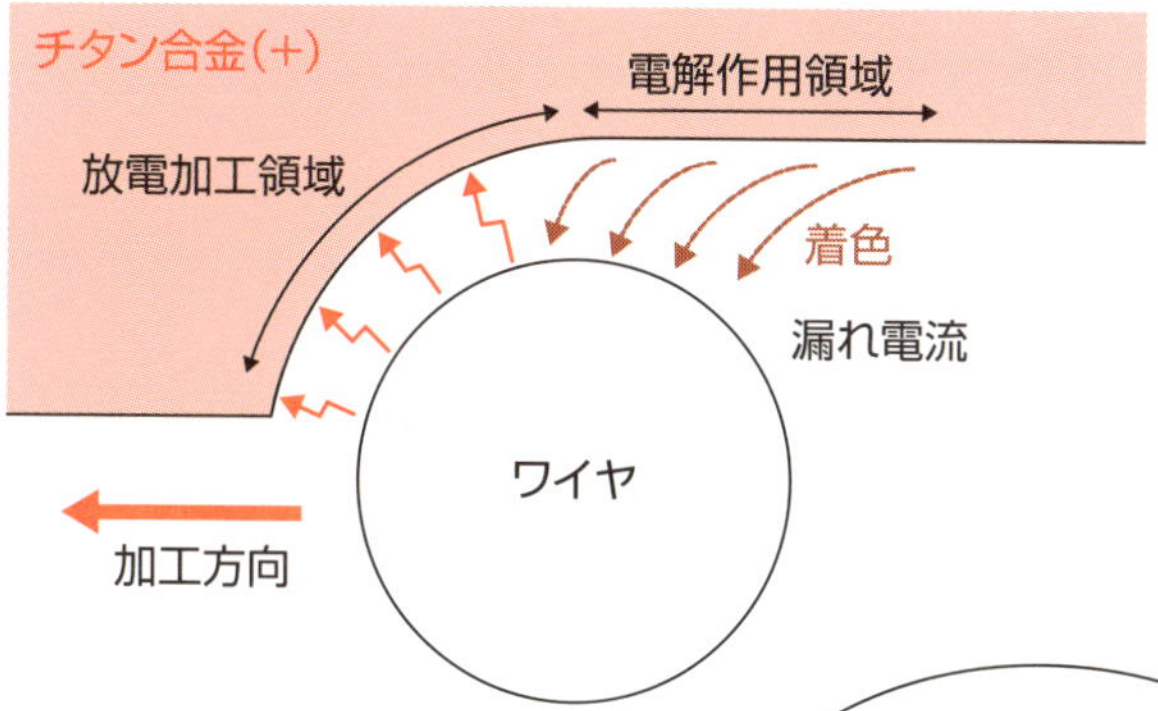

チタン合金の発色原理

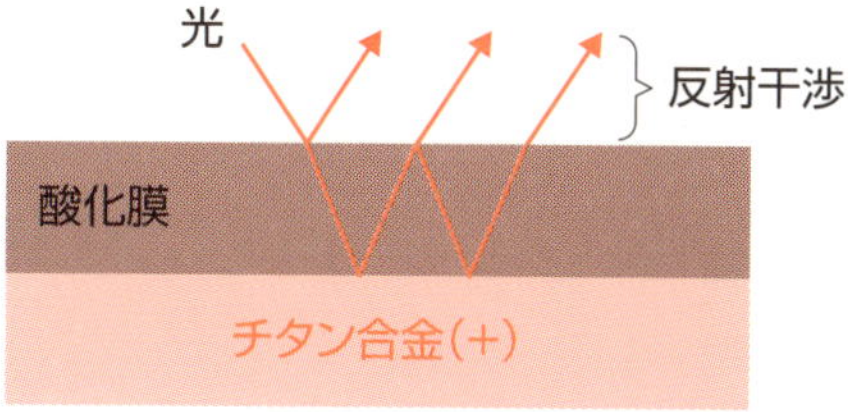

超硬合金の表面欠陥層の除去

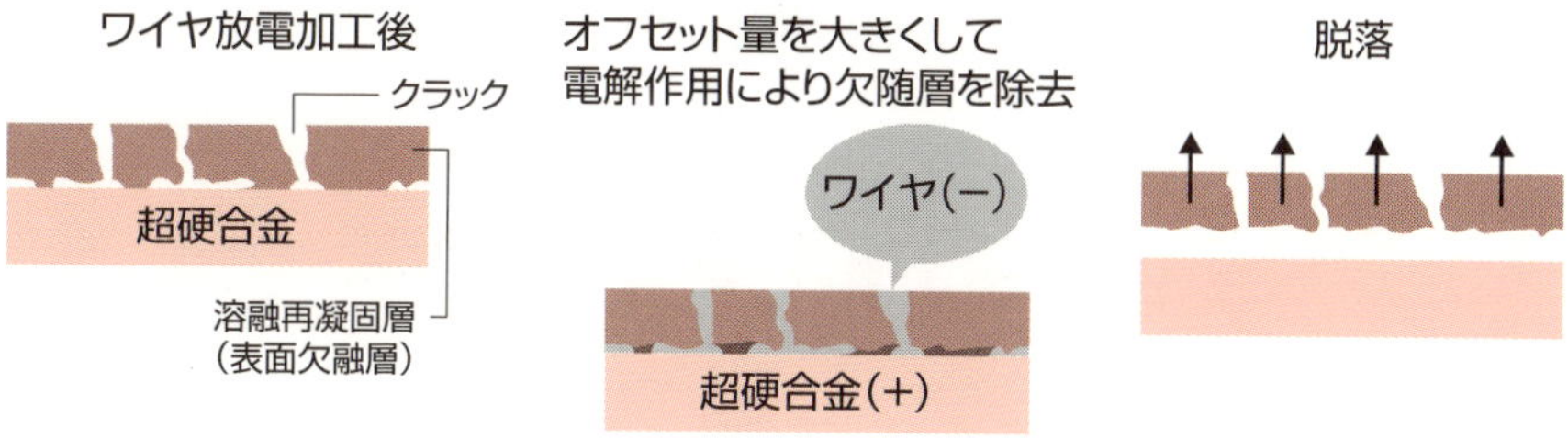

注㉑:南 久ほか、放電加工によるチタン合金の着色仕上げ、電気加工学会誌、Vol.32 No.70, pp.32-39 (1998)
注㉒:田村武夫ほか、ワイヤ放電加工におけるオンザマシン表面改質技術の開発 、電気加工学会誌、Vol.46 No.111, pp.14-22 (2012)

57 放電加工の加工状態を観察する手法

透明体電極を用いた放電の極間観察

　放電加工の加工状態を観察する手法として、いくつか紹介してきました。ただし、いずれの手法も実加工の状態をリアルタイムで観察することはなかなか難しい手法でした。ところが最近、導電性をもちながら半透明状態の材料が開発され、それを電極として用いた放電加工において、放電加工における極間状態を直接観察する方法が実現しています「注㉓」。

　導電性のある半透明体電極は、「単結晶ＳｉＣ」と呼ばれる材料であり、パワー半導体の材料として近年開発されたものです。

　極間の観察は、半透明体電極を電極として、対向する銅材料との間で放電を発生させます。半透明体電極側から高速度ビデオカメラを用いて極間の放電発生位置や発生状態を、リアルタイムで観察できます。この材料は、放電が発生した箇所は、熱的なダメージにより物性値が変化するため透明度を失います。そのため、連続放電ではあたかもマシンガンで打ち抜かれたように黒い点が増大していきます。

　記録されたビデオを詳細に観察することにより、放電発生位置の変化、およびそのときの極間に広がる気泡の発生状態、また気泡の発生と放電位置の関係などさまざまな情報があきらかとなっています。さらに、観察されたら画像から放電の発光状態を解析し、放電点の温度状態の予測も試みられています。

　一般的な電極材料である銅電極やグラファイト電極では、加工面や極間の状態を直接観察することは基本的に難しく、透明な導電性の材料は以前より心待ちされていましたが、最近の半導体材料の開発研究により入手可能となった単結晶ＳｉＣにより、放電加工の分野において、多くの事実が明らかとなっています。

　最近では、同様の手法で電解加工における極間状態の観察も行われており、放電加工と電解加工における材料除去過程が、徐々に明確になりつつあります。

要点BOX

- 半透明体電極を電極とする
- 対向する銅材料との間で放電を発生させる
- マシンガンで打ち抜かれたような黒い点

従来の極間観察法

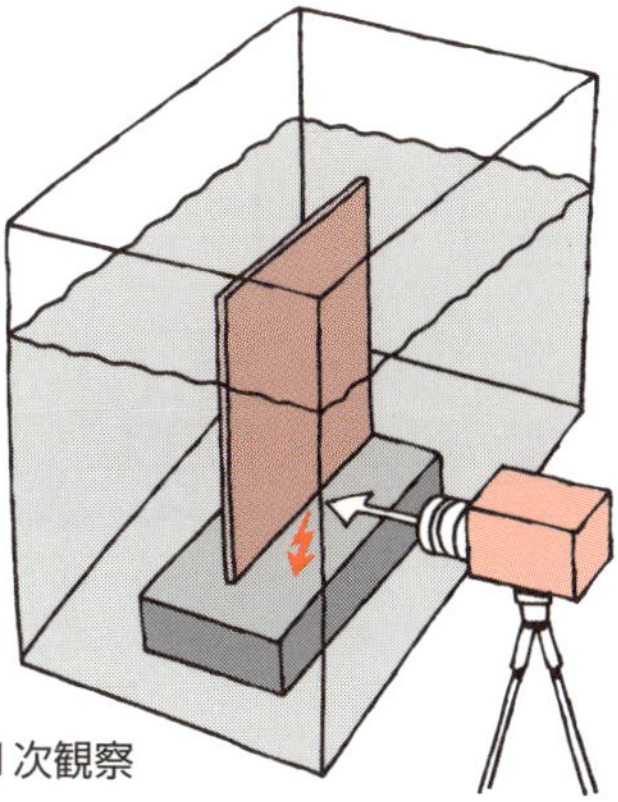

1次観察

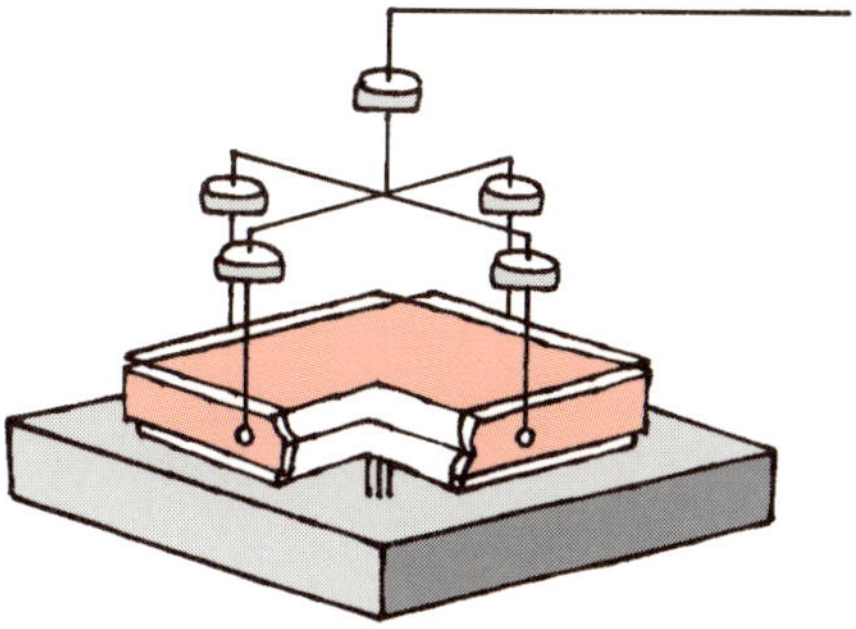

分割給電法

1次元のみ

2次元だがリアルタイムではない

それに対して
単結晶SiCウエハ→導電性があり半透明(比抵抗:0.013〜0.025Ω㎝)

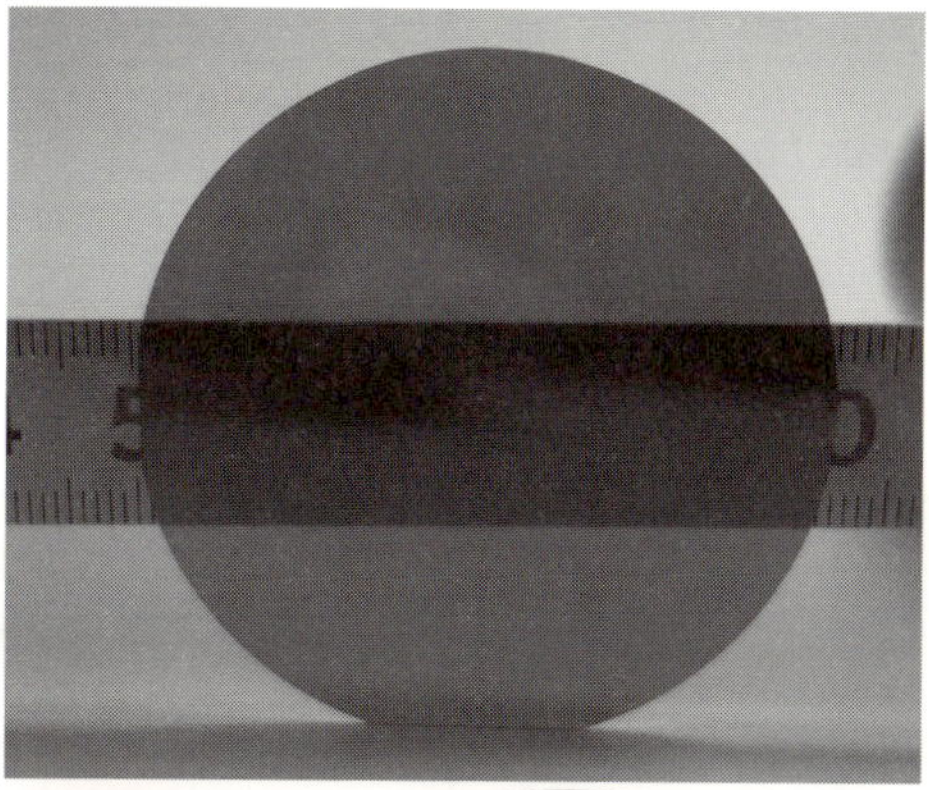

極間観察法図

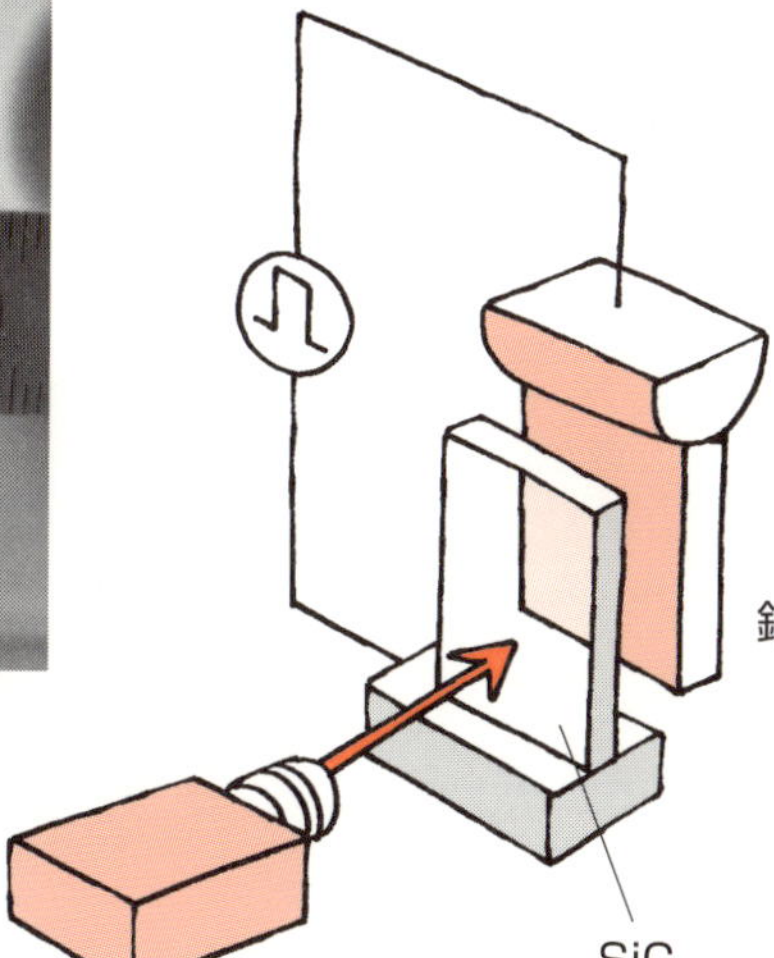
銅
SiC

今後も新たな
結果が
期待できるよ

注㉓:T. Kitamura et al.、High-Speed Imaging of EDM Gap Phenomena Using Transparent Electrodes、ISEM XVI、Vol.6, pp.315-320 (2013)

58 気中放電による肉盛り、表面処理

金型の補修などで活躍

液中放電加工とは異なるが、気中での放電現象を利用した金属材料の肉盛り、表面処理が小型の装置で実用化されています。プレス金型や抜き金型は、一式を組み付けた状態では重量が重く、大型なものになります。ところが、使用している間に一部に欠けや割れが生じてしまうことがあります。金型は高価なものなので一部が欠けただけで、新品にすぐに取り替えることはできません。そこで、補修を行うことになりますが、金型メーカに送り返して肉盛り、成形、仕上げ処理をしてもらうと日数もかかりますし、搬送費もかかってしまいます。そこで、現場で補修作業ができればそれにこしたことはありません。

このような観点で、気中放電を利用した肉盛り、表面処理装置が市販されています。肉盛りしたい材料の丸棒電極を回転させながら、金型に対してコンデンサ回路を用いた気中放電を発生させます。実際には、丸棒電極を金型材に擦りつけるように接触させると、回転の振動で接触と開放を繰り返します。開放したときに気中放電が発生し、電極材料が溶け出し金型材に堆積すると同時に、回転していることで溶融部が金型材に擦りつけられる効果もあり、堆積が進行します。

極間の制御などは特に必要なく、容易に肉盛り、表面処理が可能です。電極材料が移行堆積する詳細のメカニズムはすべてが明らかとはなっていないようですが、電極と金型が接触している短絡時に電極表面が発熱し、その後、放電が発生することで溶融部が吹き飛ぶ、あるいは擦りつけられて堆積が進行するようです。

ただ大面積や緻密な面粗さを必要とする場合は、やはり熟練作業者のコツが必要なのですが、電極の回転運動に振動を付与する工夫をすることにより、最近ではこれらの課題克服に向けた取り組みがなされています。

要点BOX

- 丸棒電極を金型材に擦りつけるように接触
- 極間の制御などは必要ない
- 熟練作業者のコツが必要な部分もある

気中放電を用いた肉盛り処理

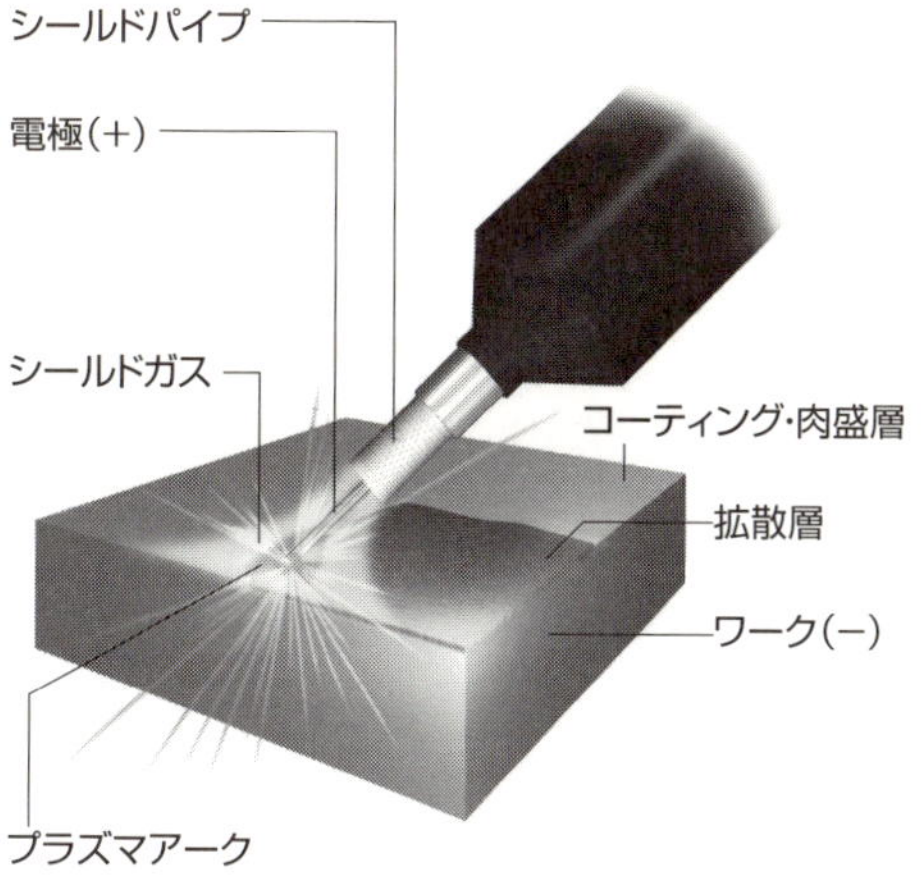

原理図

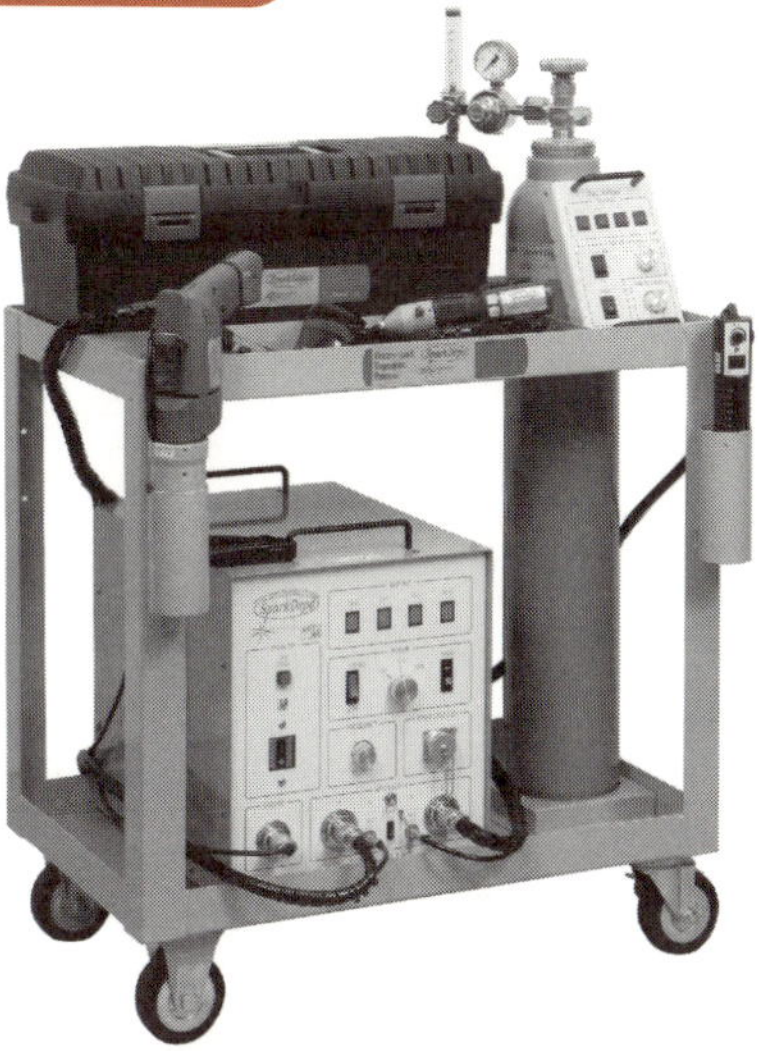

装置はコンパクト

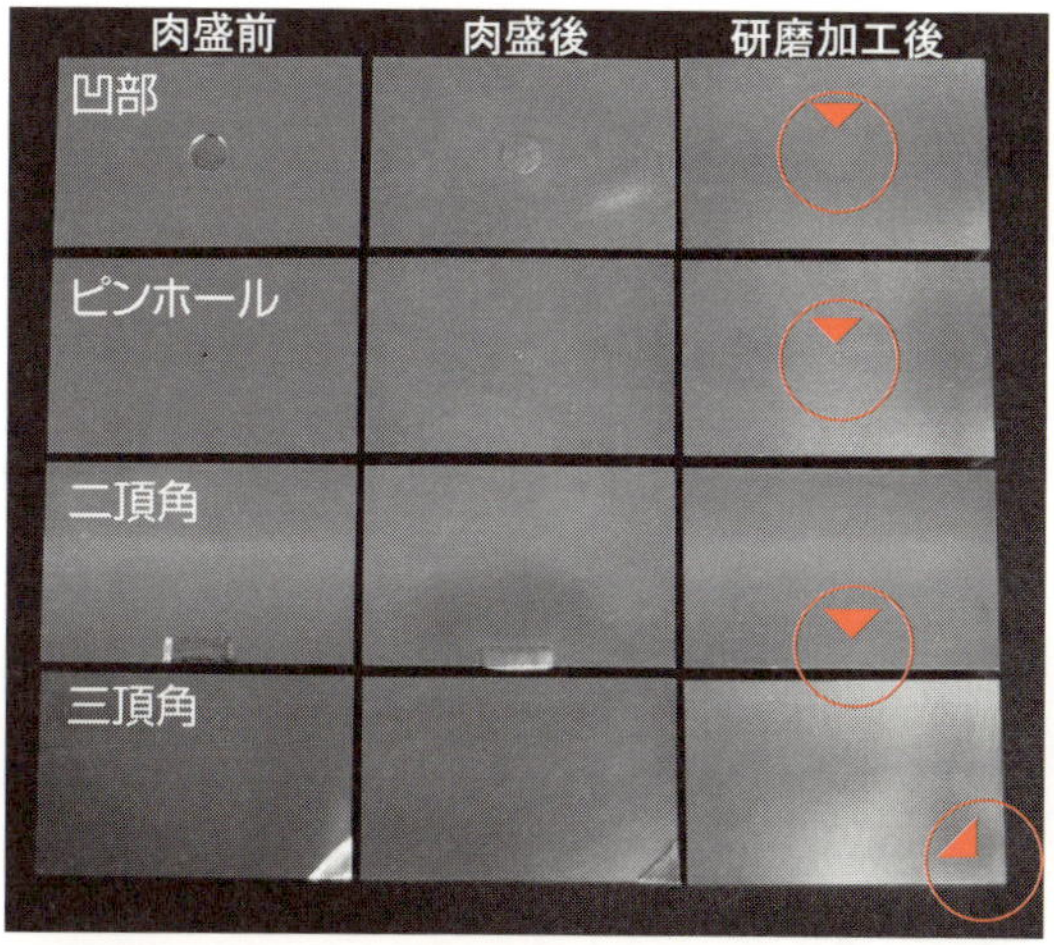

各種肉盛り処理

現場での金型補修

(写真提供:テクノコート(株))

59 回動電極を用いた放電加工

電極消耗を気にしない形彫り放電加工

形彫り放電加工において精密加工を実現させるためには、加工中の電極消耗を考慮する、あるいは消耗を小さくする工夫が必要となります。どうしても荒加工条件で電極が消耗してしまい、形状精度が満足しない場合は、仕上げ電極を準備しておき、電極を交換して仕上げ加工を行う手法が取られてきました。ただし、できれば電極を２本も事前に準備することはコスト的にも無駄であり、１本の電極で仕上げ加工まで行いたいとの希望は根強くあります。

ところでワイヤ放電加工や微細軸を成形する手法であるワイヤ放電研削法（ＷＥＤＧ）は、走行するワイヤを電極として用いており、常に未加工部位のワイヤで放電が生じるため、電極消耗を考慮しなくても精密な加工が実現できています。

形彫り放電加工においても、走行するワイヤで放電が発生するような機構が実現できれば、高精度加工を行うことが可能と考えられます。54項で単純電極の走査放電加工を紹介しましたが、単純工具の形状に沿ってワイヤを走行させただけでは形状加工が難しく、工具を回転させる必要があります。イメージとしては、フライス加工に用いるボールエンドミルのような電極で放電加工を実現することです。ただし、走行ワイヤを回転させるとワイヤはねじれて絡まってしまうためうまくいきません。そこでワイヤ走行ガイド工具を前後１８０度の間で回動運動（往復運動）させ、ワイヤは走行しているような工具で放電加工する機構が提案されています「注㉔」。

この原理によれば、ワイヤは常に走行しており放電部位には未加工のワイヤが供給されるため、電極消耗を考慮する必要はなくなります。また、まるでボールエンドミルを用いた形状加工が可能であるため、３次元の形状加工も可能です。今後研究が進めば、形彫り放電加工において電極消耗を気にせずに加工できる日がくるかもしれません。

要点BOX

- ●加工中の電極消耗を小さくする工夫
- ●１本の電極で仕上げ加工まで行くのが理想
- ●ボールエンドミルのイメージ

高精度加工には電極消耗が重要

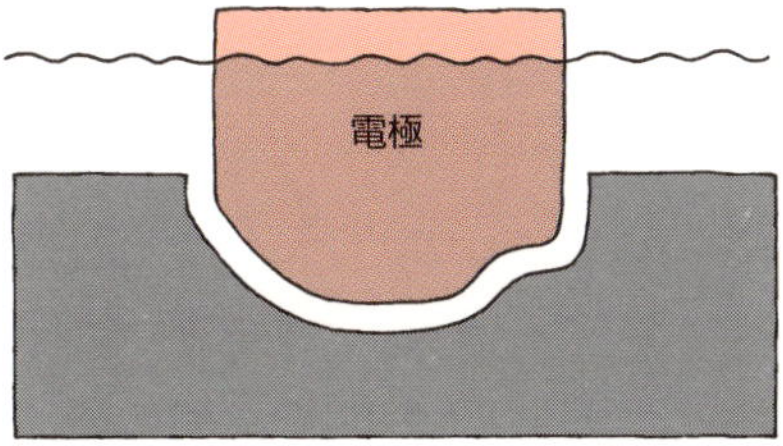

形彫り放電加工は電極消耗により加工精度が悪化

その点

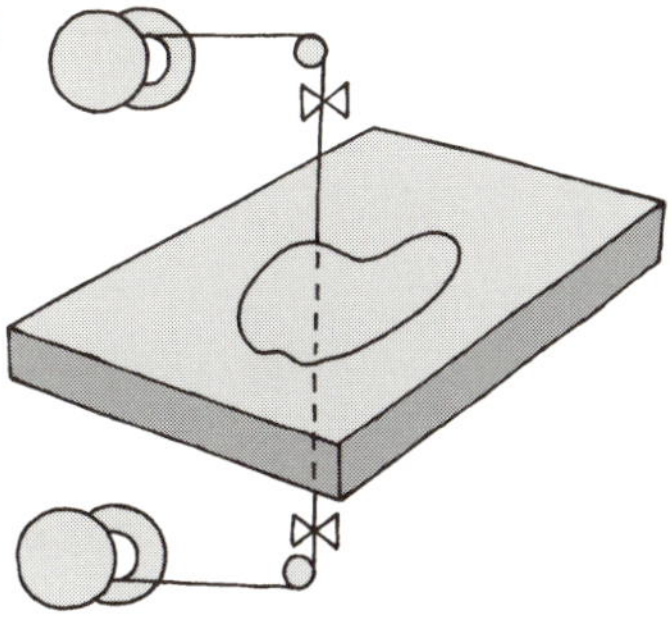

ワイヤ放電加工では常に新品のワイヤ
電極で加工できるので加工精度は高い

というわけで…

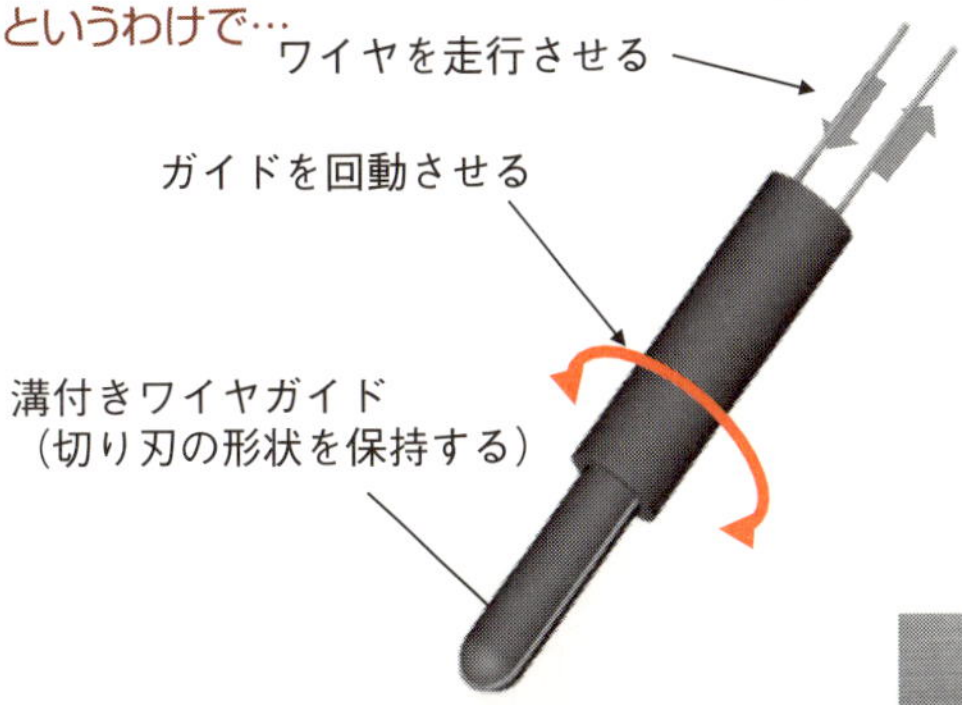

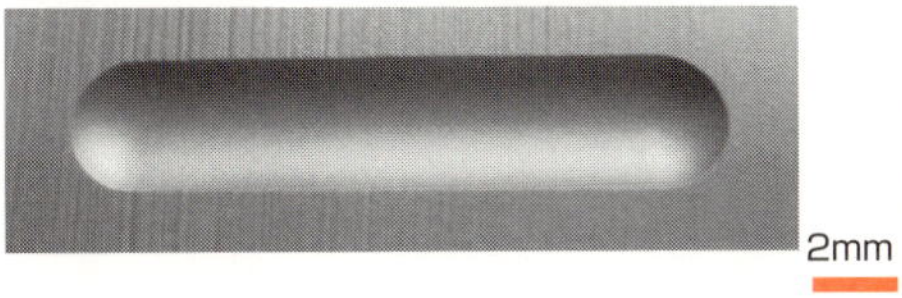

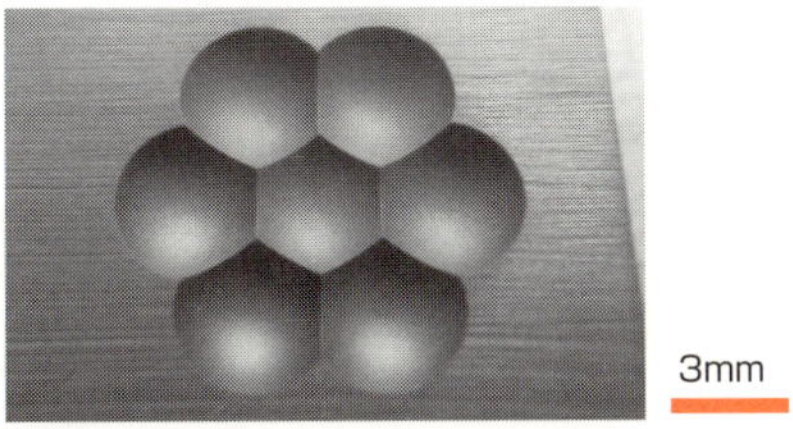

走行ワイヤガイドを左右に回動させ、切削工具と同様に放電加工が可能

（資料提供:筑波技術大学　後藤啓光博士、谷貴幸教授）

注㉔:後藤啓光ほか、回動ワイヤガイドを用いた放電加工 、2011年電気加工学会全国大会、pp.43-44 (2011)

60 焼結ダイヤモンド工具の形状仕上げ加工

特殊材料の放電加工：その1

高硬度で耐摩耗性に優れるダイヤモンド系工具の中でも、超硬合金の切削加工や研削加工では、焼結ダイヤモンドが最近使われ始めています。ところが、その材質特性から加工工具として成形することが困難であり、なんとも悩ましい状態となっています。

焼結ダイヤモンドは、バインダとしてコバルトを含有させ高圧下で焼結して成形されます。形状精度は金型精度に依存しますが、工具の切れ刃部分などは仕上げ加工が必要となります。一般的には、研削加工、研磨加工により仕上げられますが、より成形効率を高める手法が検討されています。

ダイヤモンド自体は導電性がないため、放電加工が困難ですが、バインダとして混入しているコバルトは導電性があり、コバルトに対する放電により焼結ダイヤモンドも放電加工が可能となっています「注㉕」。ただし、焼結ダイヤモンドの放電加工では、放電条件を工夫しないと加工が進行しない場合があります。

ダイヤモンドの粒径が数μと小さく、コバルトの粒径と同程度であれば、コバルトに対する放電によりダイヤモンドも脱落し、安定して放電が進行します。ところが、ダイヤモンドの粒径が数十μ程度の場合は、コバルトへの放電だけではダイヤモンドの脱落が発生せずに、加工が不安定となります。

焼結ダイヤモンドの極性をプラスとした加工では、加工油の分解カーボンが表面に付着し、あたかも絶縁性材料の放電加工と同じような原理で加工が進行しますが、それでも表面抵抗が大きく加工速度は遅いままです。

そこで、極性を入れ替える両極性パルスでの放電により、導電性膜の付着行程と材料の除去行程が適度に発生し、加工速度の向上が図られています「注㉖」。別途、仕上げ面粗さの追求もありますが、焼結ダイヤモンド工具の形状仕上げ加工として、放電加工の利用が広がり始めています。

要点BOX

- ●成形が難しい焼結ダイヤモンド
- ●ダイヤモンド自体は導電性がない
- ●放電条件の工夫が必要

焼結ダイヤモンドの加工メカニズム

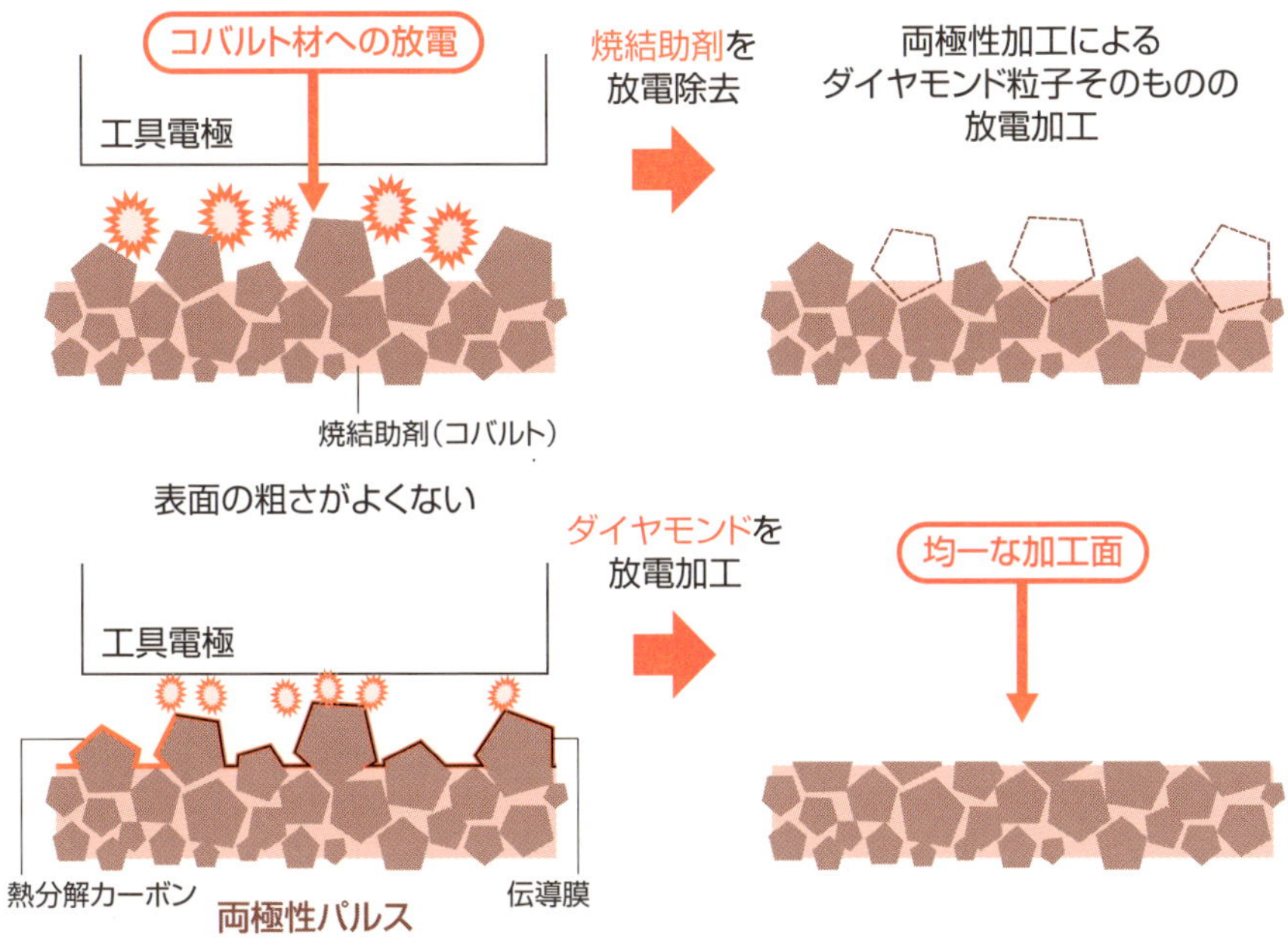

放電加工された焼結ダイヤモンド工具

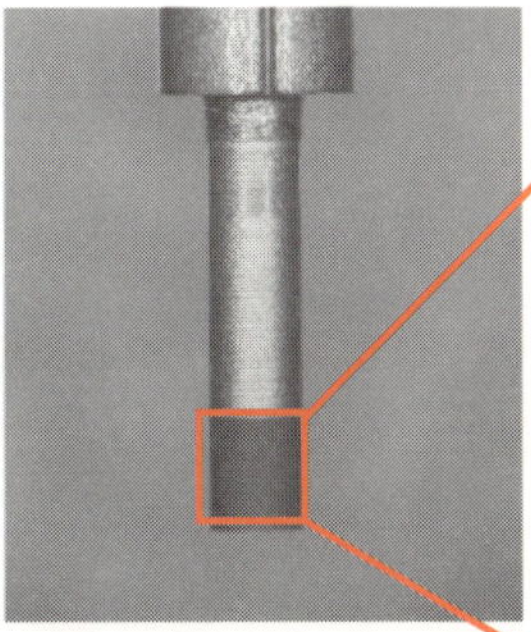

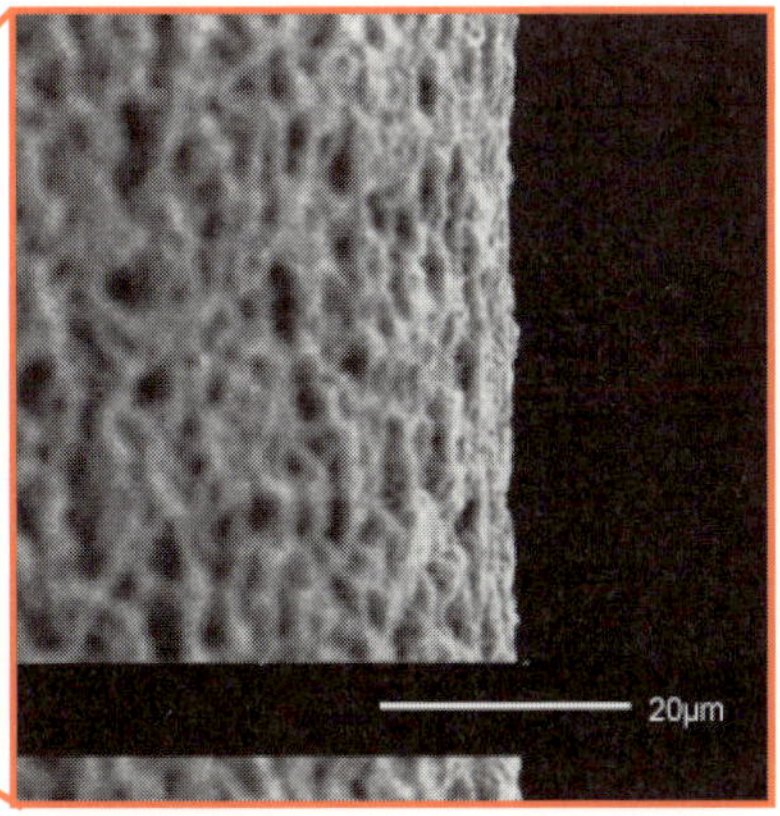

放電で成形された焼結ダイヤモンド工具と加工面

(写真提供:(地独)大阪府立産業技術総合研究所　南 久博士)

注㉕:南 久ほか、放電加工による焼結ダイヤモンド工具の成形加工、電気加工学会誌、Vol.44 No.105, pp.17-24 (2010)
注㉖:南 久ほか、両極性パルスによる焼結ダイヤモンドの放電加工、2011年電気加工学会全国大会、pp.37-38 (2011)

61 チタン合金など難削材の放電加工

最近利用が増えてきた難削材に、超硬合金（タングステンカーバイド・コバルト）や、ニッケル合金のインコネル、あるいはチタン合金などがありますが、これらの難削材の放電加工も各種試みられています。

超硬合金は、弾性係数や弾性限度が一般的な工具鋼よりも格段に高く、強度が強い材料として知られています。ところが、切削工具に使用されているほどであるため、超硬合金自体を加工することは難しく、従来は研削加工により切れ刃の仕上げを行っています。ただし、複雑形状の部品を成形する冷間鍛造金型の材料として期待されており、超硬合金の形状加工を早く安価に行う要求が強くなっています。

放電加工であれば、導電性があるため形状加工は可能ですが、仕上げ面粗さがあまりよくないことが課題として残っていました。また、加工変質層の表面欠陥も課題となります。

表面粗さの改善には、より微細な放電パルスを用いる方法など加工条件の検討が進められており、表面欠陥の除去も、ワイヤ放電であれば電解作用を効果的に用いるなどの技術が検討されています。

その他に、ジェットエンジンの部品などに用いられる耐熱強度の高いニッケル合金であるインコネルも、種類によっては切削加工が困難なものが多いのです。インコネルも、導電性があるため放電加工は十分可能であり、穴あけ加工などは容易です。炭素鋼と同様な加工特性との報告もありますが、まだ加工実績は少ない状況です。

またチタン合金も、人工関節など医療分野に使われ始め、近年利用が拡大している材料です。切削加工では粘い材料特性から難削材として知られていますが、導電性はあるため放電加工は可能です。放電加工特性に関する報告も多く、粘い材料のため溶融部の盛り上がりが高く、短絡現象が多いことが特徴として知られています。

要点BOX

- ●タングステンカーバイド・コバルト
- ●インコネルは導電性がある
- ●チタン合金も放電加工は可能

難削材の放電加工

❶超硬合金:硬く、弾性係数が大きい

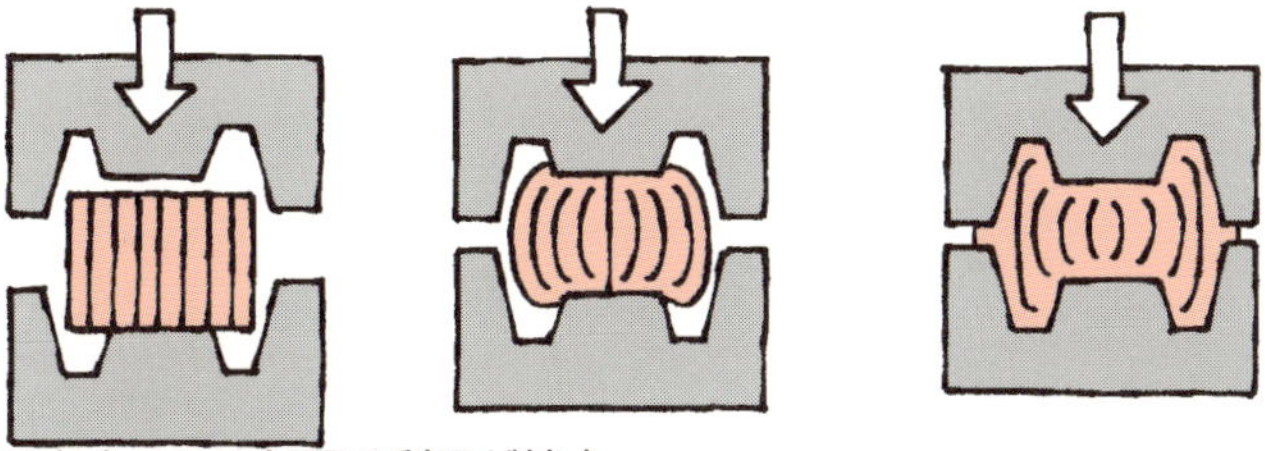

長寿命のため超硬の利用が拡大

（写真提供:（株）ソディック）

❷インコネル:高温・高圧での強度が大きい

ファン
低圧

ジェットエンジン部品

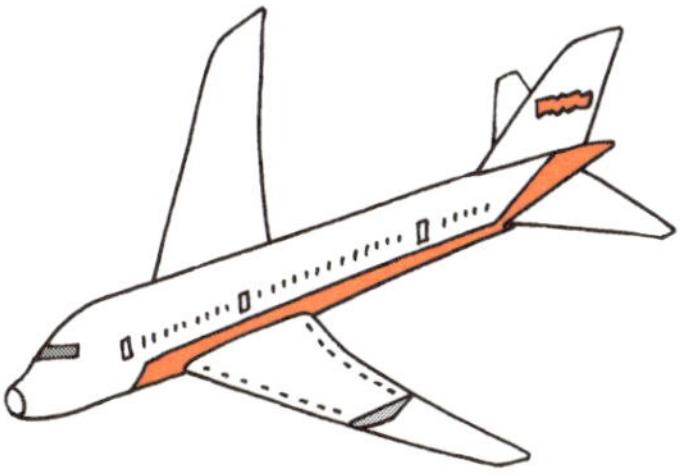

タービンブレードの細穴加工

❸チタン合金:耐食性が高い

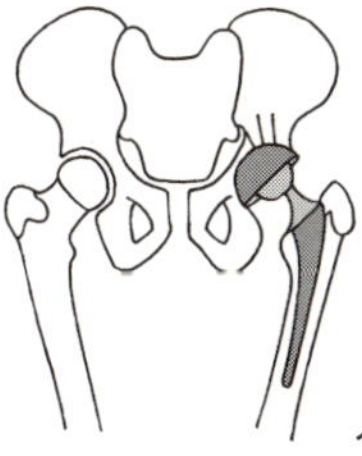

人工関節

放電加工では短絡が
多い材料だよ

62 永久磁石など機能性材料の放電加工

特殊材料の放電加工：その3

　難削材の他にも、特殊な材料、特に「機能性材料」と呼ばれる材料の放電加工も試みられています。

　機能性材料の1つに、磁性材料である永久磁石があります。通常、永久磁石は磁石素材を細かな粉状にしてから金型で圧縮成形し、焼き固めた後に最終工程で着磁処理がなされます。金型形状に追加した加工や形状精度を高めるには、着磁前の段階で、研削加工で仕上げることが多い材料です。これは永久磁石が脆性《ぜいせい》材料のため、ドリルなどの切削加工ではバリや欠けが発生しやすいためです。さらに、着磁後の磁石の機械加工は、磁力の影響より工具が引き寄せられるため、基本的には行われていないのが現状です。ただし、市販の磁石の一部に穴を開けたい、あるいは溝加工を施したいなどの要望はあります。

　永久磁石の中でも磁力の強いネオジム磁石は、導電性があるため放電加工は可能であり、実際に行ってみると加工条件なども一般的な条件で問題なく加工できます「注㉗」。ただし、加工後の表面磁束密度が変化するという問題が発生します。着磁された磁石の形状が変化すれば、形状の変化に依存して表面の磁束密度分布は変化します。さらに、磁性材料は温度依存性やキュリー点があり、キュリー点を超えると磁力を消失してしまう特徴をもっています。

　熱エネルギー加工の一種であり、放電点近傍は材料の融点にまで達する放電加工では、当然、放電点近傍は磁力が消失していると考えられます。これまでの加工実験により、仕上げ条件のような放電エネルギーの小さな加工では、形状変化のみの影響が強いことがわかっています。一方、荒加工条件のような放電エネルギーの大きな加工では、磁石内部の温度上昇に伴う変化と形状変化の両者の影響が複合された磁束密度変化が発生することがわかっています。

　そのため、放電条件を適切に選べば、形状と磁束密度パターンを制御することが可能です。

要点BOX

- ●永久磁石は脆性材料
- ●ネオジム磁石は導電性がある
- ●磁性材料は温度依存性やキュリー点がある

脆性材料であるネオジム磁石の加工

ドリル加工

バリや欠け

放電加工

精密加工が可能

ただし…

放電加工写真

裏側（まったいら）

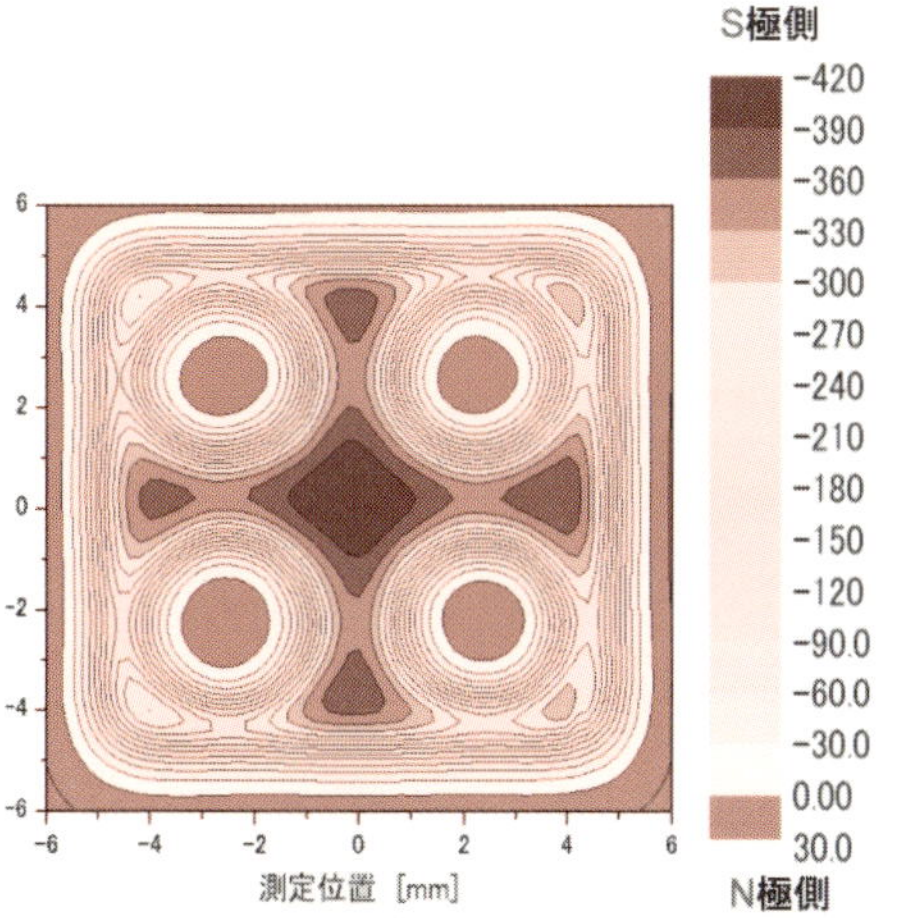

でも磁束密度はパターン化してる

仕上げ条件

磁石の形状
変化の影響のみ

荒加工条件

磁石内部の温度上昇と
磁石形状の変化

注㉗:武沢英樹ほか、ネオジム磁石の放電加工に関する研究（第1報）、電気加工学会誌、Vol.48 No.118, pp.100-107 (2014)

Column

昔の加工機はよかった？

私が放電加工を始めたのは平成に入ってすぐの頃なので、かれこれ20年以上が経ちます。当時の放電加工機は比較的新しい加工機でしたが、今現在からみますと30年程度前の機械になります。

使い始めの当初はまだよく放電加工自体を理解していませんでしたので、加工機を標準仕様で使いこなす程度でしたが、数年経つと、研究用にチョコチョコと改造などし始めました。当然、メーカの方に内容を問い合わせ、安全を確認しての対処でしたが、研究実験用には大いに使いやすくなりました。

ところで、30年たった最新の放電加工機は当然性能もよくなってはいるのですが、研究実験用の取り扱いとしてはなかなか使いにくい場合もあります。それは、安全に対する対処が多々なされており、インターロックが複雑にかかっているからなのかもしれません。

その点、昔の加工機はがんじがらめにはなっていませんでしたので信号線の取り出しや、加工機への指令の出し方など、わがままを聞いていただいた記憶があります。当時の担当者の方には大変お世話になりました。

ただ、最新の設備を使っている今の学生でも、私が学生のとき行った失敗と同じようなミスをしているのをみて、20年経っても変わらないものだなぁ〜と感じることがありました。

その失敗とは、形彫り放電加工機において、加工槽の扉を閉めないまま、あるいはきちんと閉めないで加工液を充填してしまうことです。アレヨアレヨという間に、扉の間から加工液が漏れ出し、床一面が油だらけになってしまいます。扉確認のセンサが付いているタイプもあるのでしょうが、手動式の扉の場合は、多くの作業者で一度は経験があるのではないでしょうか。そのため、学生は自ら写真のような注意書きを貼り付け、指さし確認をするようになりました。

私も経験のある身ですので、「次は気をつけるように」と注意をするにとどめています。

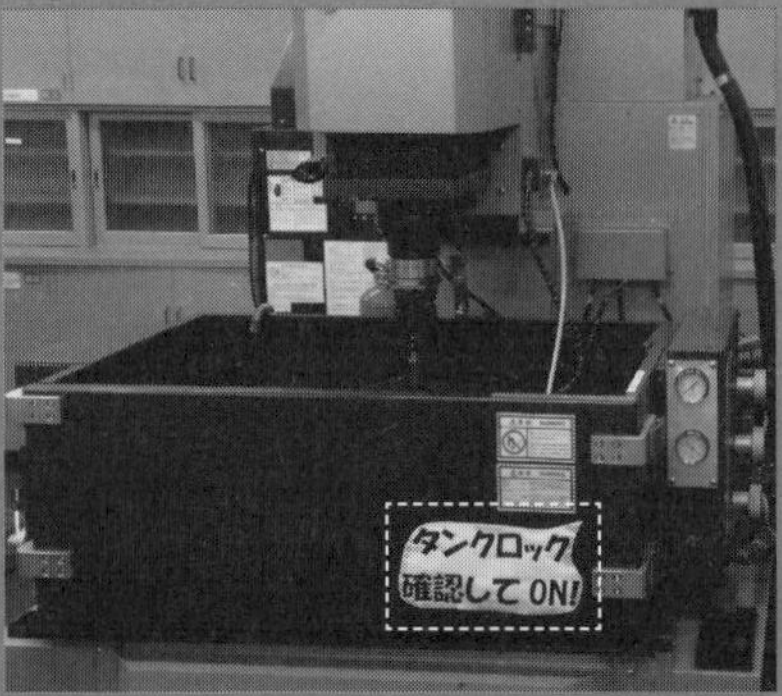

第7章

「小型放電加工機」を作ってみよう!

63 単発放電で形成される「放電痕の観察」

自作放電加工機：その1

放電加工は、切削加工や研削加工に比べて、工科系の大学においても取り扱うことは少なく、そのためよく分からない特殊加工というイメージが強いようです。

その理由の1つに、放電加工は高価な放電加工機でないと加工ができないという先入観があるためではないでしょうか。たしかに、金型を仕上げるような精密加工を行う場合は加工精度が保証されたメーカ製の放電加工機が必要となりますが、放電加工とはどのようなものなのか体験してもらうためであれば、なにも高価な放電加工機が必要なわけではありません。

本章では、いくつかのタイプを実際の製作回路、加工機を示してその概要を紹介させていただきます。学校の先生や大学の簡単な実験、会社の初心者講習などで利用してもらえるとありがたいです。

まず1項で紹介した手動主軸送り機構を備えた加工機ではバチバチと連続放電が発生します。

ただここで、放電加工の基本は単発放電の繰り返しによるものなので、単発放電で形成される「放電痕の観察」は貴重な経験となります。

1項で示した装置では、1発だけの放電を発生させることは難しいのですが、抵抗を数百Ω程度、電極を0・2㎜とか0・3㎜の細線あるいは1㎜程度の電極先端を鉛筆のように尖らせて放電をさせれば、電極の消耗が大きく放電が1発で終了してくれるかもしれません。

厳密に1発だけ発生させるには、放電回路側にサイリスタによるスイッチを挿入します。電極の先端を鉛筆のように尖らせ、工作物に近づけます。テスタで接触を検知したら、電極をわずかに上昇させます。この状態でコンデンサに充電の後、サイリスタのスイッチをONすると単発放電が発生します。コンデンサ容量や充電電圧を変えると、形成される放電痕の大きさも変化します。ぜひ、いくつかの条件を試してみてください。

要点BOX

- ●放電加工機は高価?
- ●手動主軸送り機構を備えた加工機
- ●1発だけの放電を発生させることは難しい

自作放電加工機で放電加工を体験

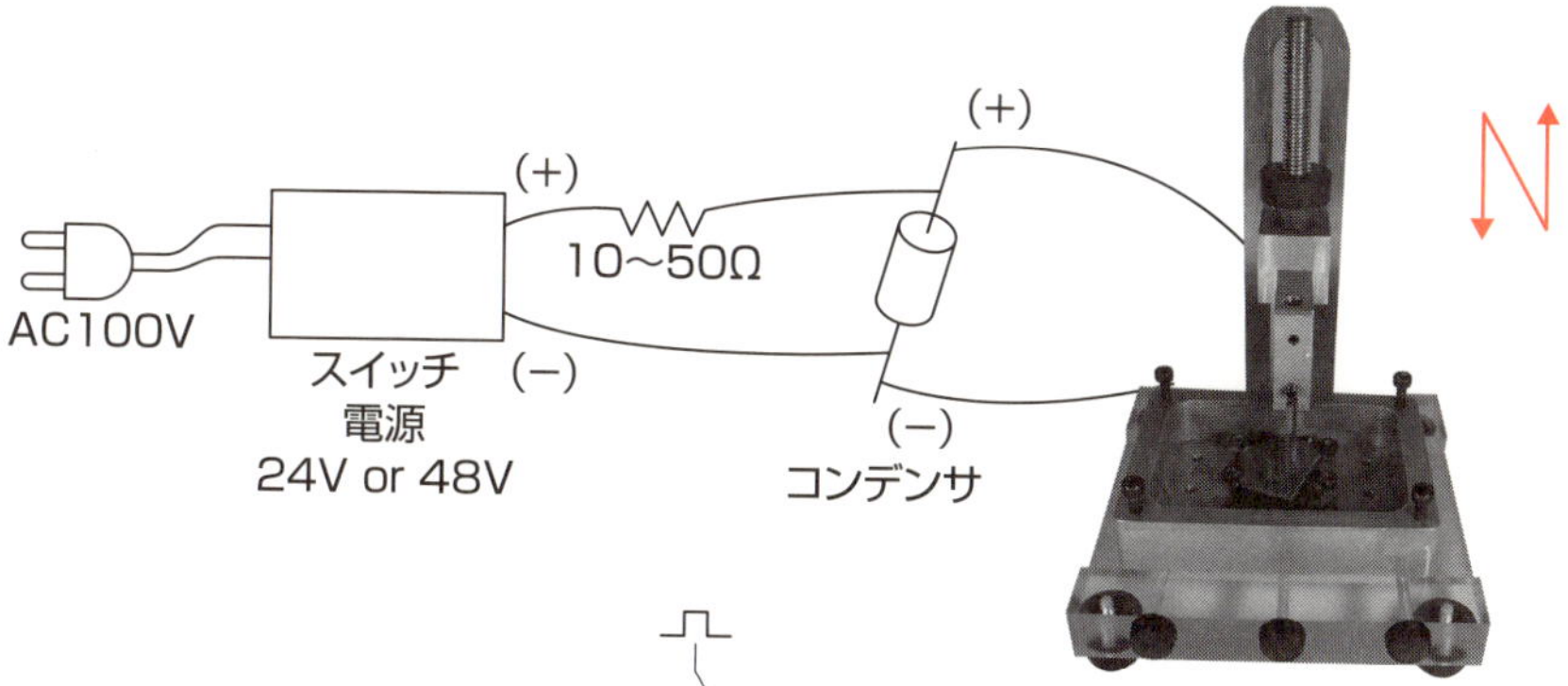

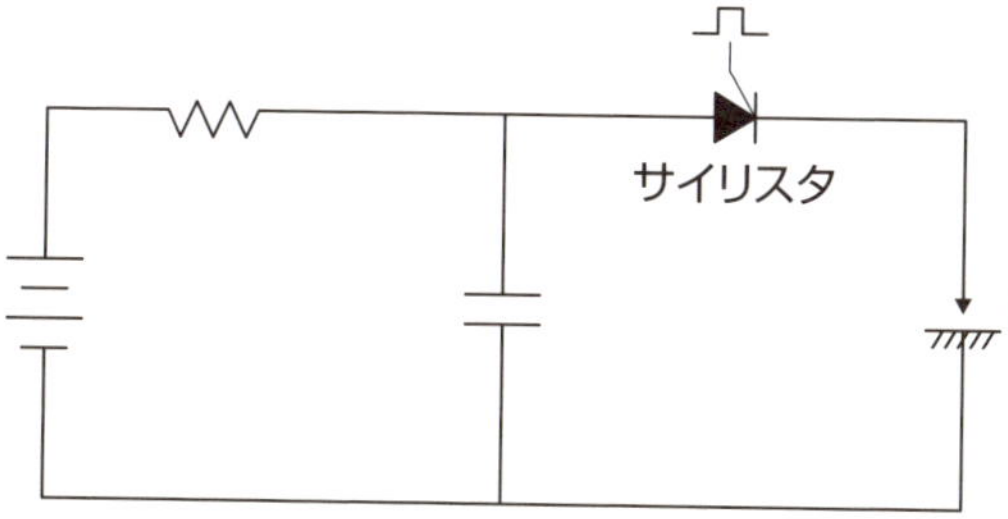

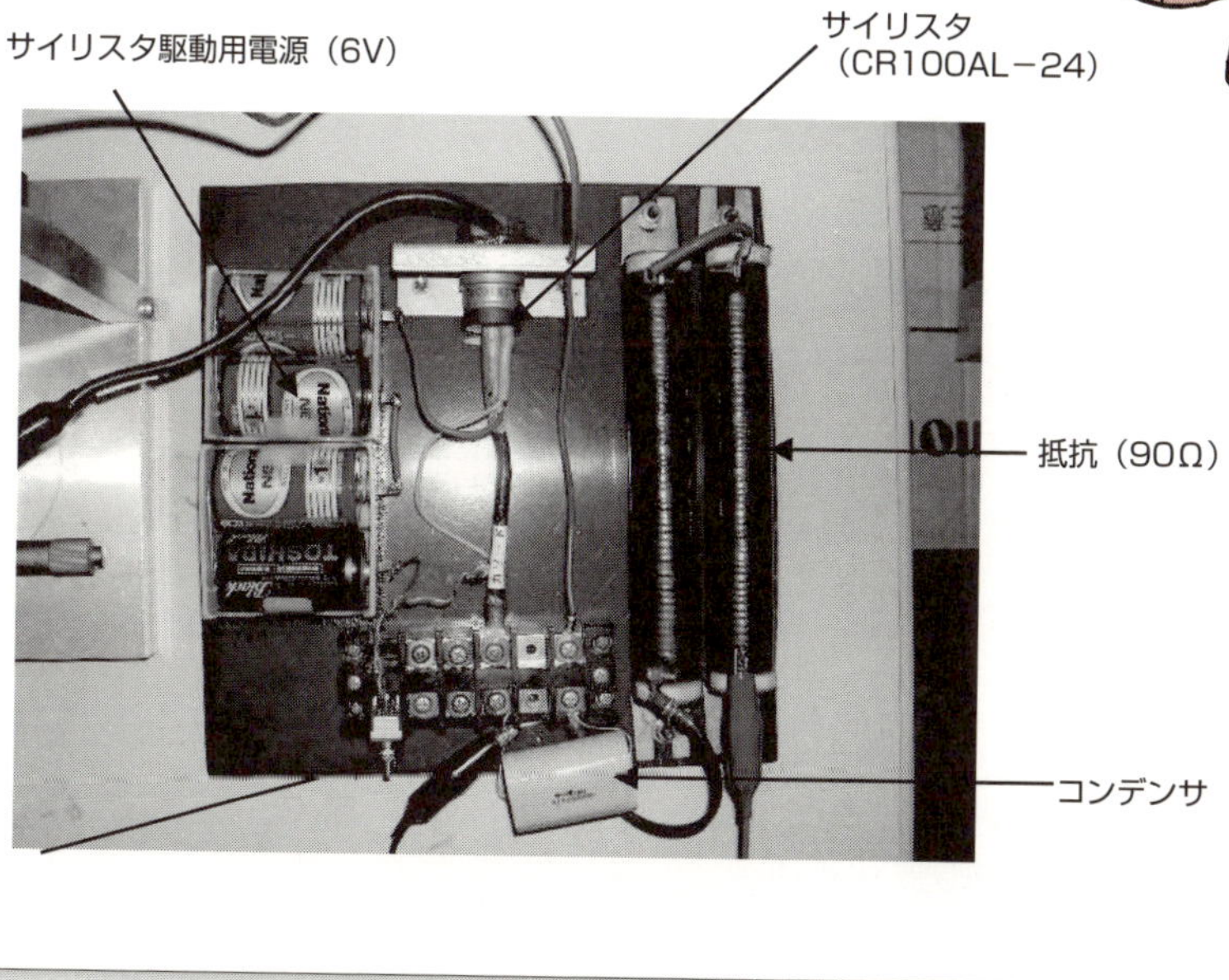

64 手動サーボによる連続放電

自作放電加工機：その2

電極と工作物の距離を10μ（ミクロン）程度に固定して、パルス電圧を印可すれば単発放電が発生します。63項のサイリスタを用いたコンデンサ放電では、充電電源をONにしたままでも、1回の放電しか発生しません。

電極と工作物の距離を数μに固定した状態で、1項に示したコンデンサ放電回路の電源をONにすれば、しばらく放電は発生しますが、そのうち放電は発生しなくなります。これは、電極も消耗しますが、それよりも工作物の除去が進行し、極間距離が拡大してしまい放電が発生しなくなるためです。

では、連続的に放電を発生させるにはどうすればよいでしょうか。1つは、電極を固定している主軸を工作物の深さ方向に手動で送り込むことです。放電が発生する程度まで極間距離を縮めれば、再び放電がバチバチと発生します。できれば、電極をわずかに上下させると放電が発生するきっかけが増えて、より連続的に放電が発生すると思われます。このような動作は、あたかも手動で極間の調整をしていることから「手動サーボ方式」と呼ばれます。

手動サーボでは、ときには電極と工作物が接触する短絡状態になることがあるかもしれません。ただし、充電回路に抵抗を挿入していれば、短絡になったとしても電源装置は保護されます。あるいは、スイッチング電源であれば、回路が短絡すると自動的に電源がOFFになる装置もあります。

短絡した際の電極の引き上げ動作が早くなるように、ボールねじの下側にばねを挿入するなどの工夫をすれば、手動サーボの応答が上がり、放電の発生頻度は高くなります。挿入抵抗を変化させ、荒加工から仕上げ加工までの放電状態を実際に体験することは簡単なので、皆さんで「板貫通コンテスト」などを行い、手動サーボの熟練度合いを競い合っても楽しいかもしれません。

要点BOX

- ●連続的に放電を発生させる方法
- ●電極をわずかに上下させる
- ●手動で極間の調整する

手動サーボによる極間制御

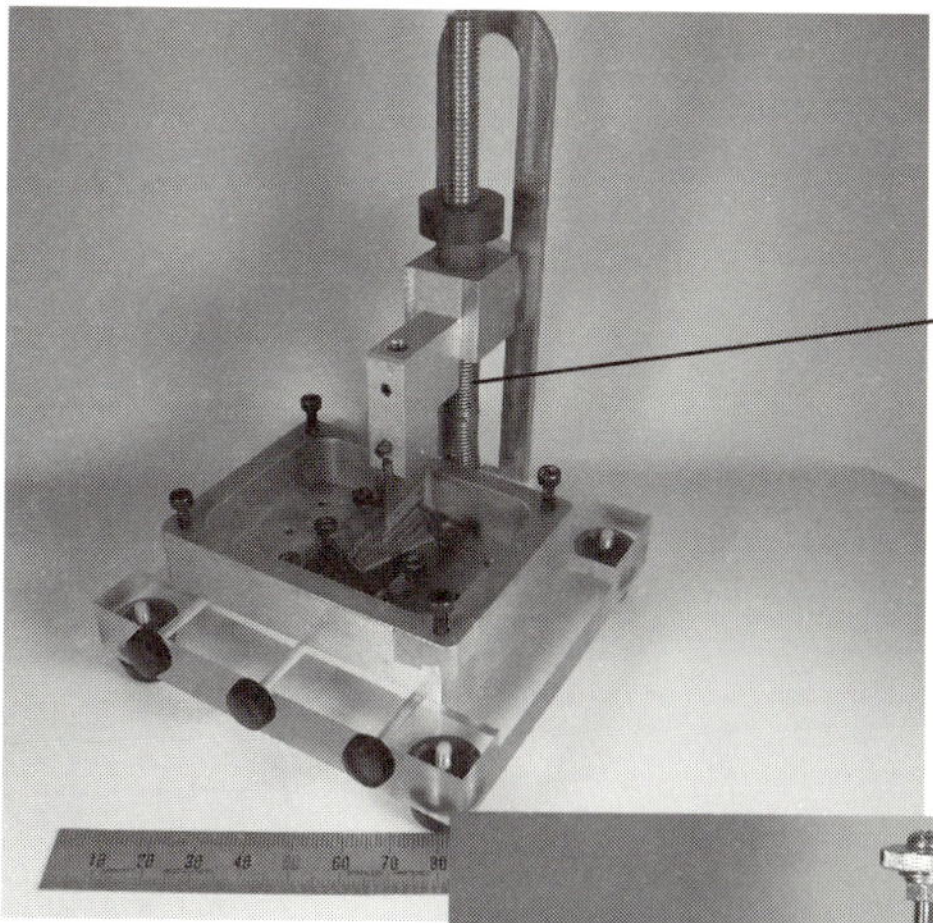
ばね

ばねや輪ゴムを利用した主軸引き上げ動作の高応答化の工夫

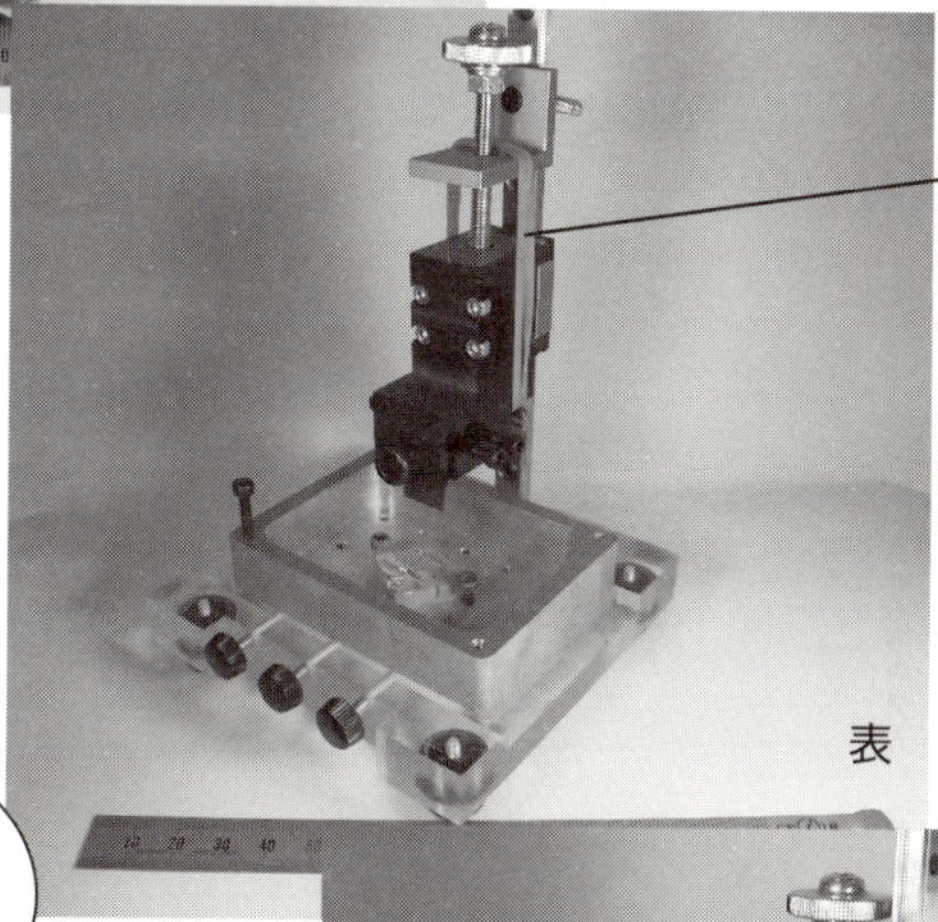
輪ゴム
表

主軸側と加工槽側はどこかで絶縁してね

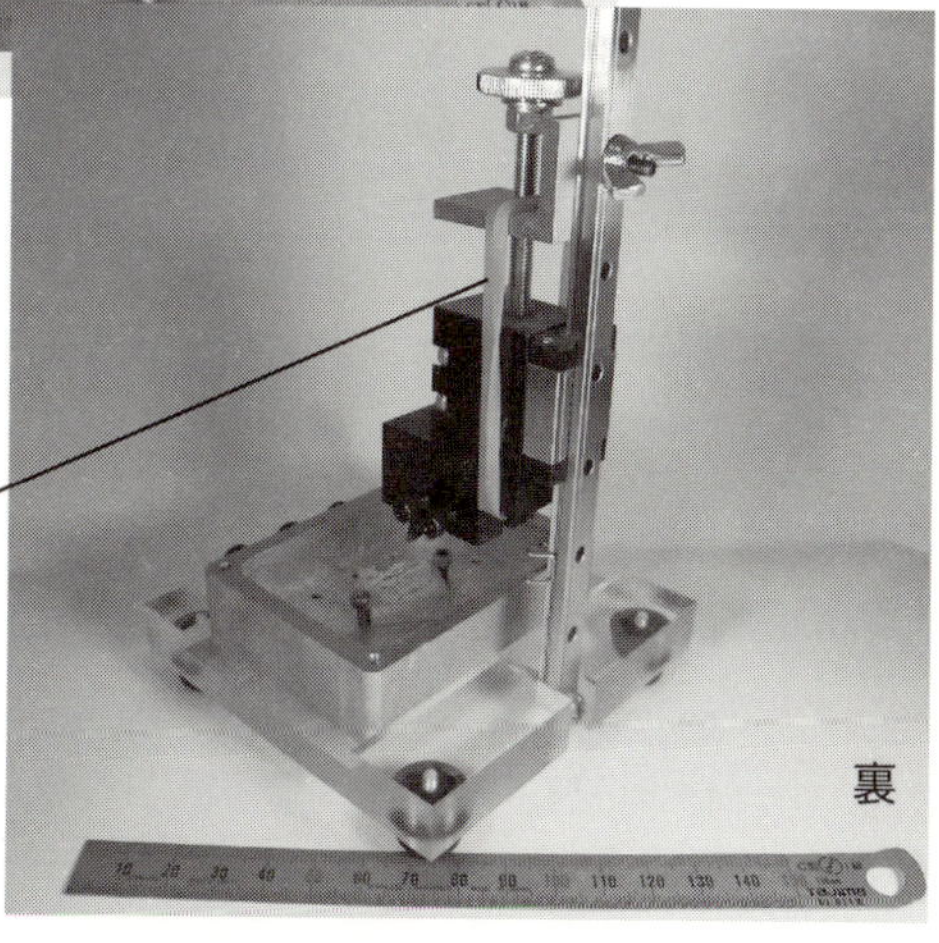
輪ゴム
裏

65 極間を自動的に制御する放電加工機の試作

主軸の自動サーボ制御

手動極間サーボによる連続放電では、なかなか効率良く放電が発生しないことが体験できるかと思います。やはり常に数～十数μに極間を保つことは、難しいことです。

そこで、市販の放電加工機と同様に、極間を自動的に制御する放電加工機を試作してみましょう。必要となるのは、前述の手動による主軸動作機構の代わりに、電極を保持したホルダを自動で上下移動できるモータステージになります。モータステージは、各種メーカより多くのタイプが市販されていますが、制御が簡便なステッピングモータを駆動源としたステージをここでは紹介します。

ステッピングモータは、モータドライバに入力されたパルス信号に同期して正転、逆転をします。この正転、逆転のパルス信号を、放電加工時の極間電圧から算出します。原理は、12項で示した平均極間電圧制御によるものです。

制御回路は、100Vの直流電源を使用すると仮定すると、極間電圧を1／10程度に分圧し、ローパスフィルタで高周波成分をカットします。その信号をコンパレータで基準電圧（0～5V調整）と比較します。基準電圧よりも低い場合はステージが上昇するパルス信号の出力へ、高い場合はステージが下降するパルス信号を出力するロジック回路に導きます。これらのパルス信号をステッピングモータのドライバ装置に入力して制御します。

手動サーボ実験で用いたコンデンサ放電回路をそのまま流用し、極間を自動制御してみましょう。直流電源のスイッチをオンし、まずはモータステージが下降するように、基準電圧を可変抵抗で調整してみます。そのうち、電極が工作物に近づき放電が発生します。そのままの状態ですと電極が短絡しがちになるので、基準電圧を調整して電極が自動で上下運動をして放電が連続して発生するように調整します。

要点BOX

- ●常に数～十数μに極間を保つことは難しい
- ●制御が簡便なステッピングモータを駆動源としたステージ

極間制御の自動化

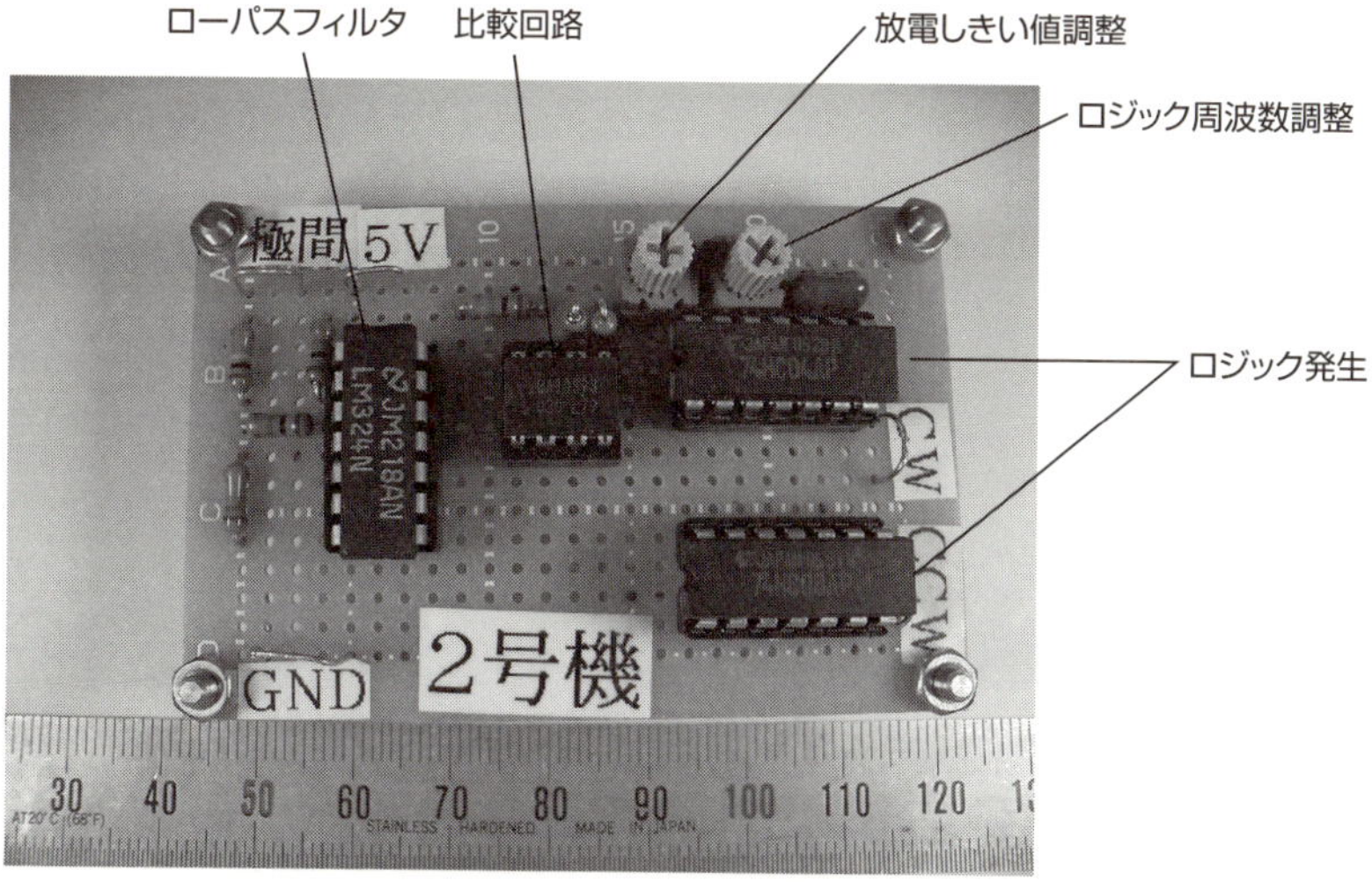

ローパスフィルタ
比較回路
放電しきい値調整
ロジック周波数調整
ロジック発生
極間 5V
CW
CCW
GND
2号機

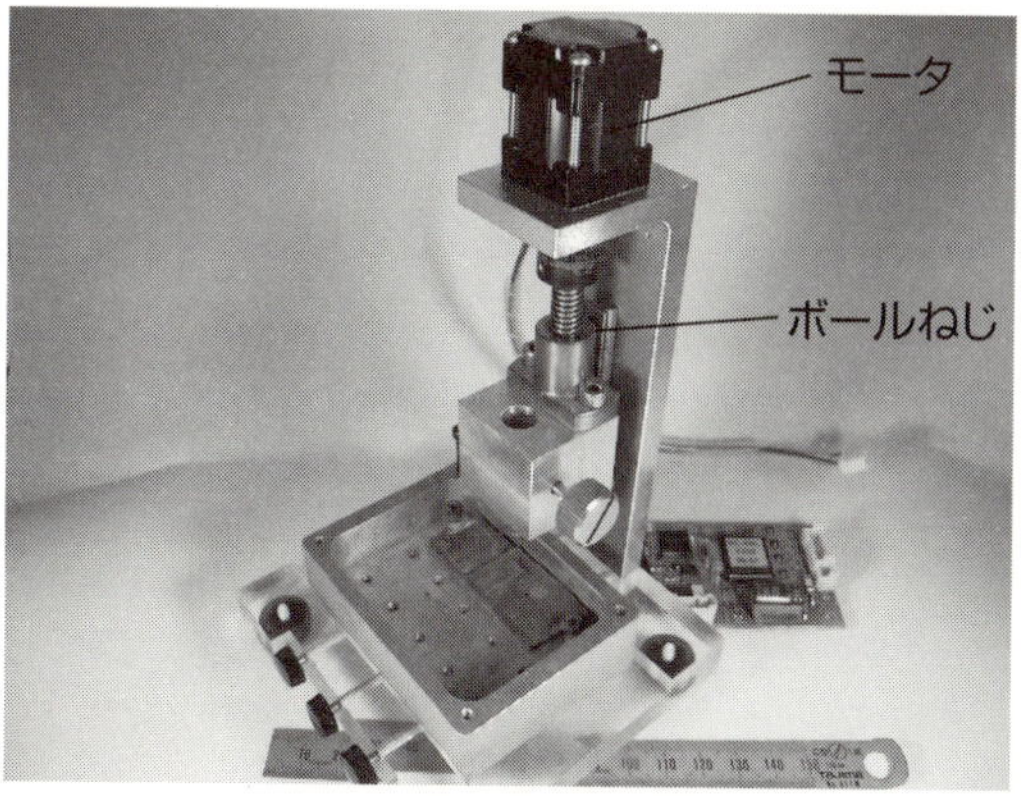

モータ
ボールねじ

こんなに
簡単なもので
動くの?

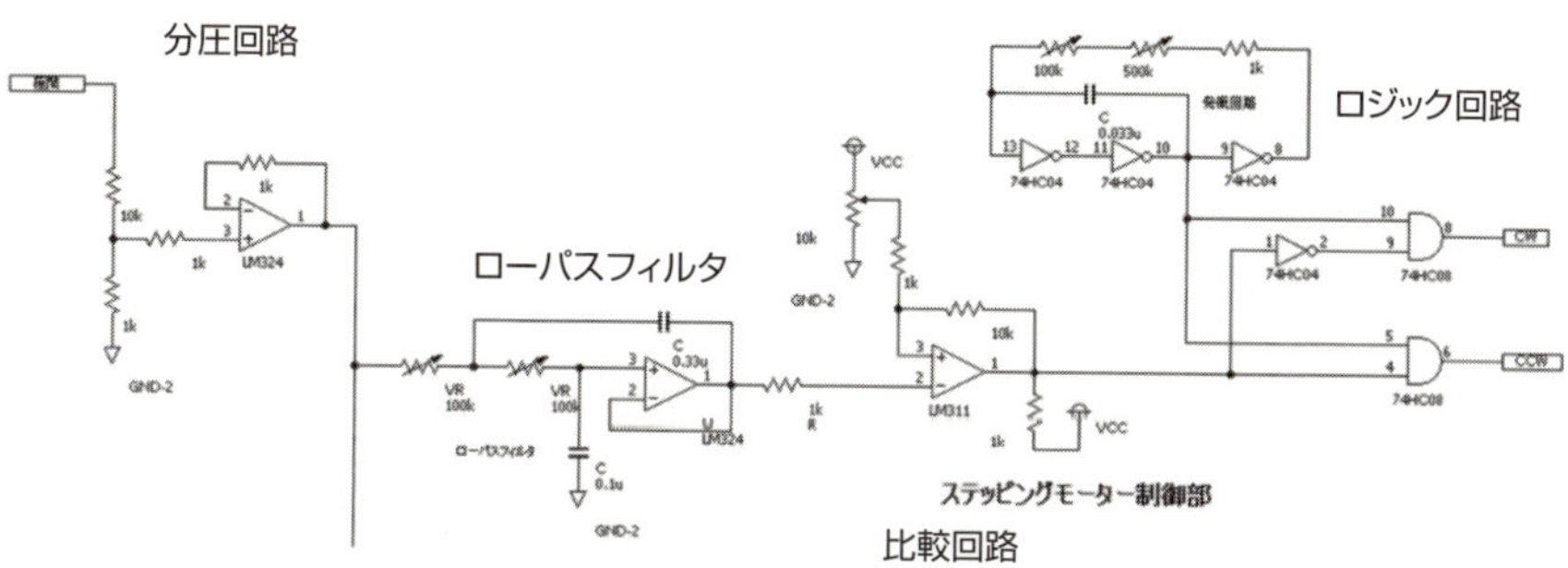

分圧回路
ローパスフィルタ
比較回路
ロジック回路
ステッピングモーター制御部
LM324
LM311
74HC04
74HC08
VCC
GND-2
CW
CCW

66 簡易版トランジスタ放電回路の試作

電圧印可時間一定回路

放電回路は、コンデンサと充電抵抗および直流電源のみで比較的容易に実現が可能です。このとき用いる直流電源も、定格の出力電流が1A程度のものでもかまいません。ただしもう少し本格的に、電流値とパルス幅を独立に制御させたい場合は、トランジスタ放電回路を用いる必要があります。実際には電圧信号にてスイッチングが可能なFET素子を用いると制御が楽になります。トランジスタ放電回路は大きく2種類に分かれますが、まずは27項で示した簡易版（電圧印可時間一定回路）から紹介しましょう。

直流電源と電源保護用抵抗の挿入はコンデンサ放電回路と同様です。トランジスタ放電回路では、FET素子を電源と工作物間に挿入します。挿入抵抗と印可電圧で放電電流が決定しますが、少なくとも直流電源の定格出力電流以下に抑える必要があります。出力電圧100V、定格出力電流10Aという直流電源はかなり大型であり、高価なので、数A程度の電源を用いることが多いかもしれません。その場合は、仕上げ条件程度の放電加工に限定されてしまいます。

FETのゲート端子（信号側）とドレイン端子（アース側）間に、ファンクションジェネレータなどを用いて+5Vのパルス信号を入力すると、信号がONの時、放電回路のスイッチがONとなり、電極と工作物間に100Vの電圧が印可されます。たまたま、放電が発生する極間距離の状態にあれば、電圧印可とほぼ同じくして放電が発生します。ただし、電極が工作物に近づいている最中にパルス電圧がONになり、パルスの途中で放電が発生した場合は、設定したパルス信号の残りの時間だけが放電時間となります。このような不具合はありますが、とりあえず矩形波状のパルス放電を発生させるには簡便な回路です。

放電電流値の変更は回路に挿入する抵抗値によって、パルス幅はFET素子に入力するパルス信号によって決まるので、放電条件のバリエーションが増えます。

要点BOX

- ●FET素子を用いると制御が楽になる
- ●パルス幅はFET素子に入力するパルス信号によって決まる

簡易版トランジスタの放電回路

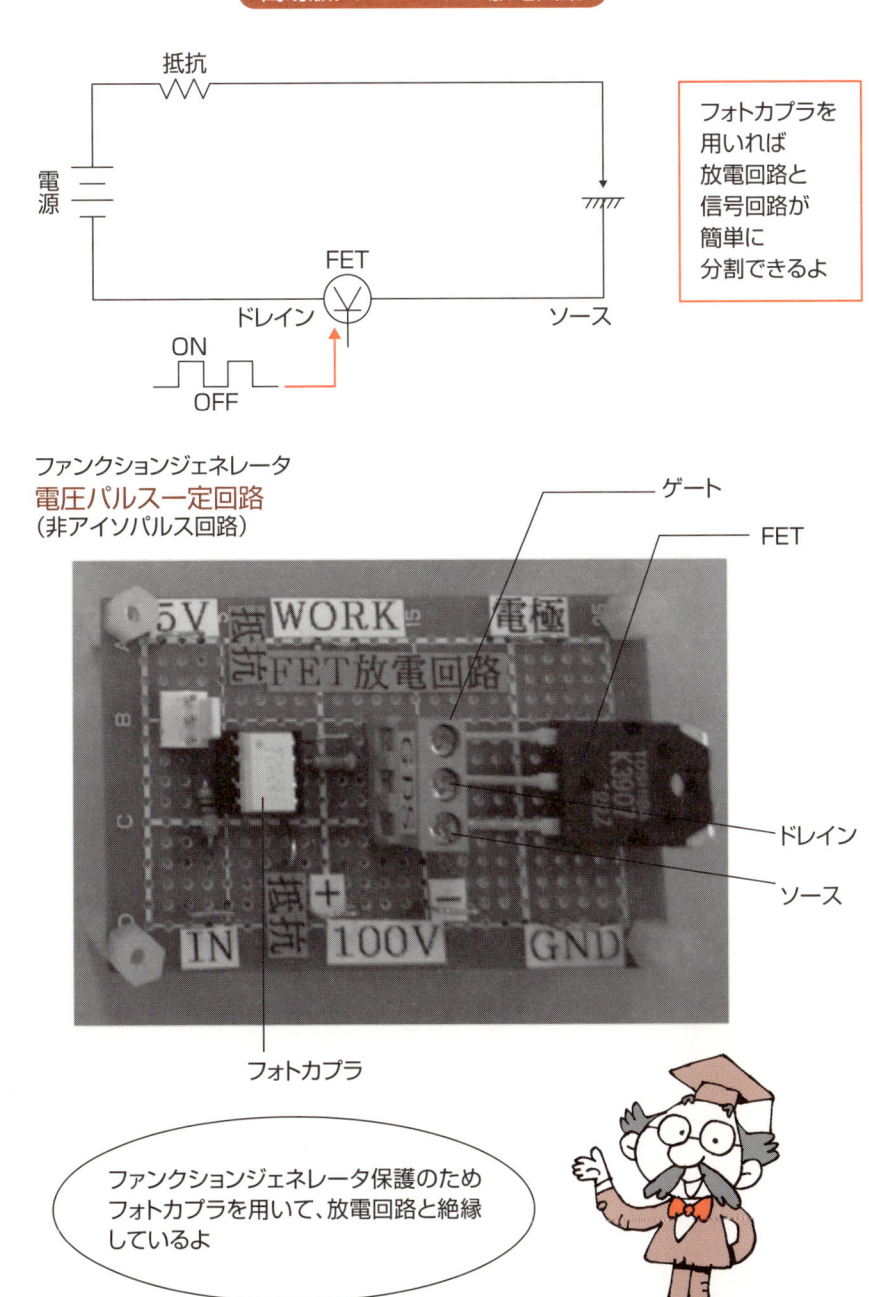

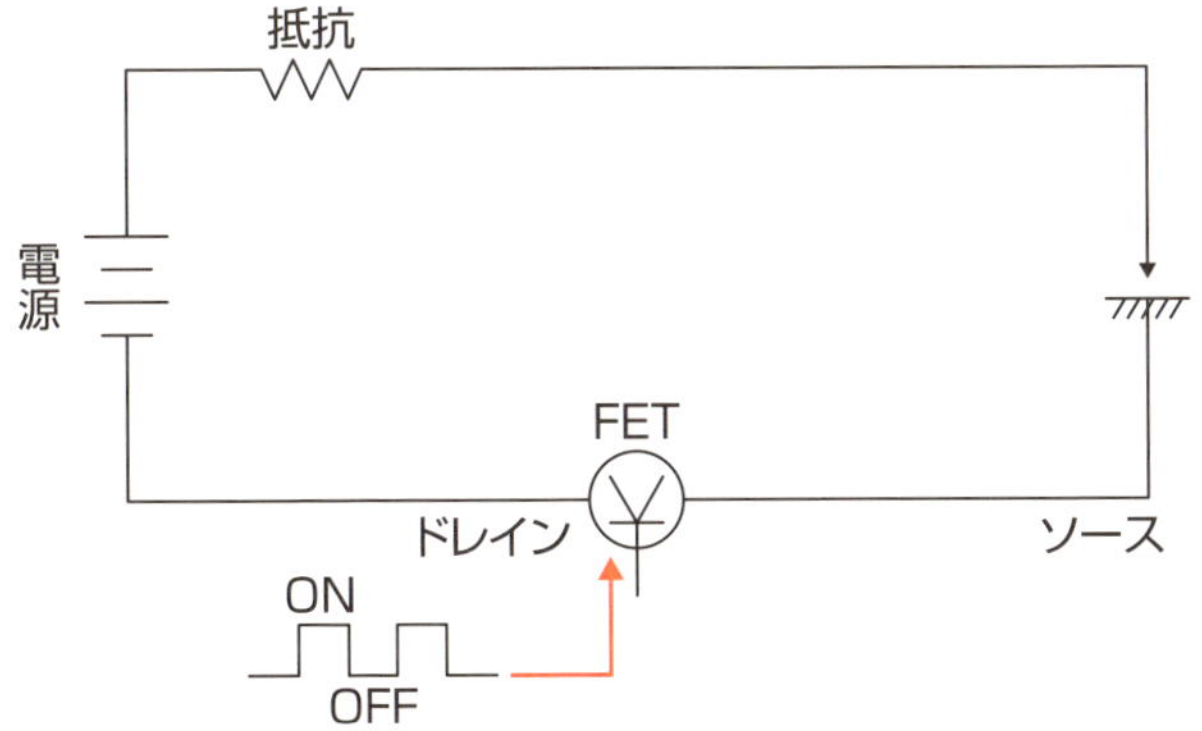

フォトカプラを
用いれば
放電回路と
信号回路が
簡単に
分割できるよ

ファンクションジェネレータ
電圧パルス一定回路
(非アイソパルス回路)

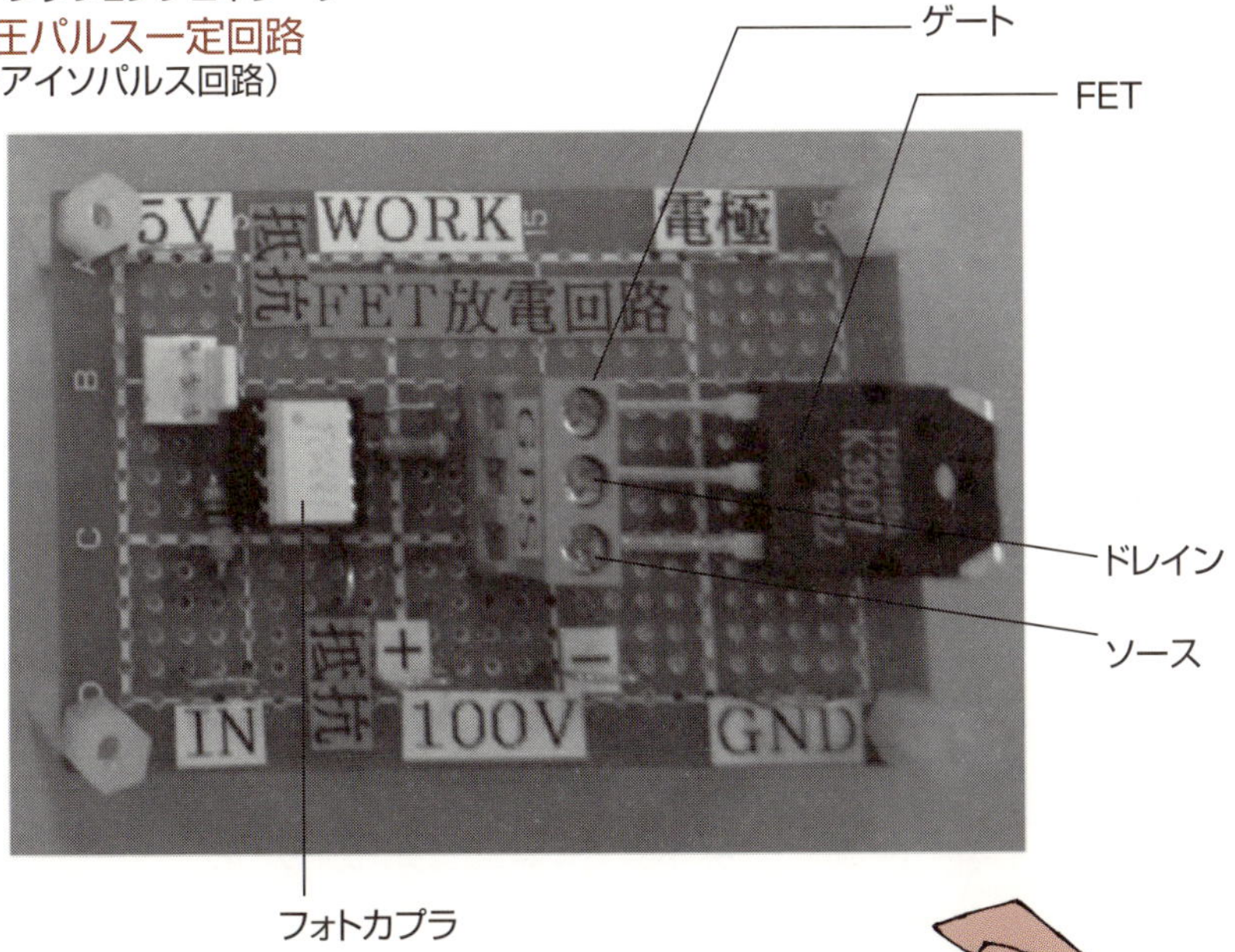

ファンクションジェネレータ保護のため
フォトカプラを用いて、放電回路と絶縁
しているよ

67

大電流放電の発生回路の試作

高価な直流電源は要らない

コンデンサ放電回路の場合、コンデンサ容量を大きくすると、発生する放電電流は大きくなりますが、同時にパルス幅も長くなってしまいます。

一方、トランジスタ放電回路の場合、基本的には使用する直流電源の電圧および電流値により制限を受けてしまいます。電流値20A以上の出力が可能な直流電源は高価であり、筐体自体も大型化します。一般的に入手しやすい直流安定化電源は、電圧100V程度、電流3A程度ではないかと思われます。この場合、基本的には放電電流は3A以下の放電となり、連続した使用の安全を考えるのならば2A程度以下が現実的な値と思われます。

ところで、FET放電回路を用いて単発放電実験をするのであれば、高価な大電流仕様の直流電源を使用しなくても、比較的容易に数十Aあるいは100A程度の放電を発生させることは可能です。

それは、コンデンサ放電回路で使用したコンデンサを数千μファラッド程度の大型コンデンサとして、放電回路側にFET素子を用いたスイッチング回路を挿入するものです。この場合、放電回路側にも放電電流を決定するための抵抗（できれば無誘導タイプのホーロー抵抗）を挿入します。

大容量のコンデンサを充電するためには多少の時間を要するかもしれませんが、出力電流1A程度の直流電源でもこの回路であれば利用可能です。

大容量のコンデンサの電荷すべてを放電させると、理論的には非常に長い放電が発生します。専門用語では「超過減衰波形」と呼びます。その放電初期の時間をFET素子でスイッチングすることで、擬似的に矩形波の放電電流波形を得ることが可能となります。数十発程度の連続放電であれば電流値の低下は少ないので、長時間連続放電を行うためには、コンデンサの充電を同時に行う必要があり、その場合は、充電が追いつく程度の直流電源が必要となります。

要点BOX

- 一般的に入手しやすい直流安定化電源は電圧100V程度、電流3A程度
- 数十Aあるいは100A程度の単発放電は容易

大電流単発放電用放電回路

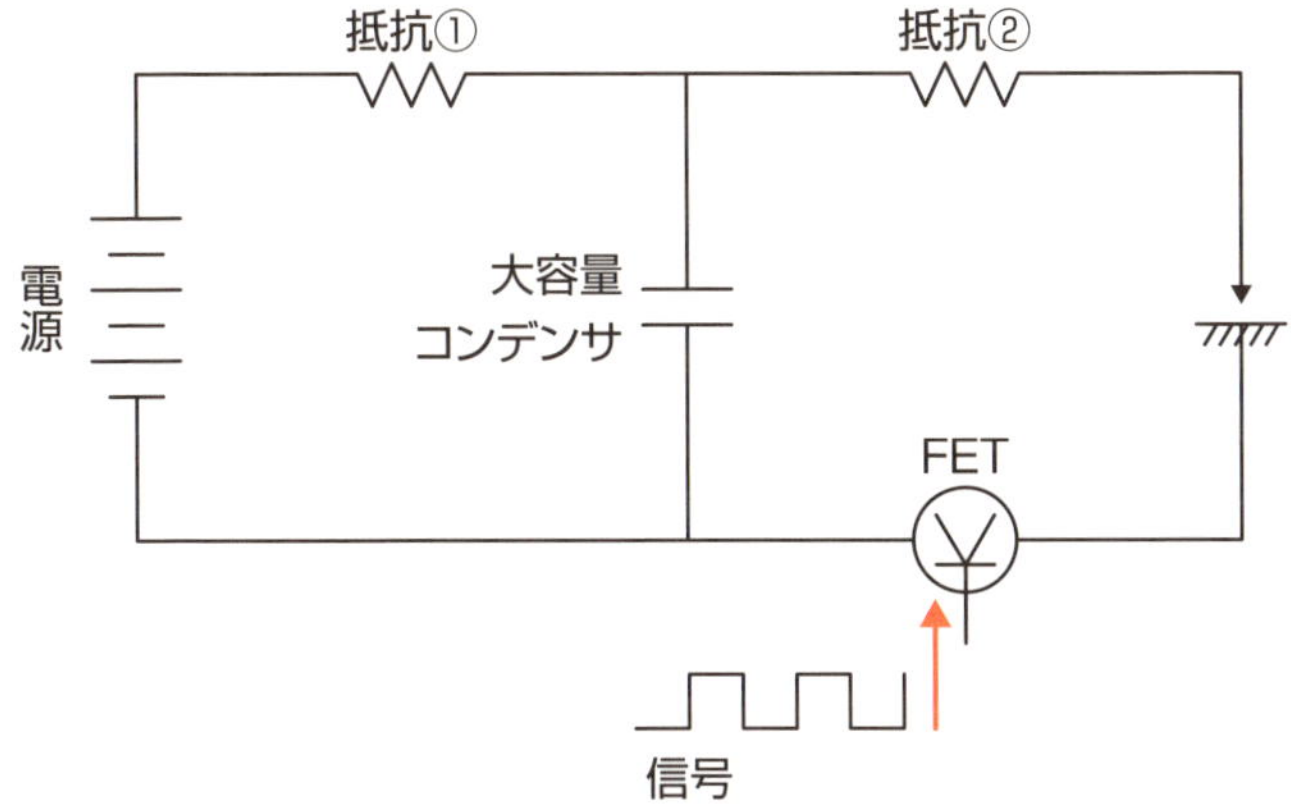

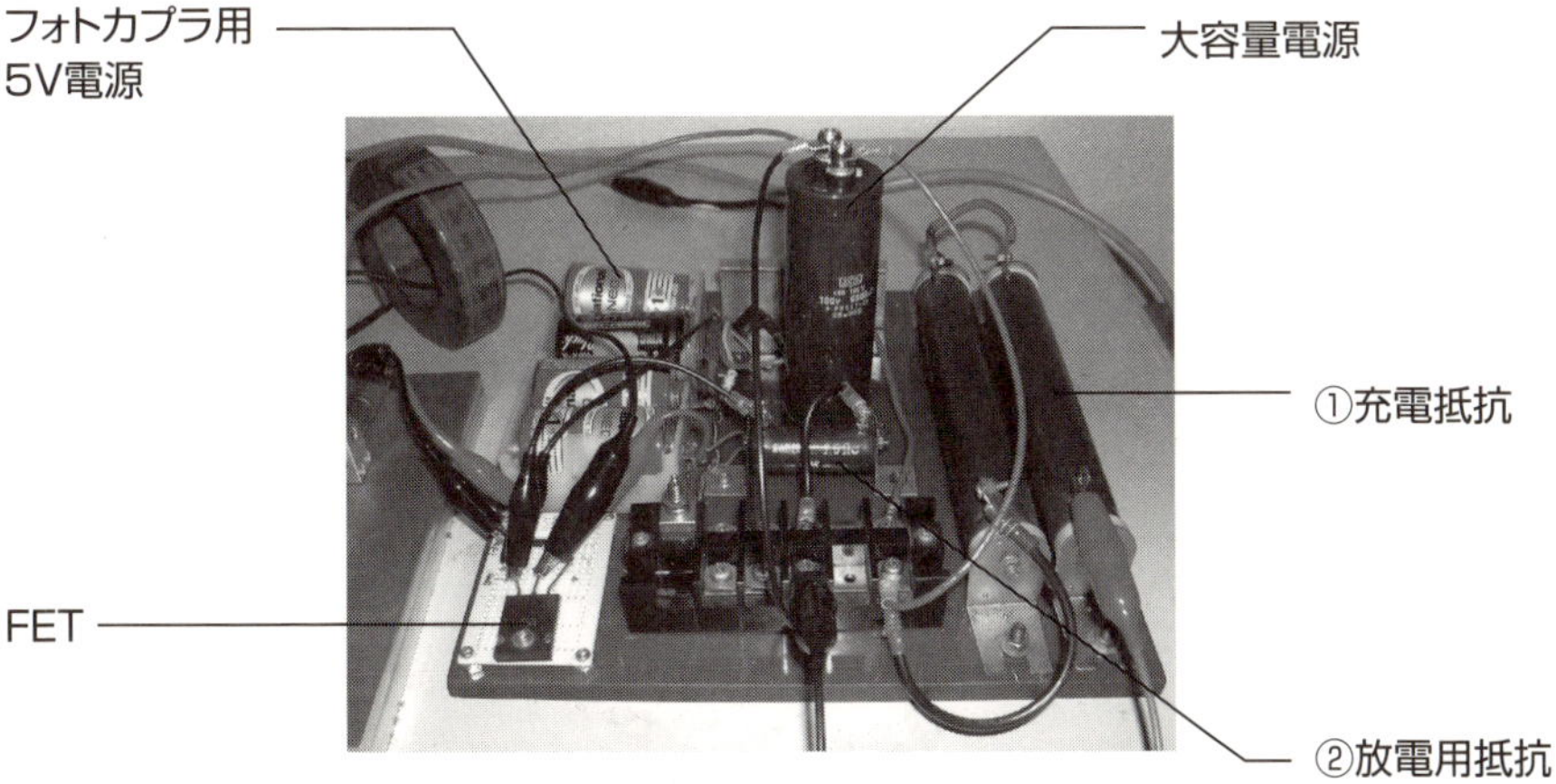

大容量のコンデンサ放電の初期だけを利用

C=6800μF、V=100V、R②=0.6Ω

Column

「一家に1台放電加工」の時代がくる?

最近は3Dプリンタが大流行で、廉価タイプのものは10万円以下で購入でき、それも近くの家電量販店で入手可能になりました。パソコンの次は、「一家に1台3Dプリンタ」という日が来そうな勢いです。

3Dプリンタの普及は、価格の低下もあるのでしょうが、オリジナルのフィギュアや模型を、自分で描いて実物を手に取ることができるという点にあるのではないでしょうか。少しずつ材料が積層されて形づくられていく様を見守るのも楽しいでしょうし、その後の色づけなどを想像するのも楽しいのでしょう。実は、私の研究室でも3Dプリンタを導入して、その有用性を実感しているところです。

ところで、本書の7章で紹介したような小型の放電加工機であれば、どなたでも製作が可能でしょうし、費用も手動サーボ機であれば1万円台で実現可能です。手動サーボとはいっても、ドリル加工は困難な超硬材料の1㎜程度以下の薄板であれば、気長に行えば穴をあけることは十分可能です。車やバイクが好きな方は、金属部品に溝や穴をあけることも可能です(ちょっと加工槽のサイズを検討する必要があるかもしれませんが)。

価格的には十分「一家に1台」の範疇に入っているとは思うのですが、普及することは難しいでしょうかね。超硬材料の穴あけなど、普通のご家庭では必要ないかもしれませんね。

せめて、一家とは言わず、一学校、小学校や中学校、高校あるいは大学の研究室には1台づつ準備していただき、理科や物理の実験に利用していただく価値はあると考えますがいかがでしょう。

物理や理科の先生がこの本を目にとめていただき、放電加工を見たことがある子供が増えることを願っています。

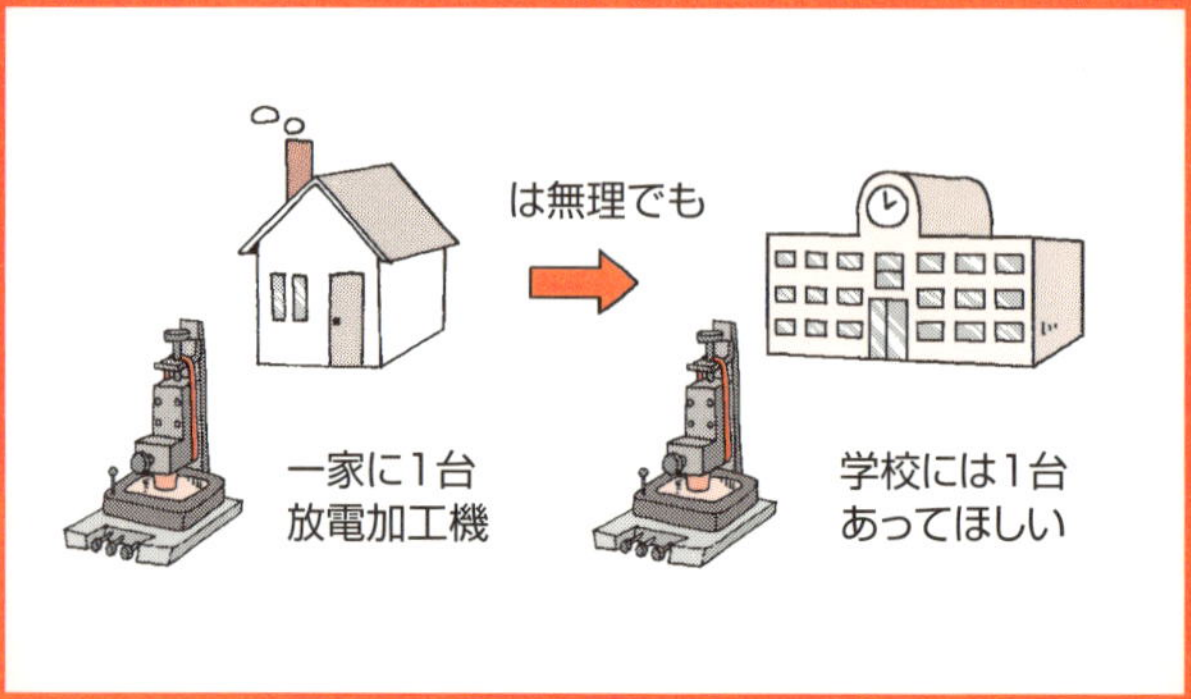
一家に1台
放電加工機
は無理でも
学校には1台
あってほしい

【参考文献】

注①：A. Kojima et al.、Spectroscopic Measurement of Arc Plasma Diameter in EDM、Annals of the CIRP、57, 1, pp.203-207 (2008)
注②：北村朋生ほか、透明体電極を用いた放電加工アークプラズマの温度測定、2014年精密工学会学術講演会春季大会講演論文集、pp.1177-1178 (2014)
注③：M. Kunieda et al.、Factors Determining Discharge Location in EDM、IJEM、No.3, pp.53-58 (1998)
注④：夏 恒ほか、放電加工における陽極と陰極の除去量の相違に関する研究、電気加工学会誌、Vol.28 No.59, pp.31-40 (1994)
注⑤：H.E. De Bruyn、Slope control、a great improvement in spark erosion、Annals of the CIRP、16, 1, pp.183-191 (1967)
注⑥：吉原 修ほか、大面積仕上放電加工、TOYOTA Technical Review、41, 1, pp.97-105 (1995)
注⑦：本谷真芳ほか、電極上の電位差測定によるEDM放電点の検出、精密工学会誌、Vol.58, No.11, pp.73-78 (1992)
注⑧：T. Masuzawa et al.、Wire Electro-Discharge Grinding for Micro-Machining、Annals of the CIRP、34, 1, pp.431-434 (1985)
注⑨：谷 貴幸ほか、走査放電加工による微細軸成形法、電気加工学会誌、Vol.43 No.104, pp.187-193 (2009)
注⑩：平尾篤利ほか、走査放電軸成形法における軸直径と消耗比、電気加工学会誌、Vol.47 No.116, pp.163-168 (2013)
注⑪：山崎 実ほか、加工穴を利用した微細放電加工法の研究、精密工学会誌、Vol.72, No.5, pp.657-661 (2006)
注⑫：武沢英樹ほか、単発放電による微細電極の瞬時成形、精密工学会誌、Vol.67, No.8, pp.1299-1303 (2001)
注⑬：南 久ほか、亜鉛電極による微細加工、2002年度電気加工学会全国大会、pp.65-66 (2002)
注⑭：木森将仁ほか、静電誘導給電法を用いた放電加工の微細化、精密工学会誌、Vol.76, No.10, pp.1151-1155 (2010)
注⑮：毛利尚武ほか、粉末混入加工液による放電仕上加工、電気加工学会誌、Vol.25 No.49, pp.47-60 (1991)
注⑯：毛利尚武ほか、放電加工による表面処理、精密工学会誌、Vol.59, No.4, pp.93-98 (1993)
注⑰：福澤 康ほか、放電加工機を用いた絶縁性材料の加工、電気加工学会誌、Vol.29 No.60, pp.11-20 (1994)
注⑱：余 祖元ほか、単純成形電極による三次元微細放電加工(第1報)、電気加工学会誌、Vol.31 No.66, pp.18-24 (1997)
注⑲：今野 廣ほか、多軸NC放電加工機による形状創成加工法に関する研究(第2報)、精密機械、Vol.50, No.8, pp.1261-1266 (1984)
注⑳：吉田政弘ほか、気中放電加工における工具電極微消耗のメカニズム、精密工学会誌、Vol.65, No.5, pp.689-693 (1999)
注㉑：南 久ほか、放電加工によるチタン合金の着色仕上げ、電気加工学会誌、Vol.32 No.70, pp.32-39 (1998)
注㉒：田村武夫ほか、ワイヤ放電加工におけるオンザマシン表面改質技術の開発 、電気加工学会誌、Vol.46 No.111, pp.14-22 (2012)
注㉓：T. Kitamura et al.、High-Speed Imaging of EDM Gap Phenomena Using Transparent Electrodes、ISEM XVI、Vol.6, pp.315-320 (2013)
注㉔：後藤啓光ほか、回動ワイヤガイドを用いた放電加工 、2011年電気加工学会全国大会、pp.43-44 (2011)
注㉕：南 久ほか、放電加工による焼結ダイヤモンド工具の成形加工、電気加工学会誌、Vol.44 No.105, pp.17-24 (2010)
注㉖：南 久ほか、両極性パルスによる焼結ダイヤモンドの放電加工、2011年電気加工学会全国大会、pp.37-38 (2011)
注㉗：武沢英樹ほか、ネオジム磁石の放電加工に関する研究(第1報)、電気加工学会誌、Vol.48 No.118, pp.100-107 (2014)

な

は

ま・や

ら・わ

索引

英

あ

か

さ

た

今日からモノ知りシリーズ
トコトンやさしい
放電加工の本

NDC 566

2014年10月29日　初版1刷発行

©著者　武沢英樹
発行者　井水 治博
発行所　日刊工業新聞社
東京都中央区日本橋小網町14-1
（郵便番号103-8548）
電話　書籍編集部　03(5644)7490
販売・管理部　03(5644)7410
FAX　03(5644)7400
振替口座　00190-2-186076
URL　http://pub.nikkan.co.jp/
e-mail　info@media.nikkan.co.jp
企画・編集　エム編集事務所
印刷・製本　新日本印刷（株）

●DESIGN STAFF
AD――――――志岐滋行
表紙イラスト――――黒崎　玄
本文イラスト――――小島サエキチ
ブック・デザイン――大山陽子
（志岐デザイン事務所）

●
落丁・乱丁本はお取り替えいたします。
2014 Printed in Japan
ISBN　978-4-526-07311-3　C3034

●定価はカバーに表示してあります

●著者略歴
武沢英樹（たけざわ ひでき）

1966年生まれ
1990年　埼玉大学工学部機械工学科卒業後、
自動車部品メーカに就職
2001年　豊田工業大学大学院博士課程単位満了
2001年　埼玉大学工学部機械工学科助手
2002年　東京大学にて博士（工学）を取得
2003年　工学院大学工学部国際基礎工学科講師
現在　工学院大学グローバルエンジニアリング学部
機械創造工学科教授

専門分野：精密加工、特殊加工（放電加工）、精密計測

2006年より一般社団法人電気加工学会常務理事

●主な受賞歴
1998年度、2001年度精密工学会論文賞受賞
1997年度、2000年度、2006年度電気加工学会
全国大会賞受賞